本丛书名由中国科学院院士母国光先生题写

光学与光子学丛书

光学与光子学丛书

单频光纤激光器

杨中民　徐善辉　著

科学出版社

北京

内 容 简 介

单频光纤激光是近年来国内外激光技术领域研究的热点之一，得到了快速发展与广泛应用。本书内容新颖、特色鲜明，从稀土离子发光机理、单频激光器件到激光系统与应用等不同层次进行了介绍与论述，可读性强。主要内容包括：发光离子能级与光谱谱线对单频激光输出特性的影响；单频光纤激光的基本特性与测量，及其产生、放大过程中的特性分析；单频光纤激光噪声机理与抑制、线宽控制与稳频及其典型应用等。

本书可供从事光纤激光技术领域理论与应用研究的工程技术人员、科研工作者参考，也可作为高等院校相关专业的本科生和研究生教学用书。

图书在版编目(CIP)数据

单频光纤激光器/杨中民，徐善辉著. —北京：科学出版社, 2017.12
(光学与光子学丛书)

ISBN 978-7-03-055762-9

Ⅰ. ①单… Ⅱ. ①杨… ②徐… Ⅲ. ①光纤器件-单模激光器 Ⅳ. ①TN248

中国版本图书馆 CIP 数据核字(2017)第 298552 号

责任编辑：刘凤娟／责任校对：邹慧卿
责任印制：吴兆东／封面设计：耕 者

科学出版社出版
北京东黄城根北街 16 号
邮政编码：100717
http://www.sciencep.com
北京虎彩文化传播有限公司印刷
科学出版社发行　各地新华书店经销
*
2017 年 12 月第 一 版　开本: 720 × 1000 1/16
2024 年 4 月第七次印刷　印张: 12 1/2　插页: 4
字数: 237 000

定价: 99.00 元

(如有印装质量问题，我社负责调换)

前　　言

单频光纤激光是光纤激光技术领域正在快速发展的特色鲜明的一个重要分支。单频光纤激光因其超窄光谱线宽、超长相干长度等特征，在光纤传感、相干激光雷达、大功率相干合成、相干光通信、光原子钟、引力波探测等领域有重要的应用前景。近年来，国内外不少研究机构，相继开展了针对单频光纤激光产生所必需的核心材料——高增益光纤的拉制、谐振腔设计以及其性能提升（如线宽压窄、噪声抑制、频率稳定及波长调谐等方面）的技术研究，相关研究是目前的研究热点，同时也为进一步拓展其应用领域提供了重要技术支撑。

目前光纤激光技术与应用领域的著作不少，但未见专门针对单频光纤激光器的著作出版。本书对单频光纤激光的产生机理、增益光纤研制、噪声产生机理及其抑制机制、线宽控制与频率稳定机制、功率放大等方面的最新技术发展及其应用，作了一些系统而深入的介绍与论述，希望给从事单频光纤激光研究与应用的科研人员提供部分参考，以期促进我国单频光纤激光技术与应用的快速发展。

本书第 1 章简要介绍了玻璃与光纤中的激活离子的发光机理、能量传递机制、光谱的谱线展宽等，通过优化基质组分和发光离子掺杂浓度，以实现在光纤中获得性能优异的单频激光输出。第 2 章介绍了单频光纤激光的基本性能参数与测试方法，重点介绍单频激光线宽与噪声这两大特征参数的评测方法。第 3 章介绍了单频光纤激光分类，重点介绍短线型 DBR 腔单频光纤激光器的高增益光纤制备、异质光纤熔接技术、连续或脉冲单频激光腔设计等内容。第 4 章介绍并分析了单频光纤激光器噪声产生的机理，并重点介绍了单频光纤激光的噪声抑制技术与方法。第 5 章介绍了单频光纤激光的线宽控制（线宽压窄与线宽展宽）及其频率稳定技术。第 6 章介绍了单频光纤激光的放大技术，并详细介绍连续及脉冲单频激光放大研究的发展现状与趋势。第 7 章介绍了单频光纤激光在非线性频率转换、相干光通信、光学测量和光纤传感等领域的应用。

作者所在研究团队的同事与研究生们，在单频光纤激光技术方面的研究做了大量工作，为本书撰写提供了实验素材；本书在编写过程中，李灿、赵齐来、谭天弈等博士生参与了初稿的写作与讨论工作，并提出了一些很好的建议，在此一并表示感谢！

由于作者水平所限，书中如存在错漏或不当之处，敬请广大读者批评指正！

杨中民

2017 年 9 月 12 日

目　　录

第1章　绪　　论

1.1　引　　言

激光在20世纪60年代首次出现后，引起了广泛关注，取得了不断发展。与普通光源相比，激光具有高定向性、高相干性和高亮度等特点，可以广泛应用于工业、农业、医学、通信和国防等领域。

激光器的核心工作介质——发光材料，一般由发光基质和激活离子组成，也可能含有起到能量传递作用的敏化离子，其中发光基质可以是液体、气体、晶体或玻璃等[1]。激活离子的电子跃迁引起发光，玻璃与光纤中的发光主要源于掺杂的稀土离子、过渡金属和主族金属离子（原子）以及量子点。

稀土元素通常指15种镧系元素和第Ⅲ族副族元素钇（Y）[2]。稀土离子具有独特的$4f^n$电子结构，4f电子受外层$5s^2$和$5p^6$满电子壳层的屏蔽作用，因此受外界的电场、磁场和配位场的影响较小，使稀土离子具有除锕系以外极复杂的类线形的光谱，且在玻璃中仍然能保持与自由离子（原子）相同的类线形光谱，因而广泛应用于新型光功能玻璃与有源光纤[1,3]。另一方面，由于稀土离子这种发光本质特征，很难获得覆盖整个光通信波段的大增益带宽的光纤放大器。

近些年来，过渡金属和主族金属离子在玻璃和微晶玻璃中表现出的近红外超宽带发光性能引起了研究人员的关注。$3d^n$电子构型的过渡金属元素主要有：钛（Ti），钒（V），铬（Cr），锰（Mn），铁（Fe），钴（Co），镍（Ni），铜（Cu）[4]。过渡金属离子在玻璃中所处的配位场环境不固定，其非晶态的环境也使非辐射跃迁的概率变大，因此过渡金属离子掺杂的玻璃不适合用于光放大增益介质[5]。而过渡金属离子掺杂的微晶玻璃，其过渡金属离子在晶体中处于特定的配位场环境，表现出良好的红外波段宽带发光，结合玻璃易加工成玻纤的优势，拉制成的过渡金属离子掺杂的微晶玻璃光纤，有望得到实际应用。自1960年首次实现激光输出以来，激光材料中的发光离子主要局限于过渡金属和稀土元素。直到2001年，Fujimoto等首次在主族金属铋（Bi）掺杂的硅酸盐玻璃中发现了近红外波段的超宽带发光[6]；2005年，Dianov等在Bi掺杂的铝硅酸盐玻璃光纤中首次实现了波长1150~1300 nm的激光输出[7]，这两项工作被认为是主族金属离子掺杂玻璃与光纤材料发展的里程碑。随后，其他主族金属离子铊（Tl），铅（Pb），铟（In），锡（Sn），锑（Sb），碲（Te）

等的宽带发光特性逐渐被研究发现。主族金属离子的 s、p 价电子处于最外层电子层，受配位场影响大，易形成类似过渡金属离子的宽带发光，在覆盖整个光通信波段的宽带光纤放大器上应用前景较大[8]。

量子点是一种准零维的、半径小于或者接近激子玻尔（Bohr）半径的半导体纳米晶，由于其量子限域效应而具有丰富的电学、磁学和光学性能，可应用于激光、可饱和吸收体、生物标记、LED 等许多领域[9]。量子点主要由Ⅱ-Ⅵ族元素（CdS, CdSe, CdTe, ZnS, ZnSe, ZnTe, HgTe 等），Ⅲ-Ⅴ族元素（GaAs, InP, InAs 等）或Ⅳ-Ⅵ族元素（PbS, PbSe, PbTe 等）组成。量子点的发光机理：当半导体量子点吸收有效的泵浦光后，价带上的电子被激发到导带，导带上的电子可以重新跃迁回到价带，被空穴捕获而产生荧光；也可以落入半导体中的电子陷阱，其中大部分以非辐射的形式猝灭，极少部分的电子可跃迁回价带，同时，发射光子或以非辐射的形式回到导带[10,11]。量子点的发光主要包括电子与空穴直接复合后产生基态发光、杂质能级复合发光以及量子点表面缺陷态间的复合发光[12]。将半导体量子点引入到玻璃与光纤中，通过调控量子点的尺寸，从而调节其带隙宽度、激子束缚能的大小等电子状态，可实现发光中心波长可调的红外宽带发光，有望应用于光通信波段的光纤放大器。此外，还有一些新型的量子点红外宽带发光材料的报道，如，贵金属量子点的尺寸小到一定程度时，初步研究认为是由于 sp 带内跃迁产生了红外宽带发光；当碳纳米管具有半导体属性时，由于单重态激子的自旋允许跃迁在红外波段，也具有宽带发光[5,13,14]。这些新型的红外宽带发光材料，有望得到更多的关注，也可考虑将其引入到玻璃与光纤中来进行研究。

本章将重点阐述玻璃与光纤中的激活离子的发光机理、能量传递机制、光谱的谱线展宽等，通过优化基质组分和发光离子掺杂浓度，在光纤中获得性能优异的单频激光输出。

1.2 发光离子的能级跃迁

1.2.1 发光离子的能级

1. 稀土离子的能级

稀土离子可作为发光材料的激活和敏化离子，其光谱项与能级有对应关系。除钇（Y）以外的 15 种稀土元素的电子构型非常相似，都有 4f 电子层，各个元素间的主要差别在于 4f 电子的数目不同，其二价和三价离子都具有未充满的电子壳层 $4f^p$（p=1~13）[15]。电子可以在 7 个 4f 电子轨道上分布，拥有丰富的电子能级。在特定的稀土离子的电子组态体系中，能量是简并的。当体系在电子之间的静电斥力相互作用下，能级发生劈裂，因此对应多个不同能量的光谱项。考虑自旋–轨道之间的耦合作用的微扰时，每个能级会进一步分裂成能量不同的能级，即一个光谱项对应的光谱支项。而当稀土离子在外部势场（电场或磁场）作用下时，每个光谱支项还会再分裂为不同的能级[1]。电子在不同能级间的跃迁即可产生紫外–可见–红外光谱范围内的跃迁吸收和辐射。在稀土离子 $4f^n$ 组态中，将基态能级的数值定为零，其他能级的数值表示该能级和基态能级的能级差，单位是波数（cm^{-1}），将它们统一排布在数轴图上就构成了稀土离子 $4f^n$ 组态的能级图。如图 1.2.1 所示。在三价稀土离子的 4f 组态中，能级之间可能跃迁高达 20 万个[16]。此外，电子也分布在 5d、6s 和 6p 各轨道之间，产生各种能级。由于能级跃迁要受光谱选律的限制，有些高能量的能级超出紫外区，因此，在近紫外到近红外区域，实际观察到的谱线所对应的能级数是有限的。

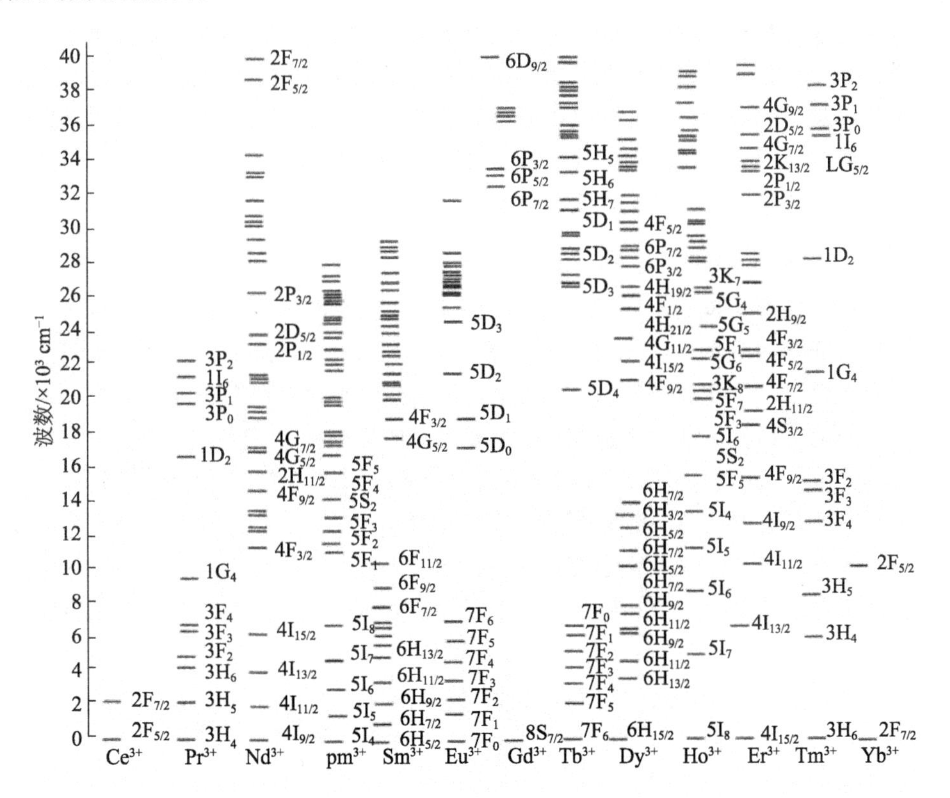

图 1.2.1 三价稀土离子 $4f^n$ 组态的能级图

2. 过渡金属离子的能级

过渡金属离子和主族金属离子的发光也是源于能级之间的跃迁，与稀土离子不同的是，过渡金属离子的 d-d 跃迁发生在外层 $3d^n$ 壳层，其晶格离子的作用能和电子的库仑作用能在同一数量级上（~10^4 cm^{-1}），远大于其自旋轨道的作用能（大约10^2 cm^{-1}），与稀土离子的$4f^n$层不一样，其外层没有闭壳层的屏蔽作用。因此，这些晶格离子的能级极易受到晶格场和晶格振动的影响，其能级结构在不同的基质中会有明显的不同。

在许多激光晶体中掺杂过渡族金属离子能够产生超宽带的发光，甚至是激光输出，如 MgO、$MgAl_2O_4$、Mg_2SiO_4、Zn_2SiO_4、Y_2SiO_5、$MgGa_2O_4$、Ga_2O_3、MgF_2、$BaLiF_3$、$KZnF_4$、Al_2O_3、ZnSe、ZnS 等[17~28]。但是，晶体的制备方法和加工要求将会限制该离子的应用。而对于易于加工和制备的玻璃介质，过渡金属离子在其非晶态配位场环境下使得非辐射跃迁的概率变大，因此不适合作光放大的增益介质。但也有少量特例，如Cr^{4+}离子掺杂的 $CaO\text{-}Al_2O_3\text{-}SiO_2$ 玻璃系统有望用于宽带光纤放大器的增益介质[29]。此外，过渡金属离子掺杂的硫系玻璃，也具有红外波段的宽带发光特性[30]。但是，过渡金属离子在上述玻璃基质中发光效率较低，要实现其应用还有待进一步研究。过渡金属离子掺杂的透明微晶玻璃介质，既结合了晶体场基质环境和玻璃加工性能中的优点，又摒弃了它们两种介质的缺点，有可能作为光纤放大器的增益介质。关于过渡金属离子掺杂微晶玻璃红外宽带发光的研究，目前主要集中在 Cr 和 Ni 的离子激活的介质体系中。

3. 主族金属离子的能级

主族金属离子发光材料与器件的研究起始于 2001 年，主要集中于 Bi ($6s^26p^3$)、Te ($5s^25p^4$)、Sb ($5s^25p^3$)、Sn ($5s^25p^2$)、In ($5s^25p^1$)、Pb ($6s^26p^2$) 等离子掺杂的宽带发光和激光输出。这类离子的 s、p 价电子为电子壳层的最外层电子，与配位场的相互作用很强，易形成与过渡金属离子相似的宽带发光现象。图 1.2.2 表示的是 ns^2np^1 和 ns^2np^2 电子构型的金属离子（或者原子）处于晶体场的能级示意图[1]。其中，ns^2np^1 电子构型的基态能级是 $^2P_{1/2}$，激发态能级为 $^2P_{3/2}$ 和 $^2S_{1/2}$。由于受到了介质晶体场的作用，$^2P_{3/2}$ 能级分裂成两个子能级，分别是 $^2P_{3/2}(1)$和能级 $^2P_{3/2}(2)$。基态能级 $^2P_{1/2}$ 的跃迁 $^2S_{1/2}$ 是允许的，$^2P_{1/2}$ 能级到 $^2P_{3/2}$ 能级的电子跃迁是禁戒的，但在奇次晶体项

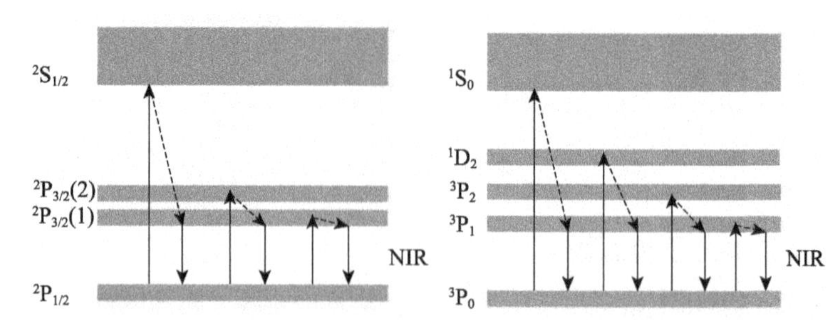

图 1.2.2　ns^2np^1（左）和 ns^2np^2（右）电子构型的金属离子的能级示意图

的作用下，激发态与基态之间产生混合效应后，使得该类跃迁变成部分允许[31,32]。根据已有的研究结果，红外的宽带发光很可能是由能级 $^2P_{3/2}(1)$到能级 $^2P_{3/2}(2)$的电子跃迁而引起的。

Bi 离子近红外宽带发光是目前主族金属离子发光研究的热点，并且 Bi 掺杂的光纤已实现了近红外激光的输出。然而，目前关于 Bi 离子掺杂的材料近红外宽带发光中心起源的讨论不尽相同，主要有高价 Bi^{5+}、低价 Bi^{+}、色心和原子簇这四种起源讨论。Fujimoto 等在 2001 年首次报道掺 Bi 玻璃近红外宽带发光现象，当时提出五价态离子 Bi^{5+}为发光中心，但该报道仅对实验做了推断和讨论[6]。孟宪赓等[33]在 2005 年提出了掺 Bi 玻璃近红外发光中心属于低价态的离子 Bi^{+}的观点。彭明营等[34]在 2009 年提出 Bi 离子近红外发光中心是 Bi 原子或多个 Bi 原子形成的原子团簇，但对于 Bi 原子簇和色心的探讨尚未有确切的理论解释。2010 年，徐军等[35]系统地研究了 Bi 掺杂碱土硼酸盐（BaB_2O_4）的能级和光谱性能。通过 γ 辐照或还原退火处理，在 α-BaB_2O_4 晶体中实现了近红外宽带发光，根据吸收、激发和发射光谱（如图 1.2.3 所示[35]）给出了近红外发光中心的能级结构（如图 1.2.4 所示[35]）。根据辐照和退火处理过程中的物理过程，结合能级结构图，他们分析认为近红外发光中心最大的可能是 Bi^{+}。关于 Bi 掺杂不同介质近红外宽带发光的起源也是未来研究的重要内容。

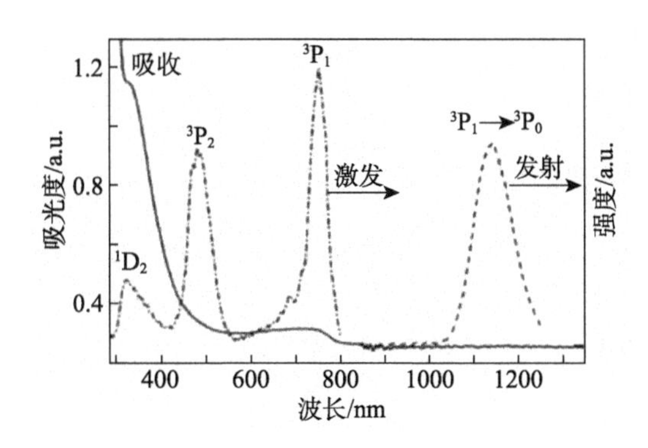

图 1.2.3 Bi:BaB_2O_4 单晶的吸收、激发和发射光谱

4. 量子点的能级

量子点是一种准零维的、半径小于或者接近激子 Bohr 半径的半导体纳米晶，其电子–空穴对可以看作为激子，类似一个类氢原子结构，是两个粒子约束在一个势阱里的系统[36]。其内部电子的运动在各个方向都受到限制，量子限域效应非常明显。从而导致量子点的电子结构与体材料相比有很大的区别，能量结构变成分立的能级形态，表现出类似准分子状态的能级结构[10]，如图 1.2.5 所示[36]。

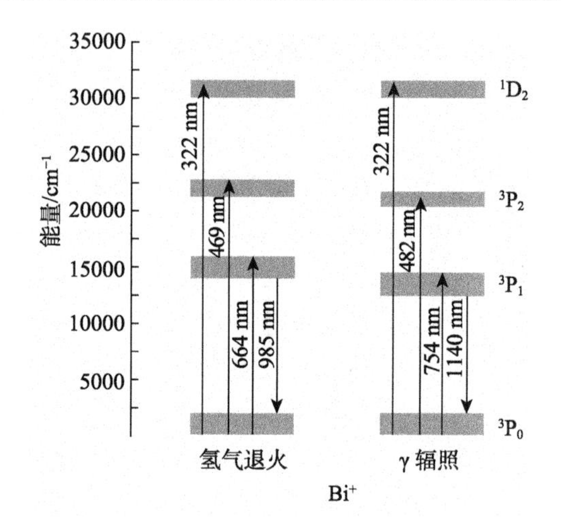

图 1.2.4 Bi:BaB_2O_4 中的 Bi^+的典型能级结构图

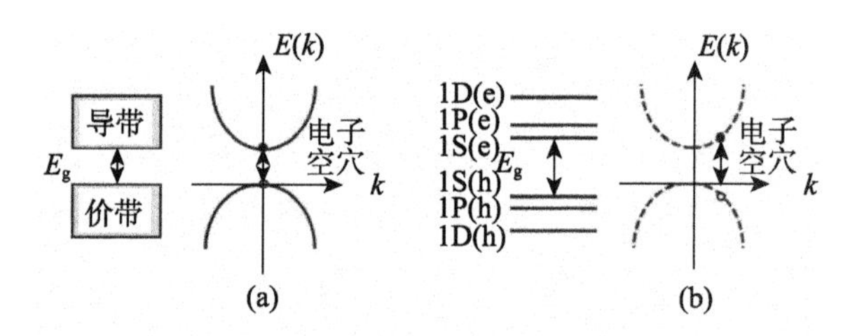

图 1.2.5 （a）体半导体材料能级结构；（b）量子点材料能级结构

1.2.2 发光离子的能级跃迁

当光入射带有激活离子的发光介质中时，可能会产生两种情况：一种是吸收光子能量，发光离子从基态跃迁至高能态；另一种是受激发射，如图 1.2.6 所示。

当电子从高能级跃迁到低能级时，有辐射和非辐射两种方式，若发生辐射跃迁，物质就发光。

1. 辐射跃迁

稀土离子由高能级向低能级跃迁时发出一条光谱线，但不同能级间的跃迁是有选择性的，只有满足多原子光谱选律的原子光谱项之间才能发生能级的跃迁[4,37]。违反规则的跃迁是禁戒跃迁，通常禁戒跃迁的强度很小。当然，在配位场、晶体场等影响下轨道会发生混杂，禁戒跃迁可能解除，形成新的跃迁谱线。

1962 年，Judd[38]和 Ofelt[39]根据镧系离子在其周围电场的作用下，$4f^n$ 组态与相反宇称的组态混合而产生强制的电耦合跃迁，提出了研究镧系离子 4f-4f 能级跃迁光谱性质的 Judd-Ofelt 理论。稀土离子的跃迁振子强度、谱线强度参数、电偶极自

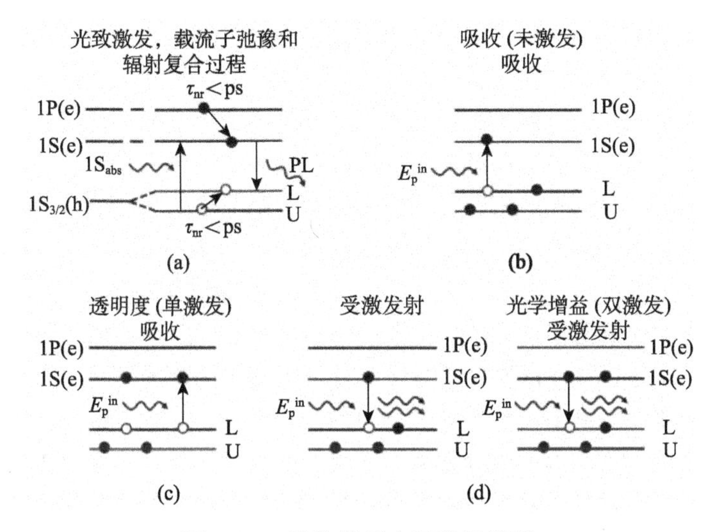

图 1.2.6　胶体量子点四能级模型

（a）带边吸收、载流子弛豫和带边辐射过程；（b）吸收能量为 E_p^{in} 的光子过程；（c）光透过胶体量子点的过程；（d）带边态粒子数反转产生的光增益过程

发跃迁概率、荧光分支比、量子效率等是评估稀土离子发光强度的重要参数，这些参数很难通过实验测定。然而，通过实验测量稀土掺杂发光材料的吸收光谱和发射光谱、折射率、样品厚度等参数，应用 J-O 理论即可计算出以上参数，再利用比尔–朗伯方程和McCumber理论即可计算出发光材料某一波段的吸收截面和受激发射截面[40,41]，并对稀土离子在不同基质材料中的光谱特性进行比较，可选择出较好的激光材料。

2. 非辐射跃迁

原子（或者离子）在高能级向低能级跃迁时，如果不是以光辐射的形式释放能量，而是把能量释放给晶格系统，就是无辐射跃迁。一些离子之间的能量传递过程（如非辐射共振能量转移、声子辅助能量转移、交叉弛豫）也属于无辐射跃迁过程，有些学者称之为狭义的无辐射跃迁。非辐射跃迁过程使发光能级的能量释放给所处基质的热振动，从而降低了发光离子的发光效率。发光效率可以表示为[4]

$$\eta = \frac{p_r}{p_r + p_{nr}} \tag{1.2.1}$$

式中，p_r 是辐射跃迁概率；p_{nr} 是非辐射跃迁概率，除了与基质有关外，还与离子间的能量转移、传递的非辐射跃迁有关。

非辐射跃迁概率大，发光离子的发光效率就大大降低，甚至不发光。但是在激光材料中，无辐射跃迁除了有降低激光上能级发光效率的消极作用外，也是有积极作用的：①从吸收带到激光上能级需要它；②有利于激光输出，发光离子从激光下能级到基态要转移得足够快，否则会产生“瓶颈效应”，导致激光强度饱和，这种情况下无辐射能量跃迁又扮演着积极的角色。正是因为无辐射跃迁对激光的产生有着各个方面的影响，有很多学者对其进行了大量深入的研究。在这里讨论的非辐射跃迁主要是弱电子–声子耦合系统，即介质中稀土离子的非辐射跃迁，非辐射跃迁过程中电子能级的能量差由晶格振动的能量来补偿。影响无辐射跃迁的因素很多，如发光基质材料、温度、库仑作用，其中，温度升高会导致晶格振动加剧，电子–声子间作用增强，电子更容易将能量释放给晶格，非辐射跃迁的概率随着温度升高而增大；此外，发光基质材料则会影响到发光离子周围的配位环境，激活离子与邻近配位的阴离子的距离越小，发光离子自身的半径越大，非辐射跃迁概率越大；发光离子与配位离子之间共价键成分越大，非辐射跃迁概率越大；库仑作用对非辐射跃迁的影响正比于发光离子邻近阴离子的数目和有效电荷，而且与发光离子本身的半径有很大的关系，非辐射跃迁概率随发光离子与配位阴离子距离增大而减小。

3. 发光离子间的能量转移

能量转移是发光材料中非常重要的物理过程，它涉及发光的浓度猝灭、发光离子的敏化、激发态吸收损耗、下转换和上转换发光等。能量转移一般包括相同种类发光离子间的能量迁移和不同种类发光离子间的能量传递。

固体发光材料中，活性离子间在能级间距匹配的情况下能量转移有很多形式，可分为辐射共振能量转移、无辐射共振转移、声子辅助能量转移、光电导、激子迁移等[4]。图 1.2.7 所表示的是两种离子间基本的能量转移方式[42]，其中，S 表示的是敏化离子，吸收泵浦光而处于激发态；A 表示的是受主离子，在接受到敏化离子传递的能量前处于基态。

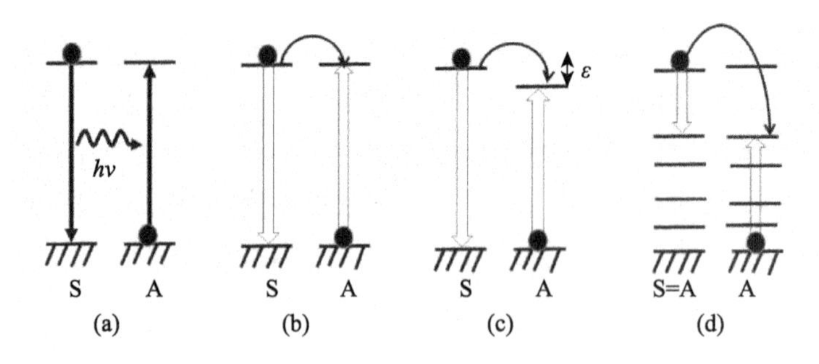

图 1.2.7　两种离子间基本的能量转移方式

（a）辐射共振能量转移；（b）无辐射共振能量转移；（c）声子辅助能量转移；（d）交叉弛豫

1）辐射共振能量转移

如图 1.2.7（a）所示，在敏化离子 S 和受主激活离子 A 有相同位置和能级匹配的前提下，处于激发态的敏化离子在跃迁到基态时发出光子，在光子传输距离内，受主激活离子吸收该光子跃迁到激发态。该能量传递过程具备以下特征：①受样品形状的影响；②根据敏化离子发光光谱与受主离子吸收光谱的重叠程度，敏化离子的发光光谱随受主离子浓度变化；③敏化离子的荧光寿命与受主离子的浓度无关，这是区别辐射与无辐射共振能量转移的一个重要依据。这种辐射共振能量转移往往会引起荧光捕获效应，将明显地增强荧光寿命，对受激发射截面、荧光光谱等光谱参数的测量和计算也会产生较大误差。因此，测试通常在薄样品、低浓度中进行，或研磨成粉。

2）无辐射共振能量转移

如图 1.2.7（b）所示，敏化离子 S 吸收激发能量后处于激发态，还没来得及发射光子时，在电偶极子、电四偶极子、磁偶极子或交换作用下将激发能传递给了受主激活离子 A，无辐射共振能量转移源于离子之间的相互作用，该相互作用属于范德瓦尔斯力–库仑力相互作用。

3）声子辅助能量转移

晶格振动所形成弹性波，其能量可以视为量子化，每一种模式视为一个粒子具有不同的能量，这种由振动方式所产生的粒子称为声子。如图 1.2.7（c）所示，敏化离子 S 和激活离子 A 能量转移的相关能级对的能量不十分匹配，这种情况下，能级间的能量转移需要声子作为中介，通过吸收或者放出一个声子、两个声子或多个声子来实现能级能量匹配，完成能量转移。一般多声子辅助的概率很小，因此，声子辅助能量转移概率与敏化离子发光光谱和受主离子吸收光谱重叠程度有关。

4）交叉弛豫

交叉弛豫可以发生在相同或不同类型的离子之间。图 1.2.7（d）所表示的是同种离子之间的交叉弛豫，即同种离子既是敏化离子又是受主离子。交叉弛豫通常被认为是发生在敏化离子的相关的能级结构满足成对匹配条件或不匹配时的自我猝灭过程。第一种情况通常不会有能量损失，位于激发态的一个离子将能量传递给另外一个离子使其跃迁至更高能级，而本身则无辐射弛豫至更低的能级。第二种情况通常会有能量损失或者发射的光子数减少。荧光自我猝灭效应与激活离子的原子浓度以及晶场强度大小相关。一个典型的例子就是 Nd^{3+}：$^4F_{3/2}$ 能级的自我猝灭效应，在浓度猝灭效应弱的晶体中（如 $La_{1-x}Nd_xP_5O_{14}$），由于其晶场强度较小，Nd^{3+}的自我猝灭效应与离子浓度成线形关系；而在 YAG 和 YAP 这类晶场强度大的激光晶体中，其浓度猝灭效应的强度与激活离子浓度的平方成正比的[43,44]。其浓度猝灭除了交叉弛豫 $^4F_{3/2} + {^4I_{9/2}} \rightarrow {^4I_{15/2}} + {^4I_{15/2}}$ 外，还可能有不同离子之间 $^4F_{3/2}$ 能级能量迁移落入可能存在的稀土杂质离子或晶体缺陷构成的“陷阱”。

1.3 谱线展宽

原子由于电子的能级跃迁，会产生吸收和发射光谱，吸收和发射光子的频率取决于产生跃迁的能级。以吸收或发射光的频率ν为横坐标，光的强度$I(\nu)$为纵坐标作图，即可得到光谱线。对于能级跃迁$E_1 \to E_2\left(h\nu_0 = E_1 - E_2\right)$，实验检测到的光谱线并不是单色的直线，而是强度在中心处最大，同时向两边逐渐减弱的曲线（如图1.3.1所示[45]）。定义中心频率ν_0对应谱线强度最高值I_0，谱线强度往两端减弱至最大强度的一半时分别对应频率ν_1和ν_2，其半高宽$\Delta\nu = \left|\Delta\nu_1 - \Delta\nu_2\right|$称为谱线宽度。

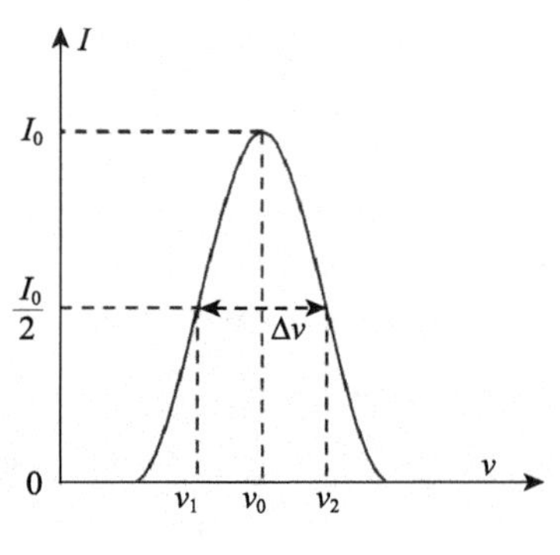

图 1.3.1　谱线轮廓

影响谱线线宽的因素有很多，从谱线宽度变化的结果来看，可分为均匀展宽和非均匀展宽，不同介质中发光粒子的谱线都是两种展宽机制的共同结果。本节将从两种谱线展宽机制出发，对不同介质中发光粒子的谱线简要描述。

1.3.1　均匀展宽和非均匀展宽

1. 均匀展宽

对于一个发光粒子系统，如果某种物理因素对每一发光粒子的作用均等同，则由该因素引起的谱线展宽称为均匀展宽。在这种展宽机制下，任一发光粒子都会对光谱线内的任一频率做出贡献。均匀展宽主要包括自然线宽、碰撞展宽等，在固体介质中还存在晶格振动展宽（见1.3.2节）。下面我们将简要介绍自然线宽和碰撞展宽。

1）自然线宽

众所周知，原子存在自发辐射现象，其发射谱线的宽度称为自然线宽。假设电子由能级E_1跃迁至E_2，通常有两种理论可以解释其谱线线形：经典阻尼谐振子理论和量子理论。

在经典谐振子模型中（如图 1.3.2 所示[46]），电子作简谐运动，初始振幅为 r_0。假设阻尼系数为 γ，电子在辐射过程中，能量不断地损耗，其振幅可表示为

$$r(t)=r_0\mathrm{e}^{\frac{-\gamma t}{2}}\cos 2\pi\nu_0 t \tag{1.3.1}$$

其中，频率 ν_0 为振子无阻尼振动频率，对应电子能级跃迁的中心频率：

$$2\pi\nu_0=\frac{E_1-E_2}{h} \tag{1.3.2}$$

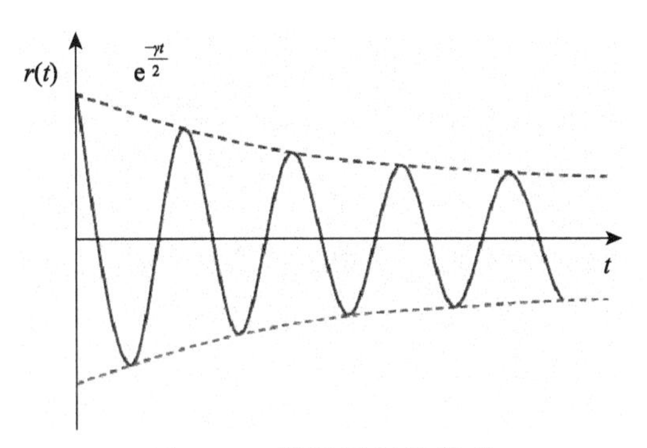

图 1.3.2　阻尼谐振子模型

由于谱线强度与振幅平方成正比，经傅里叶变换后，对强度线形归一化[46]，可得其线形函数为

$$f(\nu,\nu_0)=\frac{\gamma}{(\gamma/2)^2+4\pi^2(\nu-\nu_0)^2} \tag{1.3.3}$$

则由上式可求出自然线宽为

$$\Delta\nu=\frac{\gamma}{2\pi} \tag{1.3.4}$$

若考虑 E_1 能级原子自发辐射寿命 τ_1 与阻尼系数 γ 的关系 $\tau_1=1/\gamma$，即可把线形函数（1.3.3）写成如下形式：

$$f(\nu,\nu_0)=\frac{\Delta\nu/2\pi}{(\Delta\nu/2)^2+(\nu-\nu_0)^2} \tag{1.3.5}$$

相应谱线宽度为

$$\Delta\nu=\frac{1}{2\pi\tau_1} \tag{1.3.6}$$

对于自然线宽，还可以从量子理论的角度解释。根据量子力学测不准原理[47]，能级 E_i 对应的自发辐射寿命为 τ_i，能量测不准量为

$$\Delta E_i\approx\frac{h}{\tau_i} \tag{1.3.7}$$

在发生 E_1 至 E_2 能级跃迁时，能量测不准量引起的自然线宽为

$$\Delta\nu = \frac{1}{2\pi}\left(\frac{1}{\tau_1}+\frac{1}{\tau_2}\right) \tag{1.3.8}$$

如果电子跃迁回到基态能级 E_2，此时寿命 τ_2 为无穷大，上式可简化为

$$\Delta\nu = \frac{1}{2\pi\tau_1} \tag{1.3.9}$$

可见，式（1.3.9）与式（1.3.6）是一致的。此时，自然线宽的线形函数在 $\nu=\nu_0$ 时取得最大值，即

$$f(\nu_0,\nu_0) = \frac{4}{\gamma} = 4\tau_1 = \frac{2}{\pi\Delta\nu} \tag{1.3.10}$$

形如式（1.3.3）的谱线线形为洛伦兹线形（如图 1.3.3 所示[47]）。然而，在实际情况下往往无法观测到自然线宽的线形，只有当气压极低时，才有可能显示出自然线宽。这是由于其他谱线展宽作用较大，掩盖了自然线宽。

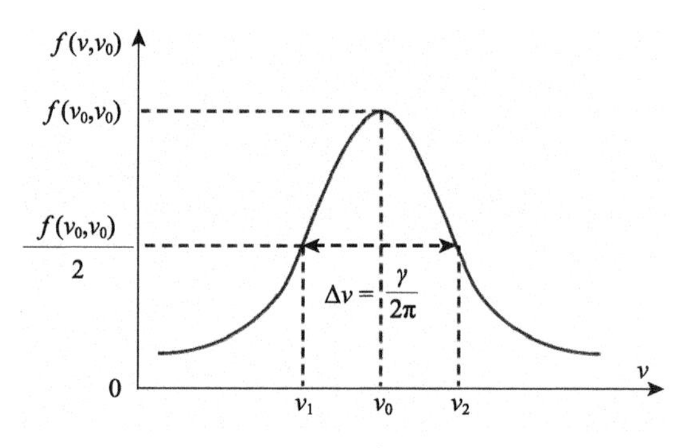

图 1.3.3　洛伦兹线形

2）碰撞展宽

发光粒子总是处于无规则运动状态，当两个粒子相互靠近至一定距离时，会产生相互作用，改变粒子运动状态，即发生碰撞。碰撞可分为弹性碰撞和非弹性碰撞，对谱线有不同的影响。

弹性碰撞一般又称为横向弛豫过程。这一过程最主要的特征是只引起发光粒子自发辐射的相位变化（如图 1.3.4 所示[47]），而不会引起激发态的粒子数减少，这种相位变化从效果上看，相当于发光粒子的寿命缩短了。一般情况下认为辐射在碰撞过程中完成，在所有粒子碰撞概率均等的前提下，我们用平均碰撞时间 τ_p 来描述碰撞的频率，则这种弹性碰撞引起的谱线加宽的线形函数为

$$f_p(\nu,\nu_0) = \frac{\dfrac{\Delta\nu_p}{2\pi}}{\left(\Delta\nu_p/2\right)^2+\left(\nu-\nu_0\right)^2} \tag{1.3.11}$$

可见，其线形函数为洛伦兹线形，线宽为 $\Delta\nu_p$。

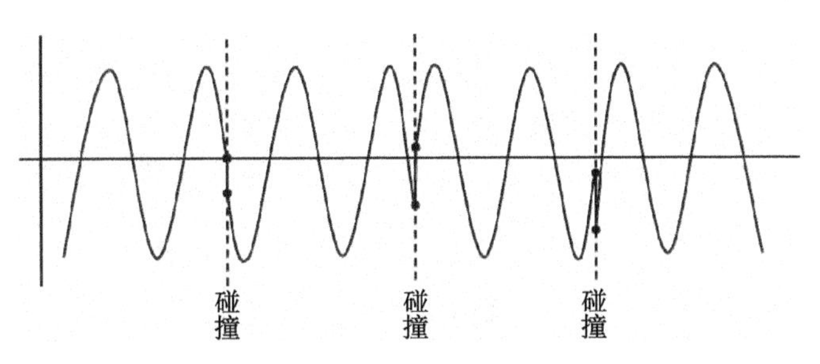

图 1.3.4　碰撞引起的相位变化

除了弹性碰撞，发光粒子还可以通过碰撞以无辐射跃迁的形式释放能量，回到基态。这会引起激活粒子的数目减少，因此激发能级寿命缩短，谱线展宽。我们把这种碰撞称为非弹性碰撞。由均匀展宽和洛伦兹线形的定义可知，非弹性碰撞的线形函数仍为洛伦兹线形，属于均匀展宽。

2. 非均匀展宽

类比均匀展宽，如果某一物理因素对发光系统中不同粒子的作用不同，由此产生的线宽可称为非均匀展宽。此时，体系内的某一固定发光粒子只对相应其自身中心频率的谱线有贡献，所有发光粒子光谱线叠加从而产生展宽（如图 1.3.5 所示[46]）。引起非均匀展宽的主要因素在不同介质中是不一样的，如，在气体中主要为多普勒展宽，而在固体介质中则主要是由发光粒子所处环境的不均匀性造成的（详见 1.3.2 节）。

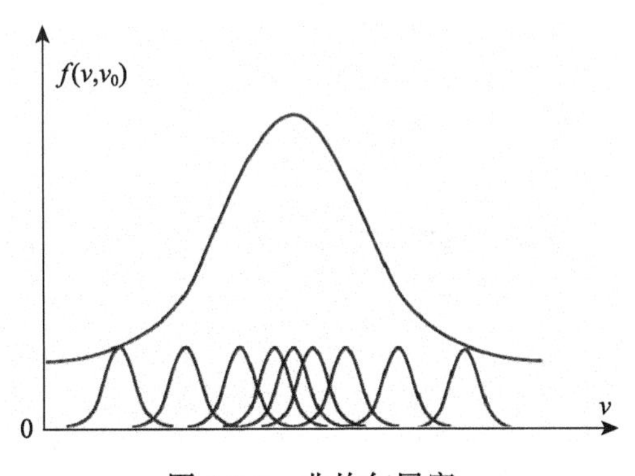

图 1.3.5　非均匀展宽

光学多普勒效应是一种很常见的物理现象，当光源与探测器相互靠近时，探测器接收到光的频率增大，而相互远离时，探测器接收到光的频率减小。因此，可以从吸收光谱的角度来考虑多普勒展宽。考虑粒子在热运动的状态下，具有速度 V，把粒子看成探测器，则粒子所感受到的光的频率相对于粒子静止时感受到的频率，

会从 ν_0 变化至 ν_k，如果 ν_0 是静止状态下粒子吸收谱线的中心频率，那么运动状态下其吸收谱线的中心频率就漂移至 ν_k。现假设在一气体体系中单位体积内粒子数为 n，在热平衡状态下，根据麦克斯韦统计分布规律即可写出粒子速度为 V 附近的粒子数。只考虑多普勒效应的影响，不同速度的粒子辐射或吸收不同频率的光，根据吸收强度与粒子数的正比关系，结合谱线线形函数的定义[46]，可得多普勒展宽的线形函数为

$$f_{\mathrm{D}}\left(\nu,\nu_0\right)=\frac{c}{\nu_0}\sqrt{\frac{m}{2\pi kt}}\mathrm{e}^{\frac{-mc^2}{2kt\nu_0^2}(\nu-\nu_0)^2} \tag{1.3.12}$$

式中，m 为粒子的质量；t 为热平衡温度；k 为玻尔兹曼常量。该函数为高斯线形（如图 1.3.6 所示[46]）。当 $\nu=\nu_0$ 时函数取得最大值，将粒子质量 m 用阿伏加德罗常量 N_{A} 与摩尔质量 M 表示，化简得其线宽为

$$\Delta\nu_{\mathrm{D}}=7.16\times10^{-7}\nu_0\sqrt{\frac{t}{M}} \tag{1.3.13}$$

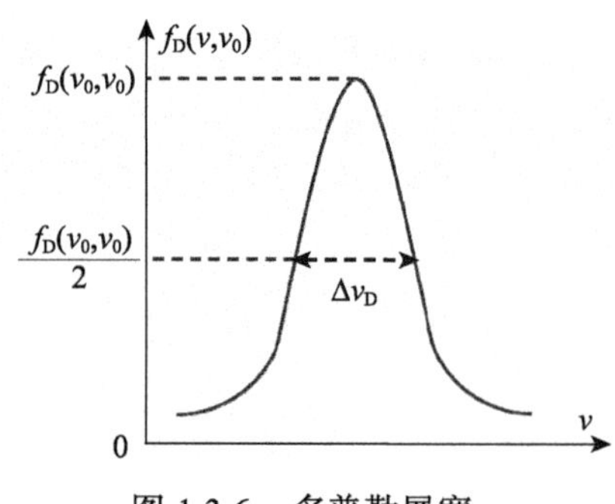

图 1.3.6　多普勒展宽

事实上，对于任一系统，其谱线均是在均匀展宽和非均匀展宽两种机制共同作用下的结果。虽然两种展宽机制在不同条件下展宽有强弱之分，但都不能忽略，因此任一单一的线形都不能完整地表示发光系统的谱线。对于不同介质中的发光粒子，引起谱线展宽的物理因素不同，因此谱线展宽也不一。

1.3.2　介质中发光粒子的光谱

在之前的内容中，我们已经讨论了谱线展宽的机制，本节将对不同介质中（气体、液体、固体）发光粒子的谱线展宽分别进行讨论。不同介质中的发光粒子的谱线宽度和线形是不同的，而光谱线的宽度和线形函数对激光器的性能有着极大的影响，是重要的研究对象。

1. 气体中发光粒子光谱

对于气态发光粒子，其谱线展宽除自然线宽外，主要是由碰撞引起的均匀展宽和多普勒效应引起的非均匀展宽。碰撞展宽是粒子间相互作用的结果，而平均碰撞时间 τ_p 决定了碰撞展宽的线宽，影响平均碰撞时间 τ_p 的因素有气体的压强、体系温度、粒子间碰撞截面。其中，压强影响较大，压强越高，粒子发生碰撞的可能性越大，因此平均碰撞时间缩短，谱线线宽增大。当然，温度越高，谱线展宽也越大。这是因为多普勒展宽由粒子的无规则热运动导致，受温度影响很大，温度越高，粒子的热运动越剧烈，谱线展宽也越大。在均匀展宽和非均匀展宽的共同作用下，实际观测到的谱线往往属于洛伦兹线形与高斯线形的卷积，被称为佛克脱线形[48]。

2. 液体中发光离子光谱

同样的，我们从均匀展宽和非均匀展宽两方面考虑溶液中发光离子的谱线展宽。溶液中发光离子谱线的均匀展宽主要包括自然线宽和碰撞展宽。与气体中碰撞展宽不同的是，溶液的密度要远高于气体，因此平均碰撞时间很短，所表现出的碰撞展宽很大。如果发光离子各谱线间的距离小，而展宽足够大，就可能产生很宽的连续谱。至于非均匀展宽，相似于气体中无规则热运动，发光离子在溶液中同样处于运动状态，产生多普勒展宽。在均匀展宽和非均匀展宽的共同作用下溶液中谱线展宽较为复杂，其线形函数常根据实验来测得。

3. 固体中发光离子光谱

与气体和液体介质不同，发光离子在固态介质中位置相对固定。同时，位于发光离子周围的晶格离子与电子有很强的相互作用，产生晶体场效应，这是固体材料所特有的。因此，在固体介质中，除了自然线宽外，还需考虑静态晶体场、晶格振动和外场作用对光谱线宽的影响。因此，在分析谱线展宽之前，先简要介绍晶体场有关理论。

1）晶体场理论

处于晶体中的发光离子，除了自身电子的相关作用外，其电子还受周围晶格离子静态晶体场、晶格振动与外场的影响。

静态晶体场是发光离子的电子尤其是未满壳层的电子与周围晶格离子的相互作用，其最主要的影响是使发光离子产生能级分裂。计算能级分裂主要有静电模型和配位场理论两种方式，前者通过计算有效晶场势能得到结果，而后者重点在未满壳层电子的波函数上。虽然计算方式不一样，但结果相类似：发光离子原本对称的电子层结构在静态晶体场作用下被破坏，简并的电子轨道分裂成不同能级，同时电子重新排布，我们把这一过程被称为简并消除。能级简并度的消除程度由晶体场的对称性决定，并可通过晶体场不可约来表示[49]。因此，属于不同点群对称性的发光离子能级分裂就不一样。电子的能级分裂自然而然地导致了谱线的变化。

除了上述的静态晶体场作用，在讨论晶体场效应时，还有一个不可忽视的部分就是晶格振动的作用。需要注意的是，发光离子不仅受到晶格振动的影响，自身也参与了晶格振动。考虑晶格振动产生的弹性波，将其能量量子化，我们把每一个能量子称为声子。晶格振动对发光离子的谱线有重要作用。

首先，声子会直接影响到发光离子的电子能级跃迁。在体系中，电子与晶格振动处于热平衡状态，当电子发生辐射跃迁时，晶格振动来不及改变状态，需通过吸收或释放声子来达到平衡。换言之，电子跃迁过程中伴随着声子的吸收和发射，这会使谱线展宽，这些作用主要包括多重态不同晶场能级间的声子吸收和声子发射、同一晶体场能级的拉曼散射等，结果使得电子能级宽度在小于能级寿命的时间内有一定范围的扩展[48]。同时，声子对基态能级和激发态能级的耦合以及声子耦合引起的跃迁偶极子相移，都对均匀展宽有所贡献[42]。对于不同的发光离子，电子与声子耦合作用有强弱之分，对光谱的作用强弱亦不一样。一般情况下，三价稀土离子的电子-声子耦合作用较弱，而三价过渡金属离子相对较强。

其次，晶格振动可以使离子跃迁至低能级时不发射光子，而是通过无辐射跃迁的形式将能量释放到晶格中，这就使得电子能级寿命减小，谱线展宽。

最后，晶格振动对离子间能量传递和迁移有重要作用。两个离子（S 和 A）间发生能量传递时，S 离子发射的光子和 A 离子所要吸收的光子其能量往往并不是完全匹配的，这时就需要声子充当中介，通过吸收或释放一两个声子来满足能量的匹配，即前面提到的声子辅助能量转移。而相同离子间的能量迁移，最主要是对离子能量传递效率有重要影响，通常采用无规行走理论或扩散理论来解释[48]。

2）发光离子在晶体中的光谱

在晶体中，发光离子谱线的均匀展宽首先包括自然线宽。其次，考虑晶格中存在类似于碰撞展宽的原子间相互作用，这种相互作用虽然不会改变原子相对固定的位置，但是却时刻改变原子的运动状态，引起的展宽类似于碰撞展宽。此外，根据晶体场理论，声子与电子的相互作用对谱线有重要的作用。电子跃迁伴随着声子的吸收与释放，包括单声子吸收与释放、声子拉曼散射等均直接影响线宽。考虑晶格振动对所有离子作用基本相同，因此，这种展宽同样属于均匀展宽。而晶格振动的另一作用是离子可能通过无辐射跃迁，使得能级寿命缩短，从而使谱线均匀展宽。最后，我们考虑外场因素温度，温度的变化会引起晶格膨胀、静态晶体场变化等，这都会使谱线产生热位移和热展宽。更重要的是，温度对电子与声子间的作用影响极大。温度不同，其作用机制不同：低温下，单声子的吸收与释放是主要的，而在高温时，拉曼散射更为重要。同时，无辐射跃迁概率也会随温度升高而增大。此外，温度对晶格振动引起的能级中心移动亦有影响[50,51]。总体来说，温度升高，晶格振动加剧，均匀展宽加大。研究表明，对于晶体，在诸多引起均匀展宽的因素中，晶格振动展宽是最主要的。

晶体中谱线的非均匀展宽主要是由发光离子所处场的不均匀性引起的。在晶体中，这种不均匀性主要由晶格缺陷造成，包括空位、填隙、杂质等。这些缺陷使发光离子周围的应力、局域电磁场和离子分布不同，离子受到的晶体场作用就不同，引起非均匀展宽。不均匀性越大，非均匀展宽也越强。需要注意的是，在晶体中，不存在多普勒展宽。

3）发光离子在玻璃中的光谱

玻璃中发光离子的谱线展宽与晶体中是类似的。玻璃中离子同样会产生能级分裂；与晶格振动类似，玻璃网络体的热振动是引起均匀展宽的主要因素，引起晶体中谱线均匀展宽的因素在玻璃中也基本存在。不同的是，玻璃是长程无序、短程有序的结构，处于玻璃中不同位置的发光离子其周围环境必然是不同的，这种配位环境的不均匀性使得谱线的非均匀展宽显得尤为突出。总结来说，玻璃材料中谱线展宽主要是配位场不均匀性引起的非均匀展宽与玻璃网络体的热振动引起的均匀展宽的共同作用。

1.3.3 谱线展宽与激光

不同的激光工作物质具有不同的谱线宽度和函数线形，这对激光器的输出特性如激光的增益、功率都有显著的影响。不同谱线展宽类型的工作物质与光场作用时会表现出不同的特点。

1. 谱线展宽与激光增益系数

增益系数对激光器的工作特性起着十分重要的作用，增益饱和是激光产生过程中十分重要的效应，直接关系到激光的输出特性，而不同类型谱线展宽的工作物质的增益饱和效应之间存在着很大的区别[52]。

1）均匀展宽介质的增益系数和增益饱和

考虑到大多数激光工作介质都是四能级系统，按四能级系统讨论更具有实际意义。结合速率方程，增益系数的表达式可以写为

$$G=\Delta n\sigma_{21}\left(\nu,\nu_0\right)=\Delta n\frac{\nu^2 A_{21}}{8\pi\nu_0^2}f\left(\nu,\nu_0\right) \tag{1.3.14}$$

式中，Δn 为反转粒子数密度；σ_{21} 为发射截面。增益系数与反转粒子数成正比，比例系数为 σ_{21}，σ_{21} 的大小与工作介质的线形函数和自发发射概率 A_{21} 有关。

若入射光频率为 ν_1、光强为 I_{ν_1}，此光作用下的反转粒子数密度 Δn 可表示为

$$\Delta n=\frac{\left(\nu_1-\nu_0\right)^2+\left(\dfrac{\Delta\nu_H}{2}\right)^2}{\left(\nu_1-\nu_0\right)^2+\left(\dfrac{\Delta\nu_H}{2}\right)^2\left(1+\dfrac{I_{\nu_1}}{I_S}\right)}\Delta n^0 \tag{1.3.15}$$

式中，Δn^0为小信号反转粒子数密度；I_S为饱和光强。

四能级系统中饱和光强表达式为

$$I_S = \frac{h\nu_0}{\sigma_{21}\tau_2} \tag{1.3.16}$$

可以看出，四能级系统饱和光强与泵浦光强无关（三能级系统光强表达式与四能级系统不同，三能级系统饱和光强与泵浦光强有关）。

当入射光强$I_{\nu_1} \ll I_S$时，为小信号情况，此时，

$$\Delta n = \Delta n^0 = nW_{14}\tau_2 \tag{1.3.17}$$

式中，W_{14}为E_1能级到E_4能级的激发概率；τ_2为上能级寿命。可以看出小信号粒子数反转密度与入射光强无关。

当I_{ν_1}足够强时，会出现$\Delta n < \Delta n^0$。因为随着I_{ν_1}的增大，受激发射作用增强，上能级粒子数急剧减少。I_{ν_1}越强，反转粒子数减少得越多，这称为反转粒子数饱和。

此外，从式（1.3.15）还可看出，不同频率的入射光对饱和效应的影响不同。当入射光强相同时，入射光频率ν_1等于中心频率ν_0时，反转粒子数饱和最强。入射光频率偏离中心频率越远，饱和效应越弱。通常认为，入射光频率在

$$|\nu_1 - \nu_0| < \sqrt{1 + \frac{I_{\nu_1}}{I_S}} \frac{\Delta\nu_H}{2} \tag{1.3.18}$$

范围内，才有显著的饱和效应。

当入射光频率为ν_1、光强为I_{ν_1}的光入射到均匀展宽的工作物质上时，其增益系数为

$$G_H(\nu_1, I_{\nu_1}) = G_H^0(\nu_0) \frac{\left(\frac{\Delta\nu_H}{2}\right)^2}{(\nu_1 - \nu_0)^2 + \left(\frac{\Delta\nu_H}{2}\right)^2 \left(1 + \frac{I_{\nu_1}}{I_S}\right)} \tag{1.3.19}$$

式中，$G_H^0(\nu_0)$为中心频率处的小信号增益系数。

在小信号情况下，均匀展宽工作物质的小信号增益为

$$G_H^0(\nu_1) = G_H^0(\nu) \frac{\left(\frac{\Delta\nu_H}{2}\right)^2}{(\nu_1 - \nu_0)^2 + \left(\frac{\Delta\nu_H}{2}\right)^2} \tag{1.3.20}$$

中心频率ν_0处的小信号增益可表示为

$$G_H^0(\nu_0) = \Delta n^0 \sigma_{21} = \Delta n^0 \frac{\nu^2 A_{21}}{4\pi \nu_0^2 \Delta \nu_H} \tag{1.3.21}$$

可以看出，在小信号情况下，增益系数与入射光强无关。

当 I_{ν_1} 足够强时，增益系数 $G_H(\nu_1, I_{\nu_1})$ 的值随 I_{ν_1} 的增加而减小，这就是增益饱和现象。当中心频率光强等于饱和光强时，大信号增益系数只是小信号增益系数的 1/2。相同光强下，ν_1 越偏离中心频率，饱和效应越弱。

在均匀展宽激光器中，开始振荡时往往不只一个纵模满足阈值条件，而是有多个纵模频率满足阈值条件在腔内振荡、放大。而最靠近中心频率的纵模小信号增益系数大，光强增长最快，成为强光。此时，其他纵模尚未达到饱和光强，当强光与饱和光强可比拟时，反转粒子数密度 Δn 下降，Δn 的下降会使其他尚未变成强光纵模的增益系数下降。对于均匀展宽的工作物质，每个粒子对谱线不同频率处的增益都有贡献，激发态粒子数的减少会使对其他频率有贡献的粒子数也减少，其他频率光的增益系数也会下降，最终结果会使得增益在整个谱线上均匀下降，如图 1.3.7 所示[53]。偏离中心频率越远的光，增益系数也越小，越不易实现宽带放大。因此，在均匀展宽激光器中，多模起振时最靠近谱线中心频率的那个纵模最先达到饱和，使其他模的增益降低、熄灭。因此，理论上，均匀展宽激光器的输出常常是单纵模的，适合制作单频激光器。当然，在实际中，激光器仍需采取专门措施，防止出现多纵模振荡，这在后续章节具体介绍。

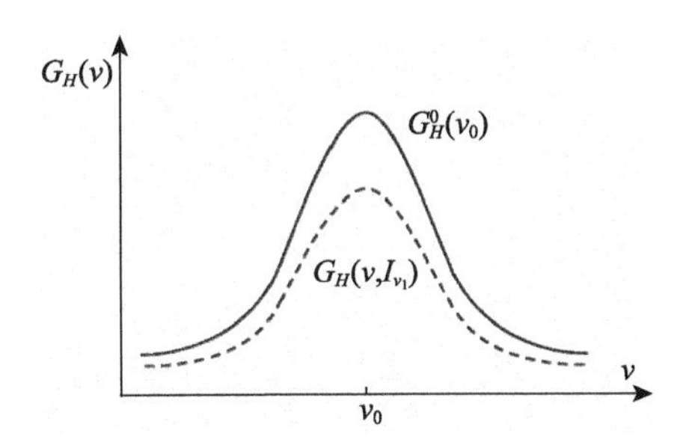

图 1.3.7　均匀展宽工作物质增益曲线

2）非匀展宽介质的增益系数和增益饱和

当入射光频率为 ν_1、光强为 I_{ν_1} 的光入射到非匀展宽的工作物质上时，其增益系数为

$$G_i(\nu_1, I_{\nu_1}) = \frac{G_i^0(\nu_1)}{\sqrt{1 + \frac{I_{\nu_1}}{I_S}}} \tag{1.3.22}$$

式中，$G_i^0(\nu_1)$为频率为ν_1的小信号增益系数。

当入射光强$I_{\nu_1} \ll I_S$时，为小信号情况：

$$G_i(\nu_1, I_{\nu_1}) = G_i^0(\nu_1) = \Delta n^0 \sigma_{21}(\nu_1, \nu_0) = \frac{\nu^2 A_{21} \Delta n^0}{8\pi \nu_0^2} f_D(\nu_1, \nu_0) \quad (1.3.23)$$

可以看出，非均匀展宽线形函数$f_D(\nu_1, \nu_0)$决定了小信号增益系数和频率的关系。当I_{ν_1}足够强时，$G_i(\nu_1, I_{\nu_1})$随I_{ν_1}的增加而减少，形成非均匀展宽情况下的增益饱和。当$I_{\nu_1} = I_S$时，非均匀展宽介质的大信号增益系数是小信号的$1/\sqrt{2}$倍。从式（1.3.22）中可以看出非均匀展宽增益饱和效应的强弱只与光强I_{ν_1}有关，与频率无关。与均匀展宽介质相比，非均匀展宽介质的发生增益饱和的速率要更慢。以上仅是针对入射光频率处一点上的增益系数，当频率为ν_1的入射光饱和后，在其他频率处，增益系数会受到影响，该影响随偏离入射光频率ν_1的远近而异。

频率为ν_1的强光，只与表观中心频率ν_1附近，宽度约为$\Delta\nu_H\sqrt{1+(I_{\nu_1}/I_S)}$的粒子数相互作用，引起粒子数反转饱和，在增益曲线上形成一个凹陷。而表观中心频率在$\Delta\nu_H\sqrt{1+(I_{\nu_1}/I_S)}$之外，非均匀展宽介质的增益曲线并不受入射光饱和效应的影响，仍保持原来的函数线形，如图 1.3.8 所示。我们把这种现象称为反转粒子数的“烧孔”效应。

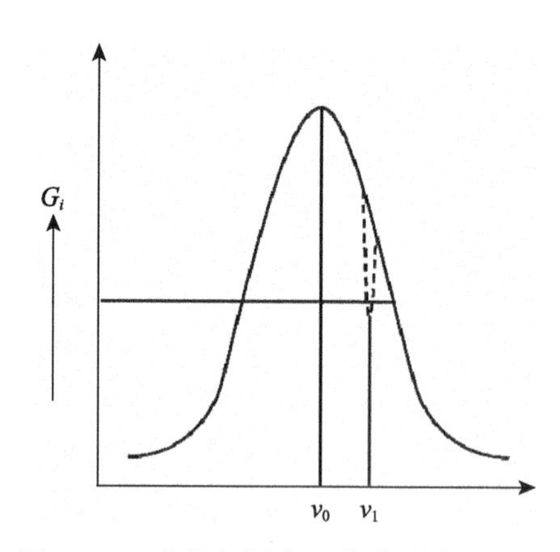

图 1.3.8　非均匀展宽工作物质增益曲线

在非均匀展宽谱线下，每一振荡频率在其各自频率附近小范围内“烧孔”，只要均匀展宽宽度$\Delta\nu_H$小于相邻纵模的频率间隔，则彼此之间没有耦合影响，其中一个模式振荡，不会影响另一个模式频率处的增益系数[53]。这大大减少了信道之间的干扰，更有利于用于 DWDM。此外非均匀加宽比均匀加宽要宽得多，可实现宽带放大。

对于非均匀多普勒展宽的气体激光器的烧孔效应，在谐振腔内，两列传播方向相反的行波组成了光束。沿腔正向和负向传播的光导致在增益曲线上出现两个烧孔，如图 1.3.9 所示，对称的分布在中心频率两侧。

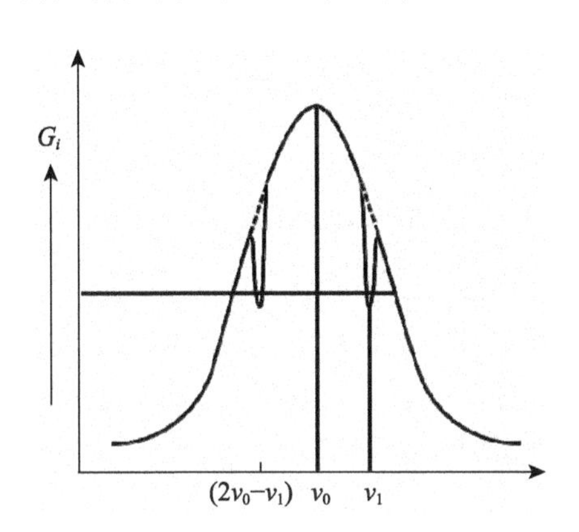

图 1.3.9　非均匀展宽气体激光器增益曲线

2. 谱线展宽与激光的功率

激光器按泵浦方式分为连续激光器和脉冲激光器。当处于工作状态时，连续激光器内的各能级粒子数和腔内光子数密度处于稳定状态，而脉冲激光器系统由于泵浦持续时间短处于非稳定状态。其中，脉冲激光器中的长脉冲激光器由于泵浦时间足够长，也能达到稳态，因此可看作连续激光器进行处理。激光输出功率是表征激光器输出性能的一项重要指标，下面将从连续激光器的角度来讨论均匀展宽和非均匀展宽对输出功率的影响[47,52]。

1）均匀展宽单模激光器的输出功率

对于一个驻波型激光器而言，腔内存在沿腔轴正方向和负方向传输的两束光 I^+ 和 I^-。若谐振腔由一块全反射镜和一块透射率为 T 的输出反射镜组成。当增益不大，进行粗略估算时，可近似认为 $I^+ \approx I^-$，因此腔内平均光强可表示为

$$I_{\nu_q} = I^+ + I^- \approx 2I^+ \tag{1.3.24}$$

即表明 I^+ 和 I^- 同时参与饱和作用。

假设激光光束的有效面积为 A，则均匀展宽连续激光器的输出功率为

$$P = ATI^+ = \frac{1}{2}ATI_{\mathrm{S}}\left(\nu_q\right)\left[\frac{G_H^0\left(\nu_q\right)l}{\delta} - 1\right] \tag{1.3.25}$$

式中，l 为增益介质长度；δ 为光腔的单程损耗。从上式我们可以看出，激光输出

功率与饱和光强成正比。因此，选择受激发射截面大、激光上能级寿命长的工作物质有利于获得大功率输出。此外，增加工作物质长度、降低损耗也有助于增大输出功率。

对于光泵的固体激光器，其输出功率为

$$P = ATI^{+} = \frac{1}{2} ATI_{\mathrm{S}}\left(\nu_q\right)\left(\frac{P_{\mathrm{p}}}{P_{\mathrm{pt}}} - 1\right) \tag{1.3.26}$$

式中，P_{p} 为工作物质吸收的泵浦功率；P_{pt} 为阈值泵浦功率。可以看出，光泵激光器的输出功率是由超出 P_{pt} 的泵浦功率转换而来的。

输出功率除了与饱和光强、损耗有关外，也和输出反射镜的透射率 T 有关。当 T 增大时，腔内光强的透射比增大，有利于提高输出功率，但同时又增大了透射损耗，使阈值增加，导致腔内光强下降。因此，存在一个使输出功率达到最大的最佳透射率 T_{m}。理论上的最佳透射率为

$$T_{\mathrm{m}} = \sqrt{2G_H^0\left(\nu_q\right)la} - a \tag{1.3.27}$$

式中，a 为往返净损耗率。

2）非均匀展宽单模激光器的输出功率

非均匀展宽单模激光器与均匀展宽单模激光器输出功率的分析思路相同，对非均匀加宽激光器而言，当振荡频率 $\nu_q \neq \nu_0$ 时，腔内 I^{+} 和 I^{-} 传输光，分别与不同速率的反转粒子数作用，在增益曲线上出现两个烧孔。非均匀加宽 $\left(\nu_q \neq \nu_0\right)$ 单模激光器的输出功率为

$$P = AI^{+}T = AI_{\mathrm{S}}T\left\{\left[\frac{G_i^0\left(\nu_0\right)l}{\delta}\mathrm{e}^{-4\ln 2\frac{\left(\nu_q - \nu_0\right)^2}{\Delta\nu_{\mathrm{D}}^2}}\right]^2 - 1\right\} \tag{1.3.28}$$

当 $\nu_q = \nu_0$ 时，I^{+} 和 I^{-} 同时在增益曲线中心频率处出现一个烧孔，此时，腔内平均光强为

$$I_{\nu_0} = I^{+} + I^{-} \approx 2I^{+} \tag{1.3.29}$$

输出功率为

$$P = AI^{+}T = \frac{1}{2}AI_{\mathrm{S}}T\left\{\left[\frac{G_i^0\left(\nu_0\right)l}{\delta}\right]^2 - 1\right\} \tag{1.3.30}$$

式（1.3.30）与（1.3.28）相比多了一个 1/2 因子，可见当 $\nu_q = \nu_0$ 时，输出功率下降，形成“兰姆”凹陷。

3）均匀展宽多模激光器的输出功率

在均匀展宽激光器中，由于各个模式之间相互影响，可通过假设谱线加宽线形为矩形并且各模损耗相同，在此条件下求解多模速率方程得出输出功率。输出功率可用式（1.3.26）表示。

4）非均匀展宽多模激光器的输出功率

对非均匀展宽激光器而言，激光器中的每个模式分别消耗与其频率对应的反转粒子数，而且当模间隔足够大时，各个模式相互独立，互不影响。每个模式的输出功率可由式（1.3.28）和式（1.3.29）分别计算得到，多模振荡的非均匀展宽激光器的总输出功率就是各个模式输出功率之和。

参 考 文 献

[1] 姜中宏，刘粤惠，戴世勋. 新型光功能玻璃[M]. 北京：化学工业出版社，2008.

[2] Spedding F H. Handbook on the physics and chemistry of rare earth[M]. 1.15: Noth-Holland Publishing Company, 1978.

[3] Michel J F, Digonnet B J Thompson. Rare Earth Doped Fiber Lasers and Amplifiers[M]. America, New York: Marcel Dekker, INC, 1993.

[4] 罗遵度，黄艺东. 固体激光材料物理学[M]. 北京：科学出版社，2015.

[5] 周时凤. 超宽带光放大用新型发光材料的设计、制备和光学性能研究[D]. 杭州：浙江大学，2008.

[6] Fujimoto Y, Nakatsuka M. Infrared luminescence from bismuth-doped silica glass[J]. Jpn. J. Appl. Phys, 2001, 40(3B): L279~L281.

[7] Dianov E M, Dvoyrin V V, Mashinsky V M, et al. CW bismuth fiber laser[J]. IEEE Quant. Electron, 2005, 35(12): 1083~1084.

[8] 徐军，苏良碧. 主族金属离子激光材料——激光材料领域发展的新方向[J]. 无机材料学报，2011, 26(4): 347~353.

[9] Woggon U. Optical properties of semiconductor quantum dots[M]. New York: Springer, 26, 1997.

[10] 林以军. 量子点荧光粉发光机理、LED 制备及用于可见光通信的宽带特性研究[D]. 长春：吉林大学，2016.

[11] 闫龙. 胶体硒化铅量子点发光二极管的研制及其应用[D]. 长春：吉林大学，2016.

[12] 王永康，王立. 纳米材料科学与技术[M]. 杭州：浙江大学出版社，2002.

[13] Lin A, Son D H, Ahn I H, et al. Visible to infrared photoluminescence from gold nanoparticles embedded in germane-silicate glass fiber[J]. Opt. Express, 2007, 15(10): 6374~6379.

[14] O'Connell M J M, Bachilo S M, Huffman C B, et al. Band gap fluorescence from individual single-walled carbon nanotubes[J]. Science, 2002, 297 (5581): 593~896.

[15] 张思远. 稀土离子的光谱学:光谱性质和光谱理论[M]. 北京：科学出版社，2008.

[16] 卡恩 R W, 哈森 P, 克雷默 E J. 材料科学与技术丛书 (第 9 卷)[M]//扎齐斯基 J. 玻璃与非晶态材料. 北京：科学出版社，2001.

[17] Johnson L F, Dietz R E, Guggenheim H J. Optical maser oscillation from Ni^{2+} in MgF_2 involving simultaneous emission of phonons[J]. Phys. Rev. Lett., 1963, 11(7): 318.

[18] Iverson M V, Windscheif J C, Sibley W A. Optical parameters for the MgO: Ni^{2+} laser system[J]. Appl. Phys. Lett., 1980, 36(3): 183~184.

[19] Deka C, Chai B H T, Shimony Y, et al. Laser performance of Cr^{4+}: Y_2SiO_5[J]. Appl. Phys. Let., 1992, 61(18): 2141~2143.

[20] Walker G, Kamaluddin B, Glynn T J, et al. Luminescence of Ni^{2+} centers in forsterite (Mg_2SiO_4)[J]. J. Lumin., 1994, 60: 123~126.

[21] Martins E, Duarte M, Baldochi S L, et al. De-excitation mechanisms of the $^3T_2$ excited state in $BaLiF_3$: Ni^{2+} crystals[J]. J. Phys. Chem. Solids, 1997, 58(4): 655~658.

[22] Kuleshov N V, Shcherbitsky V G, Mikhailov V P, et al. Spectroscopy and excited-state absorption of Ni^{2+}-doped $MgAl_2O_4$ [J]. J. Lumin., 1997, 71(4): 265~268.

[23] Brunold T C, Güdel H U, Kaminskii A A. Optical spectroscopy of V^{4+} doped crystals of Mg_2SiO_4 and Ca_2GeO_4[J]. Chem. Phys. Lett., 1997, 271(4): 327~334.

[24] Zhou S, Feng G, Wu B, et al. Intense infrared luminescence in transparent glass-ceramics containing β-Ga_2O_3: Ni^{2+} nanocrystals[J]. J. Phys. Chem. C, 2007, 111(20): 7335~7338.

[25] Song E, Ding S, Wu M, et al. Anomalous NIR luminescence in Mn^{2+}-doped fluoride perovskite nanocrystals[J]. Adv. Opt. Mater., 2014, 2(7): 670~678.

[26] Goldman L, Wilson R G, Hornby P, et al. Radiation from a Q-switched ruby laser[J]. J. Invest. Dermatol., 1965, 44(1): 69~71.

[27] Podlipensky A V, Shcherbitsky V G, Kuleshov N V, et al. Efficient laser operation and continuous-wave diode pumping of Cr^{2+}: ZnSe single crystals[J]. Appl. Phys. B, 2001, 72(2): 253~255.

[28] Sorokina I T, Sorokin E, Mirov S, et al. Continuous-wave tunable Cr^{2+}: ZnS laser[J]. Appl. Phys. B, 2002, 74(6): 607~611.

[29] Tanabe S, Feng X. Temperature variation of near-infrared emission from Cr^{4+} in aluminate glass for broadband telecommunication[J]. Appl. Phys. Lett., 2000, 77(6): 818~820.

[30] Hughes M A, Aronson J E, Brocklesby W S, et al. Transition-metal-doped chalcogenide glasses for broadband near-infrared sources[C]//European Symposium on Optics and Photonics for Defence and Security. SPIE, 2004: 289~296.

[31] Blasse G, Meijerink A, Nomes M, et al. Unusual bismuth luminescence in strontium tetraborate (SrB4O7: Bi)[J]. J. Phys. Chem. Solids, 1994, 55(2): 171~174.

[32] Mollenauer L F, Vieira N D, Szeto L. Optical properties of the Tl 0 (1) center in KCl[J]. Phys. Rev. B, 1983, 27(9): 5332.

[33] Meng X G, Qiu J R, Peng M Y, et al. Near infrared broadband emission of bismuth-doped aluminophosphate glass[J]. Opt. Express, 2005, 13(5): 1628~1634.

[34] Peng M Y, Zollfrank C, Wondraczek L. Origin of broad NIR photoluminescence in bismuthate glass and Bi-doped glasses at room temperature[J]. J. Phys.: Condens. Matter, 2009, 21(28): 285106-1~6.

[35] Xu J, Zhao H Y, Su L B, et al. Study on the effect of heat-annealing and irradiation on spectroscopic properties of Bi: α-BaB_2O_4 single crystal[J]. Opt. Express, 2010, 18(4): 3385~3391.

[36] 张宇, 于伟泳. 胶体半导体量子点[M]. 北京：科学出版社, 2015.

[37] 理查兹 W G, 斯科特 P R. 原子结构和原子光谱[M]. 薛洪福, 译. 北京：人民教育出版社,

1981.

[38] Judd B R. Optical absorption intensities of rare-earth ions[J]. Phys. Rev., 1962, 127(3): 750~761.

[39] Ofelt G S. Intensities of crystal spectra of rare earth ions[J]. J. Chem. Phys. 1962, 37(3): 511~520.

[40] McCumber D E. Theory of phonon-terminated optical masers[J]. Phys. Rev., 1964, 134(2A): A299~306.

[41] McCumber D E. Einstein relations connecting broadband emission and absorption spectra[J]. Phys. Rev., 1964, 136(4A): A954.

[42] Liu G K, Hull R, Parisi J, et al. Spectroscopic properties of rare earths in optical materials[M]. 北京: 清华大学出版社, 2005.

[43] Auzel F, Di Bartolo B, Goldberg V. Radiationless Processes[M]. New York: Plenum, 1980.

[44] Kaminskii A A. Laser Crystal[M]. Berlin: Springer-Verlag, 1980.

[45] 张庆国, 尤景汉, 贺健. 谱线展宽的物理机制及其半高宽[J]. 河南科技大学学报(自然科学版), 2008, 01: 84~87.

[46] 沃尔夫冈·戴姆特瑞德. 激光光谱学[M]. 姬扬, 译. 北京: 科学出版社, 2012.

[47] 周炳琨, 高以智. 激光原理[M]. 北京: 国防工业出版社, 2014.

[48] Dobryakov S N, Lebedev Ya S. Analysis of spectral lines whose profile is described by a composition of Gaussian and Lorentz profiles[J]. Sov. Phys. Dokl., 1969, 13: 873.

[49] Hellwege K H. Ann. Elektronenterme und strahlung von atomen in kristallen. I. termaufspaltung und elektrische dipolstrahlung[J]. Phy., 1948, 439(3-4): 95~126.

[50] Kaminskii A A. Laser-Crystal: their physics and properties[M]//Springer Berlin Heidelberg, 1990: 398~407.

[51] 罗遵度. 晶体中激活离子光谱线热位移的一个机制[J]. 科学通报, 1979, 17: 786~789.

[52] 陈家璧, 彭润玲. 激光原理及应用[M]. 北京: 电子工业出版社, 2013.

[53] 李相银, 姚敏玉. 激光原理技术及应用[M]. 哈尔滨: 哈尔滨工业大学出版社, 2004.

第 2 章　单频光纤激光的基本特性及测量方法

单频激光是指谐振腔输出为单一纵模、单一横模、单一偏振状态的激光，表征其特性的两个关键参数是线宽和噪声。约千赫兹量级的超窄激光线宽（10^{-9} nm（~kHz））是单频光纤激光器的重要特征之一，窄线宽意味着单频激光具有非常好的相干性，从而可以提高其在遥感、测距等应用中的探测距离。而噪声这一重要参数则直接影响应用系统的探测精度和灵敏度。因此，低噪声、窄线宽的单频激光在新一代相干通信、高精度光谱、引力波探测、量子/原子频标等前沿科学研究和激光雷达、水听系统等国家安全领域以及高功率激光相干合成等领域具有广泛的应用。

本章主要介绍单频光纤激光器的基本性能参数以及线宽、噪声的测量方法。

2.1　单频光纤激光的基本参数

衡量激光输出性能优劣的方式有很多，除了功率、波长和光谱等最简单基本的特征参数外，还包括出射激光的单纵模特性、模式质量、偏振态等特性。本节将介绍表征单频激光性能的基本参数的物理意义及测试方法，激光纵模、横模以及偏振态的相关概念和测试方法。

2.1.1　功率、波长以及光谱特性

激光的功率是激光强度最直观的表现，功率定义为单位时间输出的激光能量。在激光武器、工业激光切割、焊接等应用中要求激光功率至少达到千瓦级别，而在某些其他应用，如激光手术、光谱测量中则要严格控制激光的能量，因此对激光功率的测量显得尤为重要。在实验室中，通常使用手持式功率计配合不同的探头进行功率测量，当功率较大时（瓦级）需要使用热释电探头进行测量，热释电探头虽然响应较慢、测量不够精确，但承受功率高，能够满足大功率测量的需要。当测量功率较小，测量精度要求高时，通常使用光电探测器（PD）进行测量，这种小型探测器可以直接连接跳线进行测量，其测量精度高、响应速度快但其承受功率较低，所以接入被测激光前需确保激光的功率小于探测器的最大可承受功率。

另外，激光器在长时间工作时积累的热效应会造成激光器的功率波动，对后续系统的稳定性造成极大的影响，因此激光功率的稳定以及功率稳定性的测试都非常重要。功率稳定性的定义为

$$S=\frac{\Delta P}{2P} \tag{2.1.1}$$

式中，S 为功率不稳定度，ΔP 为功率波动的极大值与极小值之差，P 为测试时间内的平均功率。

除了激光功率外，另一直观反映激光性能的方法是利用光谱仪测量激光的光谱。激光光谱学、精密光谱测量也是近年来各国研究者关注的热门，本书只简要介绍单频光纤激光器输出光谱测量的相关知识和方法。分析激光光谱是考察激光器性能最直观的方式，通过这种方式可以得到激光的波长、光信噪比（Optical Signal Noise Ratio, OSNR）、放大的自发辐射（Amplifier Spontaneous Emission, ASE），以及是否有其他波长起振等信息。图 2.1.1 为单频光纤激光器输出激光的典型光谱，可以看出，激射激光的波长为 978 nm，激光信号峰两侧的突起为放大的自发辐射（ASE）。图中左侧突起小峰为泵浦光的残余信号。

从激光光谱中还可以计算激光的光信噪比（OSNR）。OSNR 的概念在鉴定光通信中的波分复用网络方面至关重要，它能够定量检测信号沿光纤传播途中，被噪声干扰的程度。其定义为光信号带宽 0.1 nm 内信号光功率和噪声功率的比值。在图 2.1.1 中，信号光功率约为–5 dBm，ASE 噪声功率约为–65 dBm；因此，该示例中 OSNR 约为 60 dB。

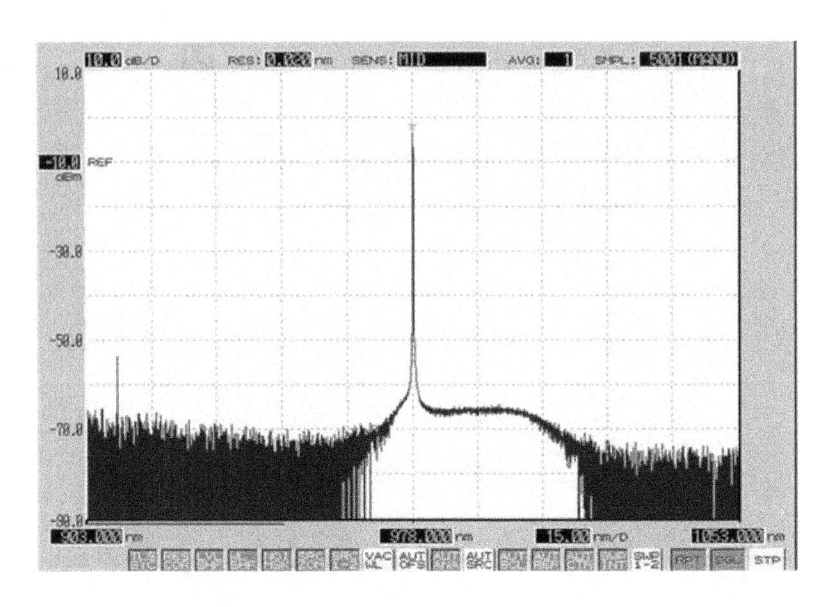

图 2.1.1　978 nm 单频光纤激光器光谱图

值得一提的是，通常光谱仪的分辨率都较为有限，为了精确的测量激光的波长、线宽等参数，需要用到其他精密测量手段，如，使用波长计监测输出激光的波长，利用延迟自外差法在射频谱上测量激光线宽等。

2.1.2 单纵模特性

纵模的字面意思是指激光光波沿激光腔纵向分布的情况，通常用纵模来描述激光的频率特性。例如，单纵模就是指单一频率的激光起振，多纵模就是指多个频率的激光同时起振，跳模就是指激光频率发生跳变。通过考察激光输出的单纵模特性就可以确定输出的激光是否具有单一、稳定的频率。

单一纵模是单频光纤激光器最重要的特征之一。由于光谱仪、波长计的分辨能力有限，为了能更精细地分辨激光器的纵模模式，一般利用 F-P 共焦球面扫描干涉仪来检测单频激光的单纵模特性。F-P 共焦球面扫描干涉仪由两片曲率半径相等的球面腔镜、一个压电陶瓷和一个可以产生锯齿波的 PZT 驱动器构成。两块球面腔镜相对放置，间距 L 等于反射镜的曲率半径 R，从而形成一个共焦谐振腔，其中出射端腔镜固定在 PZT 上。被检测光束沿谐振腔光轴方向入射到谐振腔内，并在腔内多次往返，因腔镜反射率很高，每次在出射端腔镜上被反射时只有一小部分光透射出谐振腔。当且仅当被检测光波长满足

$$k\lambda = 4nL \tag{2.1.2}$$

时，激光光波在出射处才能发生相长干涉，从而被谐振腔后的光电探测器检测并转化为电信号。通过周期性的改变加载在压电陶瓷上的电压，可以周期性地改变共焦球面腔的腔长，从而使得被测光束中每一个不同频率的纵模先后通过干涉仪，继而在时域上被分辨出来。

如图 2.1.2 所示，当一个扫描周期内出现两个单峰，并且在单峰附近没有小峰时，可以认定该激光器输出为单纵模。

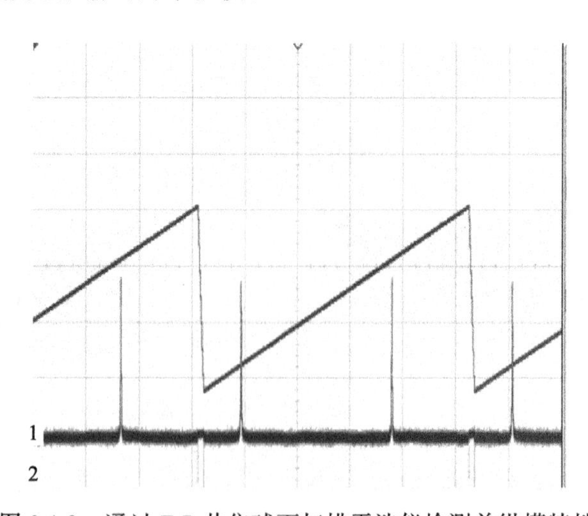

图 2.1.2　通过 F-P 共焦球面扫描干涉仪检测单纵模特性

短腔单频激光器的选模是通过腔长和窄带光栅共同完成的，通常认为窄带光栅的反射带宽是固定的，但是腔长会因温度的改变而改变，为了确保激光输出始终维持单个纵模，必须检测单纵模特性与温度的关系（即单纵模区间），进而对谐振腔温度进行控制。

同样利用 F-P 共焦球面扫描干涉仪监测单纵模情况，并通过高精度温度控制系统逐步改变谐振腔温度，从第一次多纵模跳变为单纵模到单纵模又跳变为多纵模的温度区间就是激光器的单纵模区间，如表 2.1.1 所示。同时，还可以辅以波长计，测量温度改变对激光器中心波长的影响，在多纵模情况下波长计的示数应是不稳定的。根据测得的单纵模区间对激光器的温控模块进行设计，使得单频光纤激光器可以稳定地工作在单纵模状态下。

表 2.1.1　单纵模区间测试数据

温度/℃	是否单纵模	波长/nm
22.0	是	1550.052
22.8	是	1550.056
22.9	否	/
23.0	否	/
23.1	是	1550.085
24.0	是	1550.088
25.0	是	1550.093
26.0	是	1550.097
27.0	是	1550.101
27.3	是	1550.103
27.4	否	/
27.5	否	/
27.6	是	1550.131
28.0	是	1550.133

2.1.3　模式质量

光束的横模指的是激光光强在其传输横截面上的光强分布。通常称光纤激光器出射到空间中的理想的光斑为基模光斑，其横截面光强呈高斯分布，即输出光束为高斯光束。基模光束的空间相干性最好，发散最慢，这对后续空间光系统的应用具有重要意义，例如倍频、光参量振荡、激光雷达等。因此，测量单频光纤激光器输出光束的横模特性也非常必要，尤其是经过放大的高功率激光。通常，用一个 CCD 相机对输出光束进行扫描，得到其光斑分布。具体扫描方式分为两种，一种是通过一个面阵 CCD 沿激光传输方向进行扫描，通过扫描得到的图像计算其腰斑位置、半径、光束发散角等参数；另一种是先利用线阵 CCD 对激光的横截面进行狭缝扫描，再对激光进行纵向扫描，从而得到整个激光的空间分布。

根据高斯光束的基本特性，其光束腰斑尺寸和发散角的乘积是一个固定的值，由此定义衍射倍率因子：

$$M^2 = \frac{\omega_R \theta_R}{\omega_F \theta_F} \tag{2.1.3}$$

式中，ω_R 和 ω_F 分别为实际测得光束和理想基模高斯光束的束腰半径，θ_R 和 θ_F 分别为实际测得光束和理想基模高斯光束的发散角。

当 $M^2=1$ 时，表示所测光束为理想基模高斯光束，其腰斑和发散角都达到最小值，即达到了衍射极限。可以看出，M^2 因子实际上表示的就是光束衍射大于衍射极限的程度，因此称作衍射倍率因子。更通俗地说，M^2 因子反映了光束在空间中发散速度的快慢，进而反映了激光的亮度、相干长度等物理参数[1]。

图 2.1.3 为利用 CCD 相机实际测量得到的高功率光纤激光器输出光斑的横截面光强分布图，插图为光斑的横截面，光强由内而外逐渐衰弱，呈高斯型分布。定性地分析，该光斑为圆形，中间没有空洞也没有强度明显过高的点；强度中间高，四周低，变化的梯度不大，比较平坦，为高斯型分布。其 $M^2<1.1$，说明该光束形状接近理想的基模高斯光束。

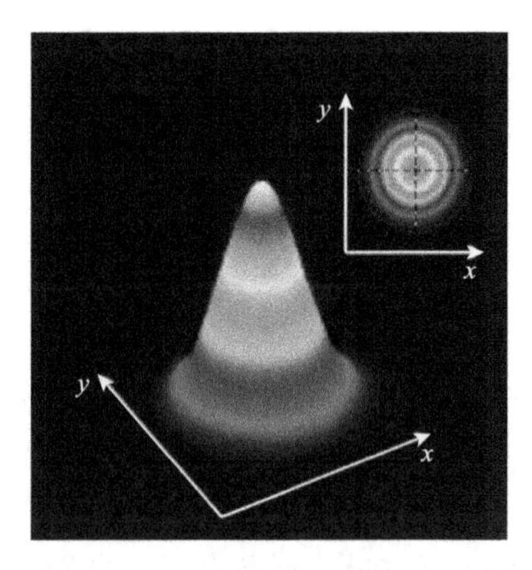

图 2.1.3　40 W, 1064 nm 单频激光输出光斑（后附彩图）

2.1.4　偏振态

激光是一种横电磁波，其电矢量和磁矢量的振动方向与光波的传播方向相互垂直。在光传播方向确定的情况下，电矢量和磁矢量的振动方向仍然有各种各样的可能情况，这些不同的振动状态我们称之为偏振态。对于单一偏振方向的偏振光，我们称之为线偏振光。理想的线偏振光中所有的光子都具有同一偏振态，而实际上，不可能得到处于理想偏振态的激光，多少会有与主偏振方向垂直的另一个方向上的光子存在。那么，这两个相互垂直方向上偏振光功率的比，就称为偏振消光比（Polarization Extinction Ratio, PER），显然，偏振消光比越大，表明激光更接近理想的线偏振光源。

在某些情况下，例如非线形晶体中的相位匹配，对激光偏振态的要求非常严格，因此需要偏振消光比很高的偏振光源。此外，良好的偏振态可以方便我们对激光的操作，如可以利用偏振控制元件控制环形腔内的损耗等。由于偏振光的产生和控制十分重要，因此，对单频激光的偏振态的检测，以及对线偏振单频激光的偏振消光比测试也很重要。

一般利用偏振态分析仪器对偏振态进行检测并使用邦加球显示测试结果，如图 2.1.4 所示。邦加球上一点代表一个偏振态，其中，经度表示偏振态的方位角，而纬度表示偏振态的椭圆率。所以，邦加球赤道上点表示线偏振光；上下极点分别对应右旋圆偏振光和左旋圆偏振光；球面上其他各个点对应椭圆偏振光，其中，上半球为右旋椭圆偏振光，下半球为左旋椭圆偏振光。球面上表示的是完全偏振光。球心表示的是自然光，球体内其他点表示的是部分偏振光。

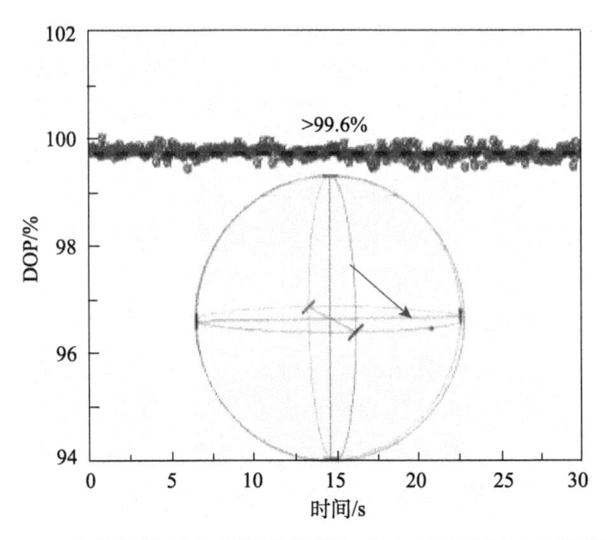

图 2.1.4　线偏振单频光纤激光偏振态的典型测量图（后附彩图）

描述激光光束偏振状态的参量还有偏振度（Degree of Polarization, DOP）。在很多场合，特别是在高速率光纤通信系统中，需要对光信号的 DOP 进行测量。DOP 定义为激光信号中完全偏振光的功率和总光功率之比，通常可以直接通过偏振态测量仪测得激光信号的 DOP。图 2.1.4 所示为一 1560 nm 单频光纤激光的偏振态测量图，30 s 内平均 DOP 为 99.6%，偏振态落在邦加球的赤道上，说明该激光器输出的偏振光具有较为理想的偏振态。

根据 PER 和 DOP 的概念，可以得出两者之间的关系为

$$\mathrm{PER}=10\lg\frac{\mathrm{DOP}}{1-\mathrm{DOP}} \tag{2.1.4}$$

在实验中还有更简便的方法考察激光光源的偏振态，即利用光纤偏振分束器（fPBS）对线偏振光源的消光比进行测试。将 fPBS 熔接在激光器输出端，然后分别在 fPBS 的两个输出端测量光功率。用功率较大一端测得的功率值除以功率较小一端测得的功率值，并换用分贝数表示即为偏振消光比。通常制作工艺良好短腔线偏振单频光纤激光器的偏振消光比都在 25 dB 以上。

2.2 单频光纤激光线宽特性及测试方法

激光起振后，会有一个或多个纵模产生，每个纵模对应的频率范围就是激光的线宽。对于单频光纤激光器来说，只有一个纵模起振，激光线宽指的是该纵模的谱线的半高全宽。

对一般线宽较宽的激光光源，可以直接利用光谱仪测其光谱，并通过分析光谱测得激光线宽。光谱仪的工作原理一般都是以光纤光栅或者扫描滤波器作为扫频的器件，对入射激光的光谱进行分析。当激光线宽达到 kHz 级别时，由于光谱仪自身分辨能力的限制，利用传统的光谱仪测量光谱，直接读出其 3 dB 带宽进而判断其半高全宽来测量线宽的方法已经不再适用。

要测量千赫兹及以下的激光线宽，可以采用的方法包括外差法、鉴频器法和延迟自外差法[2]。其中，外差法的原理：利用一路稳定的、波长与待测激光信号波长相近的参考激光与待测光进行混频，探测器最后可以探测到中心频率等于参考光与待测光频率差的电信号。外差测量的原理决定了：如果要利用参考光得到待测激光信号的线宽，测试系统对参考光的频率稳定性及线宽有着极高的要求。也就是说，如果要利用外差法测量千赫兹甚至百赫兹量级的单频激光信号的线宽，参考光的线宽应小于百赫兹级。实际上，这种光源很难获得。除此以外，要得到准确的测量结果，还需要对参考光源进行校正。校正用的光源显然不能比参考光源质量更差。利用超稳腔进行外腔稳频的激光器可以满足上述要求。但是，一般来说，这种激光器的价格非常昂贵，体积庞大，而且往往波长不可调。因此，往往需要对电信号的进行移频处理，这就造成了测试系统复杂、不稳定等缺点。除此以外，还可以利用鉴频器对激光信号进行线宽测量。理论上，利用鉴频器可以测量任意精度的激光线宽，

但在实际实验中，人们发现利用鉴频器的线宽测试系统往往复杂、昂贵。相比以上两种方法，延时自外差法是更为简洁、有效的线宽测试方法。下面简要介绍外差法和延迟自外差法。

双光束外差法需要两个激光器。一个激光器输出功率和波长要十分稳定，另一个激光器的波长在小范围内连续可调，并保证两束激光的波长差在很小范围内稳定、精密、连续可调，才能实现一定频率范围内的扫频测试。图 2.2.1 是典型的双激光器光外差测试系统。谱线宽度待测的光源输出固定频率为 ν_1 的光，波长可调谐的窄线宽光源输出频率为 ν_2 的光，两束光耦合到光探测器的光敏面进行混频。光波的场函数可简单表达为

$$\begin{cases} E_1(t) = E_1\cos(2\pi\nu_1 t + \varphi_1) \\ E_2(t) = E_2\cos(2\pi\nu_2 t + \varphi_2) \\ \nu = \nu_2 - \nu_1, \quad \Delta\varphi = \varphi_2 - \varphi_1 \end{cases} \tag{2.2.1}$$

式中，ν 为拍频功率谱的中心频率。根据 Wiener-Khintchine 定理，通过对自相关函数进行傅里叶变换即可得到光电流的谱密度。对于两束洛伦兹谱线的激光，其拍频谱依然是洛伦兹线形：

$$S_b(\nu) = \frac{\delta\nu}{2\pi\left[(\nu_2-\nu_1)^2 + \left(\dfrac{\delta\nu}{2}\right)^2\right]} \tag{2.2.2}$$

式中，$\delta\nu=\delta\nu_1+\delta\nu_2$（两激光器的线宽之和），为拍频功率谱的线宽；对于两束高斯线形的激光光谱，其拍频谱仍然是高斯线形，有 $\delta\nu^2=\delta\nu_1^2+\delta\nu_2^2$（两激光器的线宽平方之和），为拍频功率谱的线宽平方。由上可知，不管是对洛伦兹线形还是高斯线形的激光，只要参考光的线宽足够窄，就可以将拍频谱的线宽看作待测激光的线宽。

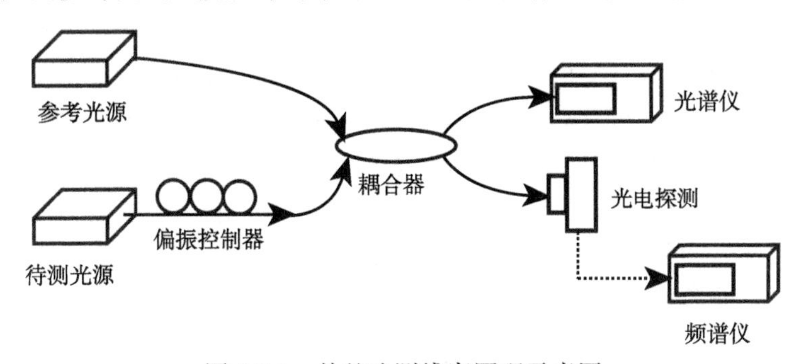

图 2.2.1　外差法测线宽原理示意图

延迟自外差法的装置图见图 2.2.2。这一方法最早由 Dawson 于 1992 提出[3,4]。这一方法的基本思想是，利用环形回路代替传统延迟自外差法中的延迟线，待测光信号完成一次环行，就产生一次延时和频移，这样，最后获得的经过若干阶频移的

光电流信号就可以表征经过若干圈环行的拍频信号。通过这样的处理，可以利用较短的光纤延迟，通过反复通过延迟线，来获得更长的延时长度。实际上就是对光纤延迟线的复用。

测量系统的结构如图 2.2.2 所示。带有损耗补偿的环形回路包含了以下组件：2×2 光纤耦合器，一段长度较长（~50 km）的 SM-28e 单模光纤延迟线，一个声光调制器（AOM），一个掺铒光纤放大器（EDFA），一个带通滤波器（BPF）和一个偏振控制器（PC）。声光调制器的作用是使得最后的拍频信号产生频率等于声光调制器工作频率的频移。掺铒光纤放大器用于补偿待测光信号在环路中传播时的损耗。滤波器用于滤除待测光信号经过 EDFA 放大后产生的放大自发辐射（ASE）。偏振控制器控制回路中传播的待测光信号的偏振态。信号探测部分包含一个光电探测器（PD）和频谱仪。

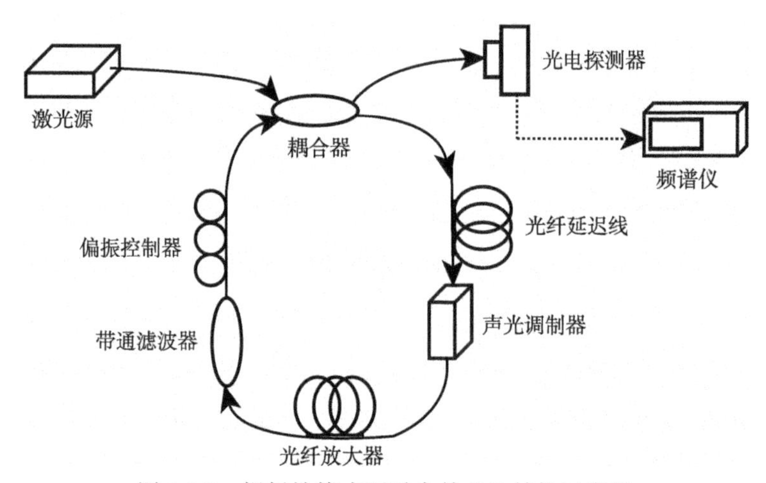

图 2.2.2　损耗补偿式延时自外差法结构示意图

为避免外界环境的振动、噪声以及温度扰动对测量系统造成的影响，整个带有损耗补偿的环路需要进行隔音防震处理。测量系统中耦合器的分光比 α 和回路的光增益 γ，需经过优化以获得最优的测量结果。耦合器分光比直接影响系统中最多能获得多少阶的拍频信号。回路的总增益 γ 决定是否能消除多次环路传播产生的干涉效应。定义 $S(\omega)$为延时自外差法得到的频谱，那么损耗补偿式自外差法得到的第 m 阶拍频信号的频谱可以表示为

$$S_m(\omega)=\frac{\gamma^m}{(1-\alpha)^2}P(\omega)S_0(\omega,m\tau_\mathrm{d},m\Omega) \tag{2.2.3}$$

其中，

$$P(\omega)=\alpha+\frac{(1-\alpha)(\gamma^2-\alpha)}{1+\gamma^2-2\gamma\cos[(\omega+m\Omega)\tau_\mathrm{d}]} \tag{2.2.4}$$

是一个角速度为 ω 的周期性函数。它表示待测光信号在多次经过环路后形成的干涉效应。其中 τ_d 表示环路的总延时。要使得这一效应消除，应该使得 γ 值和 α 的平方根相当，这样，$P(\omega)$近似为一个常数项，进而消除干涉效应对测量结果的影响。

图 2.2.3 是基于上述方案测得的激光输出频谱图，因为其功率谱密度满足洛伦兹线形，将最大值下 20 dB 的频谱宽度除以 20，得到的结果约 3.5 kHz 就是其半高全宽的值，即激光线宽。选择 20 dB 而非 3 dB，是因为激光器的频率噪声既包含白噪声也包含 $1/f$ 噪声。$1/f$ 噪声会引起线宽展宽，因而，要推知洛伦兹线形的半高全宽，最简单直观的办法就是用通过测量 20 dB 位置处的线宽间接计算 3 dB 线宽。20 dB 位置的谱线宽度与 3 dB 线宽满足简单的除法关系，所以，通常认为峰值以下 20 dB 位置的谱线宽度除以 20 所得的值为其半高全宽。

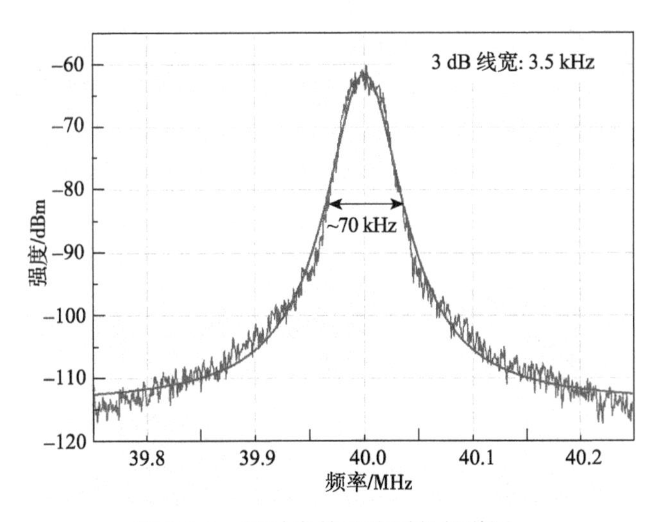

图 2.2.3　延时自外差法测得频谱图

2.3　单频光纤激光噪声特性

噪声作为激光信号的一个重要性能，一直是激光技术领域的研究重点，并制约着单频激光器的进一步应用。对单频光纤激光的噪声进行测试是研究其机理和抑制方法的前提。

2.3.1　强度噪声的定义及测试方法

激光器的强度噪声指激光器的输出功率波动情况，与功率稳定性不同，通常在频域而非时域上来描述噪声。定义相对强度噪声（Relative Intensity Noise, RIN）[5]：

$$\mathrm{RIN}=\frac{\Delta P^2}{P^2}(\mathrm{dB/Hz}) \tag{2.3.1}$$

式中，ΔP 为单位频带内的噪声功率谱密度，P 为激光器的平均功率。单频光纤激光强度噪声在频谱上可分为低频的技术噪声、中频的弛豫振荡以及高频段的量子噪声。技术噪声是由外部干扰、抽运源的功率起伏等引起。在连续抽运激光器中，弛豫振荡表现为某些频段内光强随时间变化的阻尼振荡，是引起激光器输出功率起伏的最主要原因。其产生机制是增益介质内反转粒子与激光腔内光子相互作用而引起的激光振荡。量子噪声又称散粒噪声（Shot Noise），来源于激光能量量子化过程中产生的光量子涨落，且其功率谱密度与频率无关，在整个频谱范围内产生本底白噪声：

$$\mathrm{RIN_{SN}}=\frac{2h\nu}{P}(\mathrm{dB/Hz}) \tag{2.3.2}$$

其中，h 为普朗克常量，ν 为激光频率。

关于单频激光器的噪声产生的具体机理及分析将在下一章中谈到，这里首先介绍相对强度噪声的测试方法。

目前常见的单频激光强度测试方法，包括基于射频频谱分析仪的直接测量法和基于快速傅里叶变换的数字测量法。基于频谱仪的直接测量法原理图见图 2.3.1。

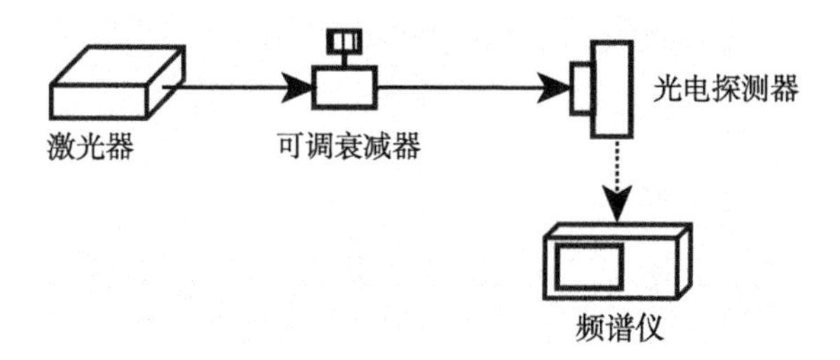

图 2.3.1　基于频谱仪的直接测量法原理图

具体测试过程中，将激光器输出直接接入光衰减器衰减到一定功率水平（mW 量级），以满足光电探测器对输入功率的要求，然后经光电探测器将光信号转化为电信号，最后输入频谱分析仪进行测试。相对强度噪声（RIN）的计算方法如下：

$$\mathrm{RIN}=10\lg\left(\frac{A}{\frac{U^2}{R}\cdot W_{\mathrm{B}}}\right) \tag{2.3.3}$$

式中，A 为测得的频谱幅度，U 为光电探测器输出电压的直流分量，R 为测试系统阻抗，W_{B} 为频谱仪分辨率带宽。测试时频谱仪的中心频率一般设置在 1 MHz 和 5 MHz，对应测试带宽 2 MHz 和 10 MHz，以测试低频段和高频段的强度噪声。图 2.3.2 为某 1550 nm 单频光纤激光器在 0~10 MHz 频带范围内的相对强度噪声谱。

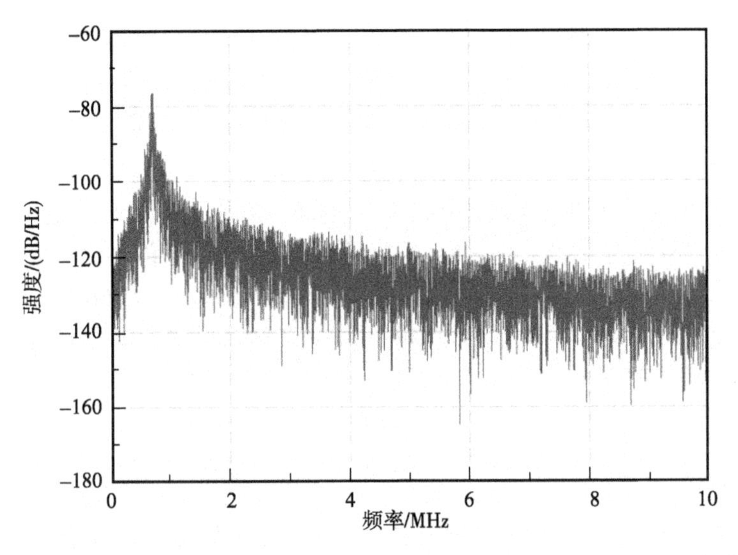

图 2.3.2　1550 nm 单频光纤激光器在 0~10 MHz 频带范围内的相对强度噪声谱

基于电脑的数字测量法，则是在图 2.3.1 中将频谱仪由数据采集卡及计算机代替，采集卡直接采集探测器输出的直流分量，然后通过计算机软件直接完成对 RIN 的计算[6]。数字测量法的测试精度相对不高，除弛豫振荡峰外的其他噪声成分基本分辨不出来。因此，在现在的研究中多采用直接测量法。

2.3.2　频率噪声的定义及测试方法

激光频率噪声是指激光器输出光频率波动的情况，其大小由功率谱密度函数来描述[7]：

$$S_{\nu}(f)=\int_{-\infty}^{\infty}C_{\nu}(\tau)\mathrm{e}^{\mathrm{i}2\pi f\tau}\mathrm{d}\tau \tag{2.3.4}$$

式中，$C_{\nu}(\tau)=\langle\Delta\nu(t)\Delta\nu(t+\tau)\rangle$ 为频率噪声的时域自相关函数，$\Delta\nu(t)$ 为激光频率随时间波动的大小。频率噪声可以通过将激光注入一个非平衡干涉仪，然后监控输出的强度起伏来进行分析。

自发辐射是最基本的频率噪声源，激光概念的提出者肖洛和汤斯最早推导出了由自发辐射产生的噪声大小，后来被称为肖洛–汤斯噪声极限，其具体计算公式为[8]

$$S_{\nu-sp}(f)=\frac{e_{\mathrm{sp}}^{2}\delta}{4\pi^{2}\tau^{2}P} \tag{2.3.5}$$

式中，e_{sp}^{2} 为自发辐射的功率谱密度，δ 为单程损耗因子，τ 为腔内光子寿命，P 为激光功率。然而，在实际的激光器中，观测到的频率噪声值要远大于该噪声极限。由于激光器的工作频率与激光腔长成对应关系，则腔长与折射率的扰动成为主要的频率噪声源。外界环境的温度起伏、机械振动等都会在激光器内造成极大的频率偏移，这就对激光器的封装提出了严格的要求。短腔光纤激光器采用的是紧凑的全光纤结构，并将激光腔封装在导热构件中进行高精度的温控，可使激光器受外部的干扰降到最低。

通常利用光纤干涉仪来测量激光的频率噪声，当激光信号经过非平衡干涉仪时，光频的波动会引起相位的变化，并最终转化为干涉仪输出光场强度的变化。将激光器和干涉仪进行屏蔽，消除外界声音和振动的影响后，解调出的干涉相位项即为光纤激光器和解调干涉系统的相位噪声。设光源的频率抖动为 δv ，经过干涉仪后得到的相位噪声项为

$$\delta\varphi=\frac{2\pi nl}{C}\delta v \tag{2.3.6}$$

其中 n 为光纤折射率，l 为干涉仪臂差，C 为真空光速。关于干涉仪臂差的选择，对于以白噪声成分为主的半导体激光器，可采用任意臂差进行测量[9]。而对于具有 $1/f$ 噪声成分的窄线宽固体激光器或光纤激光器，通过非平衡干涉仪测量得到的相位噪声值与干涉仪臂差存在一定的关系，即当臂差值小于某一长度时，测得的相位噪声值与臂差大小无关，这部分噪声主要来源于激光器的 ASE 噪声成分（白噪声）；当臂差值大于某一长度时，测得的相位噪声值与臂差大小开始成线形关系即式（2.3.5），此时激光器的 $1/f$ 噪声开始表现出来[10]。因此，对于单频光纤激光器的测量，一般采用比较长的干涉仪臂差，即 100 m 左右。长的延迟可使探测的信号变大，故而对环境的噪声和温度干扰不敏感。图 2.3.3 为单频激光频率噪声测试系统原理图，其中，迈克尔孙干涉仪置于隔音隔振装置中，两臂反射镜采用法拉第旋转镜以消除偏振衰落。另外，将干涉仪的其中一条臂部分缠绕在 PZT 压电陶瓷上对其相位进行调制。干涉仪的输出信号经探测器转化为电信号后，由相位解调仪基于相位载波解调方案进行解调，解调的结果由频谱仪作进一步分析。图 2.3.4 为典型单频光纤激光器频率噪声测试结果图。

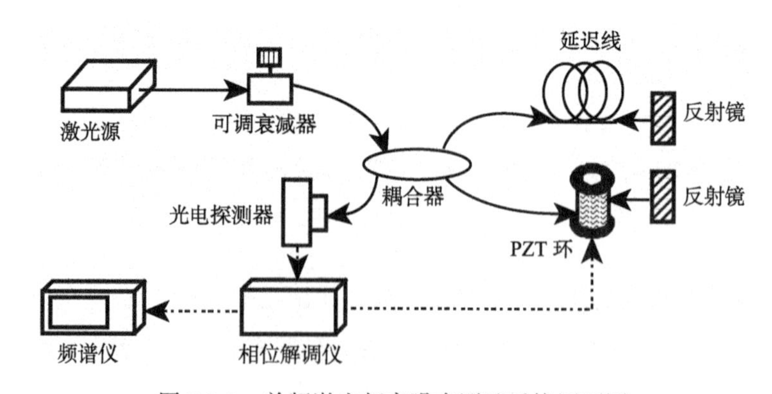

图 2.3.3 单频激光频率噪声测试系统原理图

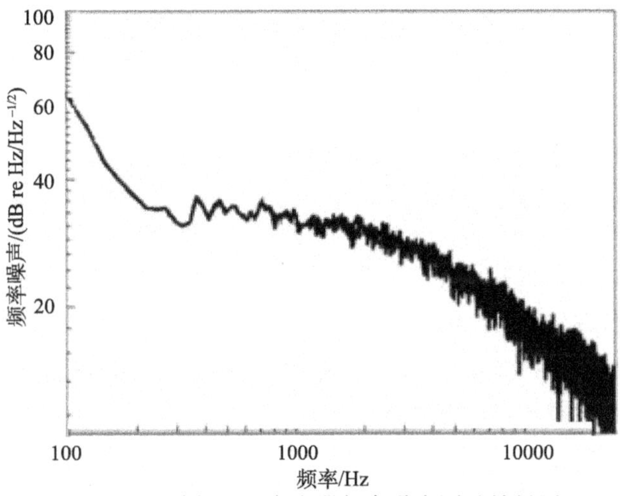

图 2.3.4　单频光纤激光器频率噪声测试结果图

与强度噪声类似，对相位噪声的解调还可以先利用数据采集卡采集干涉仪输出强度信息，然后通过计算机软件进行计算。

参 考 文 献

[1] 周炳琨, 高以智, 陈家骅. 激光原理: 第 8 版[M]. 北京: 国防工业出版社, 2008.

[2] Derickson D. Fiber Optic Test and Measurement[M]. New York: Prentice-Hall, 1998.

[3] Dawson J W, Park N, Vahala K J. An improved delayed self-heterodyne interferometer for linewidth measurement[J]. IEEE Photon. Technol. Lett., 1992, 4: 1063~1066.

[4] Park N, Dawson J W, Vahala K J. Linewidth and frequency jitter measurement of an erbium-doped fiber ring laser by using a loss-compensated, delayed self-heterodyne interferometer[J]. Opt. Lett., 1992, 17: 1274~1276.

[5] 李灿. 磷酸盐单频光纤激光器噪声机理及其抑制技术研究[D]. 广州: 华南理工大学, 2015.

[6] Cranch G A, Englund M A, Kirkendall C K. Intensity noise characteristics of erbium-doped distributed-feedback fiber lasers[J]. IEEE J. Quantum Electron., 2003, 39(12): 1579~1587.

[7] 马丽娜. 光纤激光水听器技术[D]. 长沙: 国防科技大学, 2010.

[8] Foster S, Cranch G A, Tikhomirov A. Experimental evidence for the thermal origin of 1/f frequency noise in erbium-doped fiber lasers[J]. Phys. Review A, 2009, 79(5): 53802.

[9] Cranch G A, Miller G A. Fundamental frequency noise properties of extended cavity erbium fiber lasers[J]. Opt. lett., 2011, 36(6): 906~908.

[10] Meng Z, Hu Y, Xiong S, et al. Phase noise characteristics of a diode-pumped Nd: YAG laser in an unbalanced fiber-optic interferometer[J]. Appl. Opt., 2005, 44(17): 3425~3428.

第 3 章　单频光纤激光的产生

单频光纤激光器因其线宽窄、相干性好、噪声低、与光纤网络兼容性好等特点，在大功率相干合成、相干光通信、激光雷达、激光冷却与原子捕获、高精度光谱测量、引力波探测等领域有着非常广泛的应用，是近期激光领域的研究热点。本章将简要介绍单频光纤激光的产生原理。

3.1　单频光纤激光器的分类

根据有源光纤的工作物质及发光波长的不同，目前常见的单频光纤激光器大致有 1.0 μm 波段、1.5 μm 波段、2.0 μm 波段及以上的中红外波段这几类。按照其组成结构和工作原理，可分为分布布拉格反射（Distributed Bragg Reflector, DBR）型、分布反馈（Distributed Feedback, DFB）型和环形腔型这三类单频光纤激光器。它们的主要区别在于其谐振腔结构有所不同，其中，DBR 腔和 DFB 腔为驻波腔，而环形腔为行波腔。本节将简要介绍这三种不同结构单频光纤激光器的基本工作原理。

3.1.1　分布布拉格反射（DBR）型单频光纤激光器

与传统固体激光器结构类似，DBR 单频光纤激光器由一段稀土离子掺杂光纤作为增益介质，宽带光纤光栅（Wide Band Fiber Bragg Grating, WB-FBG）和窄带光纤光栅（Narrow Band Fiber Bragg Grating, NB-FBG）分别熔接在增益光纤两端并作为谐振腔的前后腔镜，组成谐振腔，如图 3.1.1 所示。

来自半导体激光器的泵浦光通过波分复用器（Wavelength Division Multiplexer, WDM）沿激光出射方向的反方向进入谐振腔，称为反向泵浦方式；泵浦光由宽带光栅直接进入谐振腔内，与激光出射方向一致，称为同向泵浦方式。而在激光器的输出端连接一个光隔离器（Isolator, ISO）是为了防止随后系统反向回光对激光谐振腔的干扰。

如图 3.1.1 所示，在以上 DBR 结构的谐振腔中，为了获得稳定且无跳模的单一纵模激光输出，则要求增益光纤的长度足够短，通常在厘米量级，这样的激光腔一

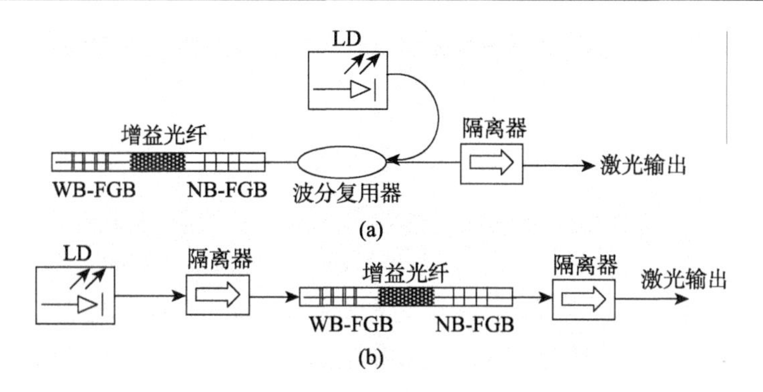

图 3.1.1　DRB 单频光纤激光器原理图

（a）为反向泵浦结构；（b）为同向泵浦结构，其中 WB-FBG 和 NB-FBG 分别为宽带和窄带光纤光栅

般称为线形短腔。线形短腔是一种驻波场谐振腔。根据激光谐振腔的基本理论，为了能在腔内形成稳定的驻波振荡，激光的频率 v 和腔长 L 需要满足以下关系式：

$$v = q \cdot \frac{c}{2nL} \tag{3.1.1}$$

式中，v 为激光频率，q 为正整数，L 为腔的光学长度，n 为光纤的折射率。

激光腔内的纵模频率间隔 Δv_q 为

$$\Delta v_q = \frac{c}{2nL} \tag{3.1.2}$$

由上面的分析可知，激光器的纵模频率间隔 Δv 与激光器腔长 L 成反比。线形短腔光纤激光器纵模选择原理如图 3.1.2 所示，激光器通过缩短谐振腔长度，增大纵模频率间隔。而增益谱半高全宽（FWHM）一般由 NB-FBG 的反射谱宽 $\Delta\lambda$ 决定：

$$\Delta v_G = c \cdot \Delta\lambda / \lambda^2 \tag{3.1.3}$$

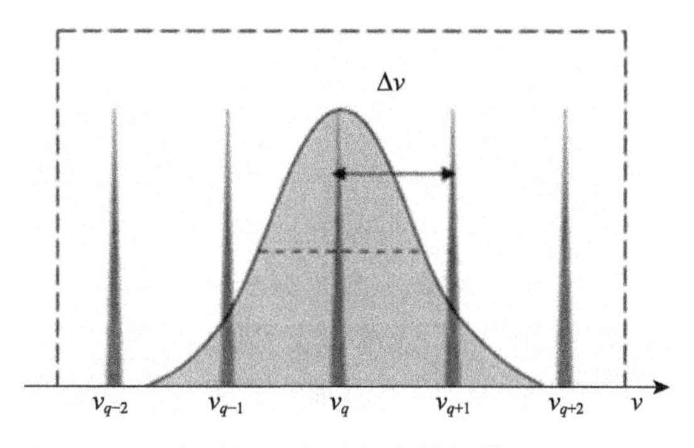

图 3.1.2　线形短腔光纤激光器纵模选择原理图

只要满足纵模间隔 Δv_q 大于增益谱半高全宽 Δv_G 的 1/2，就可以保证增益谱内只

存在一个纵模模式，即可实现单纵模输出，并且，此时由于不存在模式竞争，可使该腔能实现稳定、无跳模的单频运转。

3.1.2　分布反馈（DFB）型单频光纤激光器

图 3.1.3 给出的是 DFB 单频光纤激光器结构原理图，半导体激光器作为泵浦源，泵浦光经过波分复用器（WDM）耦合进 DFB 激光腔内。与 DBR 激光器最大的不同在于，DFB 激光谐振腔的有源区与反馈区同为一体，同时实现激光反馈和激光模式选择。通过将 π 相移光栅刻写在掺杂增益光纤上，且 π 相移位于光栅的中间位置就可以获得一个 DFB 激光腔，π 相移两端的光栅可以看作是激光器的两腔镜。与普通光栅相比，相移光栅的纵向折射率调制在光栅的中间位置发生了一个 π 相位突变，其反射谱阻带中心处存在一个线宽极窄的透射窗口，因此相移光栅具有非常好的模式选择特性。相移光栅的窄带透射窗口的波长取决于相移量的大小，当相移为 π 时，窄带透射波长为布拉格波长，当泵浦光激励超过阈值时就会在该波长处激射出激光。与 DBR 单频光纤激光器相同，一般在输出端连接一个隔离器以防止返回光对激光谐振腔造成影响。

DFB 单频光纤激光器的工作波长由相移光栅的透射峰、谐振腔长和有源光纤增益谱宽共同决定。

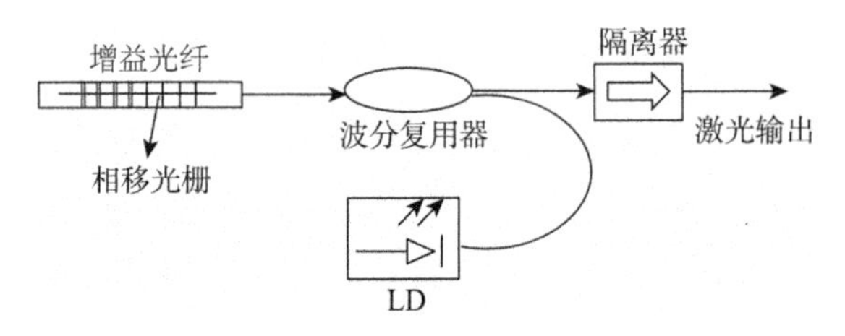

图 3.1.3　DFB 单频光纤激光器结构原理图

3.1.3　环形腔单频光纤激光器

环形腔是一种行波谐振腔。激光在腔内以行波的方式传播，克服了线形腔中由驻波引起的模式竞争，从而消除了空间烧孔效应。环形腔单频光纤激光器的典型结构如图 3.1.4 所示。与线形腔单频光纤激光器不同，环形腔激光器中不需要反射镜构成谐振腔，激光在由波分复用器（WDM）、增益光纤、隔离器（ISO）、滤波器和耦合器构成的光纤环路内以行波的方式传输，其中一部分激光从耦合器的一个端口输出。环形腔的腔长比较长，纵模间隔非常窄，同时，结构复杂，在外界环境如振动、温度、声音等因素的干扰下，激光在腔内的模式不稳定，容易发生跳模现象。因此需要使用选频器件（如滤波器）来抑制跳模，从而实现稳定的单纵模输出。

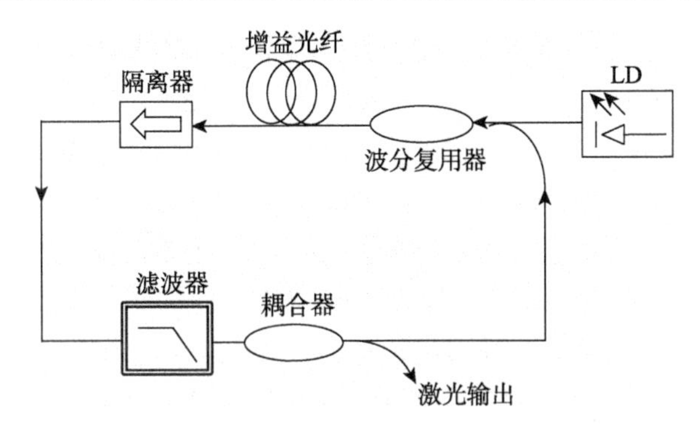

图 3.1.4　环形腔单频光纤激光器结构原理图

由于环形腔是行波腔，不同于 DBR 腔和 DFB 腔，它并不依赖短腔长来进行选模，因此还可以对腔内结构进行更丰富的设计。例如，将上述的普通滤波器换成精细法布里–珀罗（F-P）腔也可以起到滤波作用输出单纵模，或者在环内插入一个固定 F-P 腔和一个可调谐 F-P 腔，两者相结合，其透射谱表现为一个可调谐的滤波器，从而输出可调谐的单纵模激光[1]。此外，我们还可以利用可饱和吸收体进行选模，如图 3.1.5，利用一光环形器（Optical Circulator, OC）将一段作为可饱和吸收体的有源光纤插入环中，并在其末端接一光纤光栅作为反射镜，抑制模式竞争达到选模的作用[2]。

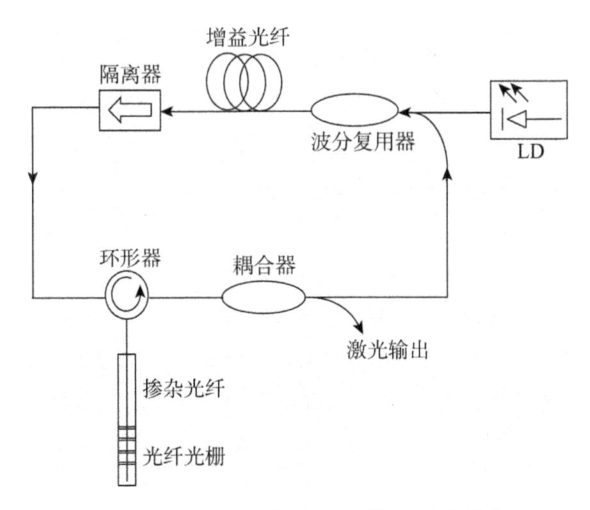

图 3.1.5　可饱和吸收效应选模环形腔结构图

3.2　短线形 DBR 腔单频光纤激光器

根据 3.1 节中对三种实现光纤单频激光的描述，可以知道：环形腔虽然结构多样，可调整空间大，但正是由于其复杂的结构导致其稳定性很差，容易受到外界环境干扰。线形短腔（短 DBR 腔和短 DFB 腔）结构使得激光的各相邻纵模间隔变大，便于由窄带光纤光栅选出单一纵模模式。一般使用稀土离子掺杂石英光纤（单位长度增益系数较低）作为线形短腔的增益介质，可以实现线宽 2~15 kHz 的稳定单频激光运转。但是，由于石英光纤中稀土离子的掺杂浓度较低，使得激光输出功率仅为微瓦量级或几个毫瓦。为了提高其输出功率，往往需要一级或多级光纤放大器进行功率放大，导致其信噪比、噪声性能劣化，系统复杂性增大，可靠性下降。因此，要采用短腔 DBR 或 DFB 方式实现较大功率单频光纤激光输出，制备高增益系数的特种光纤材料变得尤为重要。目前最常用的方法，是在磷酸盐、锗酸盐、碲酸盐等多组分玻璃光纤中提高稀土离子的掺杂浓度。

另外，由于磷酸盐光纤玻璃光纤中含 Ge 量较低，因此光敏性较差，直接在增益光纤上刻制光纤光栅有一定难度，导致超短腔 DFB 激光器的制作困难。相比较而言，在增益光纤两端熔接商用石英基质的光纤光栅更为容易，也方便后续系统的兼容，因此 DBR 结构是超短线形腔光纤激光器更好的选择。除了结构简单外，DBR 激光器在纵模特性、功率、噪声等方面的表现也更加稳定。

3.2.1 高增益光纤材料的制备

1. 增益光纤制备

大多数光纤激光器使用稀土离子掺杂石英光纤（以 SiO_2 为主要组分，含量大于 95%）作为增益介质，需要几米甚至十几米的光纤才能使激光器具有一定的输出功率。那么，在不降低输出功率的条件下，最直接有效的途径就是提高光纤中稀土离子的掺杂浓度。以 Er_2O_3 为例，当稀土离子含量高于 500 ppm 时，稀土氧化物和石英之间出现了不混溶（分相）现象[3]。结果表明，石英玻璃对稀土离子的溶解度很低，不超过 2 wt%，很难进一步提高其掺杂浓度。

作为新的基质玻璃材料——多组分玻璃（磷酸盐、锗酸盐、碲酸盐等）对稀土离子具有很好的溶解度，尤其是磷酸盐玻璃，对稀土离子的溶解度可达上百万 ppm，且未发现因稀土离子高浓度掺杂而引起的荧光猝灭问题。因此，国内外科研工作者对稀土离子掺杂磷酸盐光纤进行了深入广泛的研究工作。如，美国 Kigre 公司和亚利桑那（Arizona）大学光电子研究所在磷酸盐光纤的研发上进行了共同合作，早在 2001 年就研制出了单位长度增益达 2 dB/cm 的磷酸盐光纤[4]，又于 2003 年底，将这一增益值提高到了 5 dB/cm[5]。

国内开展稀土离子掺杂多组分玻璃的研究工作较早，其水平也一直处于国际前列。2008 年底，华南理工大学研制出了单位长度增益高达 12.6 dB/cm 的铒镱共掺磷酸盐光纤[6]；随后，又研制出了单位长度增益高达 12.1 dB/cm 的掺镱磷酸盐光纤[7]；基于高增益磷酸盐光纤，成功地将传统谐振腔中增益介质长度缩减至厘米量级，腔内相邻纵模间隔可达 GHz 量级，并且从单一谐振腔内实现了数百毫瓦单频激光输出。

多组分玻璃光纤在制作线形短腔单频光纤激光器方面具有明显优势，下面简要介绍一下高掺杂磷酸盐光纤的制作流程[8]。

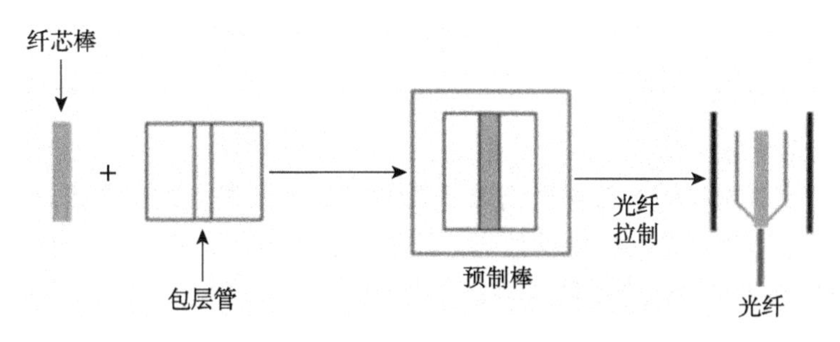

图 3.2.1　管棒法光纤制作流程图

采用管棒法工艺制作磷酸盐光纤的制作流程如图 3.2.1 所示。首先，使用机械加工方法，分别将磷酸盐芯玻璃和包层玻璃加工成芯棒和玻璃套管，接着将芯棒插入到玻璃套管中制成光纤预制棒；然后，把预制棒送到拉丝塔的加热炉中进行加热，设定合适的拉丝温度（约 660℃）；最后，在此温度点下，棒体尖端的黏度开始变低，靠自身重量逐渐下垂变细而成纤维，继而可以快速地拉制出磷酸盐光纤。在光纤拉制过程中还必须考虑拉丝温度、拉丝速度与光纤尺寸和质量之间的关系，其影响着磷酸盐光纤的最终制作质量。

2. 增益光纤性能表征

拉制出的高增益光纤需要先表征其结构参数，采用高倍显微镜可以标定光纤外径、纤芯直径的物理尺寸，如图 3.2.2 所示。然后根据纤芯、包层折射率计算数值孔径（*NA*），进而计算出在不同波长下的模场直径。表 3.2.1 是华南理工大学报道的

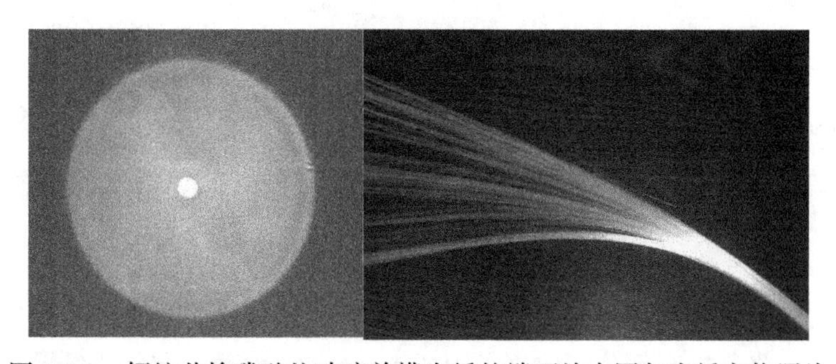

图 3.2.2　铒镱共掺磷酸盐玻璃单模光纤的端面放大图与光纤实物照片

表 3.2.1　铒镱共掺磷酸盐玻璃单模光纤的结构参数

参数名称	磷酸盐单模光纤
光纤外径	125 μm
纤芯直径	5.4 μm
模场直径@1550nm	6.24 μm
模场直径@980nm	5.4 μm
数值孔径（*NA*）	0.2060
截止波长	1474 nm

磷酸盐单模光纤参数。

高增益玻璃光纤的增益性能需要采用光纤放大器增益测试系统来进行测试标定。图 3.2.3（a）为铒镱共掺磷酸盐光纤的增益和噪声系数特性。利用波长 976 nm、功率330 mW 半导体激光进行泵浦；注入信号光功率为–30 dBm；磷酸盐光纤长度 4 cm。可以看出，在 1535 nm 处铒镱共掺磷酸盐光纤的单位长度增益达到 5.2 dB/cm。在 1525~1565 nm 范围内，其噪声系数都低于 5.5 dB，与目前商用稀土离子掺杂石英光纤的噪声系数（< 5 dB）基本接近。通过对其掺杂浓度的进一步优化，可以拉制出单位长度增益高达 12.6 dB/cm 的铒镱共掺磷酸盐光纤，这是所报道的同类型光纤中的最高记录[9]。

图 3.2.3（b）为掺镱磷酸盐光纤的单位长度增益特性。其测量条件为：注入信号光功率为–30 dBm，磷酸盐光纤长度 2.4 cm。可以看出，在 1064 nm 处掺镱磷酸盐光纤的单位长度增益达到 12.1 dB/cm，比目前掺镱光纤放大器中常用石英光纤的增益值高约 30 倍。

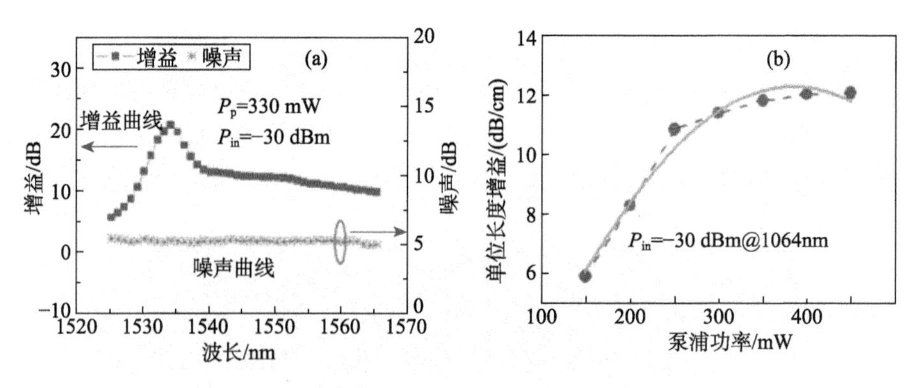

图 3.2.3　不同磷酸盐光纤光学性能（后附彩图）

（a）铒镱共掺磷酸盐光纤；（b）掺镱磷酸盐光纤

对磷酸盐光纤的传输损耗，可以利用截断法进行测量。选取一段长度约 2 m 的磷酸盐光纤，将其中间部分绕成直径为 4~5 cm 的光纤圈，再将光纤圈浸泡在配制的折射率匹配液（α-溴代萘）中，以剥离光纤中传输的包层模，在 1310 nm 处测得铒镱共掺磷酸盐光纤的传输损耗为 0.04 dB/cm。基于同样测量方法，在 1310 nm 处测得掺镱磷酸盐光纤的传输损耗为 0.06 dB/cm。

3.2.2　异质光纤熔接技术

具有优异性能的多组分玻璃光纤（如磷酸盐光纤）及光器件，不仅对提高下一代全光网络的性能具有重要意义，而且还有助于实现光电子器件的小型化、集成化、高性能化和多功能化。在短 DBR 腔单频光纤激光器中，为了获得稳定的单纵模输出，需要将增益光纤的长度缩短到足够短，以增加腔内相邻纵模间隔。通过利用高增益磷酸盐光纤替代传统低增益石英光纤，使得激光器在保证单纵模输出的前提下还能有较高的输出功率。但是，需要解决谐振腔构建中磷酸盐玻璃光纤与石英玻璃光纤光栅（FBG）连接的问题，由于两种光纤的物理性质，如软化温度、热膨胀系数和折射率等差异较大，如表 3.2.2 所示，很难利用现有石英光纤的熔接技术对两者直接进行熔接。

表 3.2.2　不同种类玻璃的软化温度与热膨胀系数参数对比

玻璃	磷酸盐	石英
软化温度/(℃)	450~700	1600~1750
热膨胀系数/(×107/℃)	65~140	5.0~5.8

因此，熔接过程中使用了一种非对称的熔接工艺方式，与传统的熔接方法不同，将电极放电的加热点固定在靠近石英光纤一端，并且离两光纤间的间隙有一段微小的错位距离 d_0，而不是将加热点固定在两光纤端面间隔之间的中间处。图 3.2.4 为非对称加热工艺熔接异质玻璃光纤的示意图，该加热方法在石英光纤和磷酸盐光纤之间产生一种梯度温度场分布，此温度场能够提高两光纤端面间的热扩散，除电极直接对磷酸盐光纤端面进行加热外，石英光纤的端面也间接对磷酸盐光纤端面进行加热，传递的热量将两根光纤端面间的玻璃软化，使之紧密接触在一起形成永久性的接合。熔接好的标准单模石英光纤（G652）与磷酸盐光纤（PGF）的接头如图 3.2.5 所示。

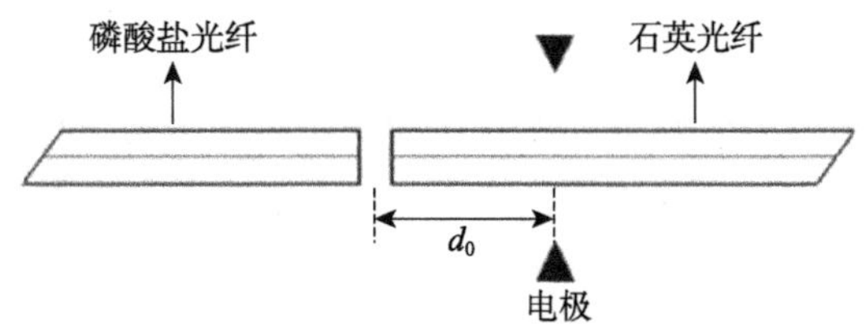

图 3.2.4　非对称加热熔接技术示意图

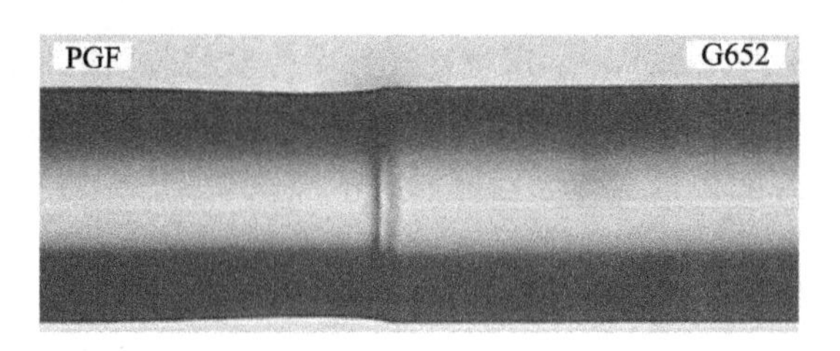

图 3.2.5　良好质量的 G652 光纤与 PGF 熔接接头

3.2.3　连续单频光纤激光腔的设计与制作

1991 年，美国联合技术研究中心的 Ball 等[1]首次使用光纤布拉格光栅作为腔镜，在掺铒石英光纤中实现功率 5 mW、线宽小于 47 kHz、工作波长 1548 nm 单频激光输出，从此，单频光纤激光逐渐成为激光领域中研究的热点。但由于受到石英光纤掺杂浓度的制约，直接从单一谐振腔内获得的输出功率一直很低。直到 2003 年，美国 NP Photonics 公司的 Spiegelberg 等[10]使用高掺杂磷酸盐光纤制作 DBR 短腔单频光纤激光器，获得了功率 100 mW 的单频激光输出。下面将以 1.0 μm、1.5 μm、2.0 μm 这三种典型波段为例，介绍连续单频光纤激光器谐振腔的设计、制作以及其基本特性。

1. 1.0 μm 波段单频光纤激光器

1.0 μm 波长单频光纤激光器的应用研究在过去的几年内备受关注，例如基于干涉仪的引力波探测、先进遥感探测、激光相干合成以及激光雷达等。尤其是在激光相干合成中，虽然光纤放大器能将种子源的功率放大至数百瓦量级，但同时也会使信噪比、噪声、线宽等性能劣化，其中种子源对输出激光性能起着决定性作用，因此百毫瓦量级的低噪声单频 1.0 μm 激光器的研究显得十分重要。

2004 年，美国 NP Photonics 公司 Y. Kaneda 等首次利用 1.5 cm 长掺镱磷酸盐光纤获得了功率大于 200 mW、线宽小于 3 kHz 的 1.06 μm 的单频激光[11]。但是 1.5 cm 的物理腔长换算成光程，其有效腔长仍然有 4~5 cm，导致其容易产生多纵模，因此对激光腔的控制要求也更为严格。2011 年，华南理工大学利用更高掺杂浓度的磷酸盐光纤将激光腔的物理腔长缩短到 0.8 cm，其有效腔长仅为 1.4 cm，使单纵模间隔更大，相较同类激光器更容易获得稳定的单频激光输出[12]。

如图 3.2.6 所示，激光腔中的后腔镜为一块对信号光（1064 nm）反射率大于 99%、对泵浦光（976 nm）反射率低于 2%的二色镜；后腔镜为一个窄带光纤布拉格光栅，它在 1063.90 nm 处的反射率为 55%，3 dB 带宽为 0.05 nm。两个 976 nm 泵浦半导体激光器（LD1, LD2）输出激光的偏振态相互正交，两路泵浦光由偏振合束器（PBC）合波为一路，随后经波分复用器（WDM）通过窄带光栅（NB-FBG）

耦合进谐振腔内，激光经过一个隔离器（ISO）最终输出。

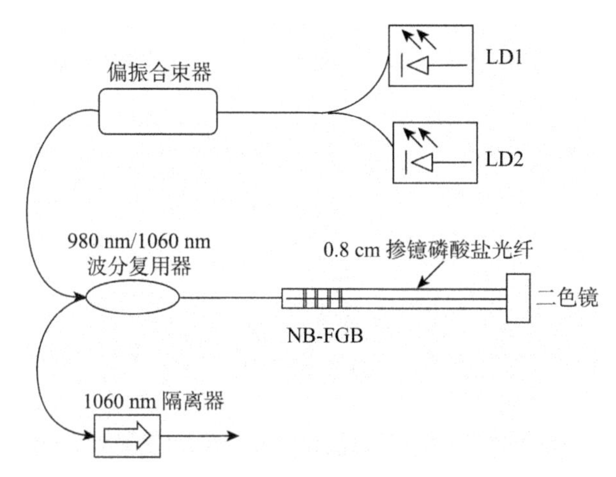

图 3.2.6　1.06 μm 短腔掺镱磷酸盐光纤激光器[17]

图 3.2.7（a）所示为激光器的输出功率和泵浦功率的关系曲线。可以看出，激光器的激射阈值约为 25 mW。当泵浦功率超过激射阈值之后，随着 976 nm 泵浦功率的不断增加，其输出功率近似于线性地增加。在最高泵浦功率 570 mW 条件下，获得最大输出功率为 408 mW，斜率效率为 72.7%。在输出功率 50 mW 时，测量了激光器 1 小时内的功率稳定性，如图 3.2.7（b）所示。可以发现，相对于平均功率而言，其输出功率不稳定度小于 0.25%，表明激光器的功率稳定性良好。

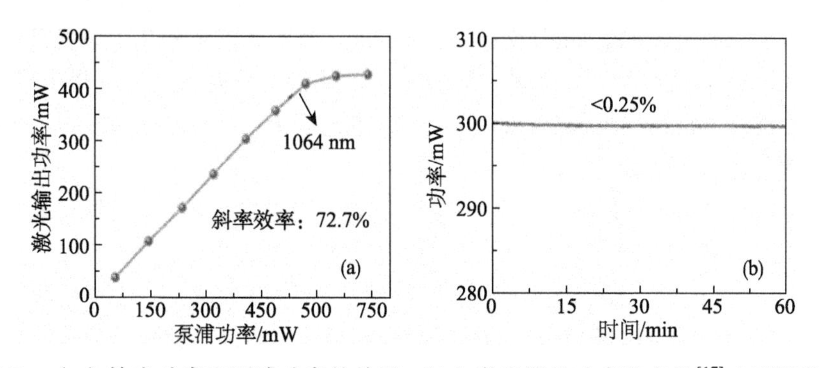

图 3.2.7　（a）输出功率和泵浦功率的关系；（b）激光器的功率稳定性[17]（后附彩图）

激光器在最高输出功率下，使用光谱分析仪（扫描精度为 0.1 nm）测量了其输出光谱，如图 3.2.8（a）所示。可以看出，激光器的输出信噪比（Signal to Noise Ratio, SNR）达到 72 dB，其中心波长为 1064 nm。使用扫描法布里–珀罗干涉仪证实了激光器的单频输出特性，扫描干涉仪的精细度、扫描分辨率和自由光谱范围（Free Spectral Range, FSR）分别为 200, 7.5 MHz 和 1.5 GHz，扫描结果如图 3.2.8（b）所示。可以看出，测量结果中没有出现任何其他主峰，表明只有一个纵模模式在运转。由于谐振腔体积小，可以简便地封装在铜管或其他热沉中，再通过高精细度的温度控制，输出激光可以稳定地运转在单频状态，不会出现跳模或模式竞争现象。

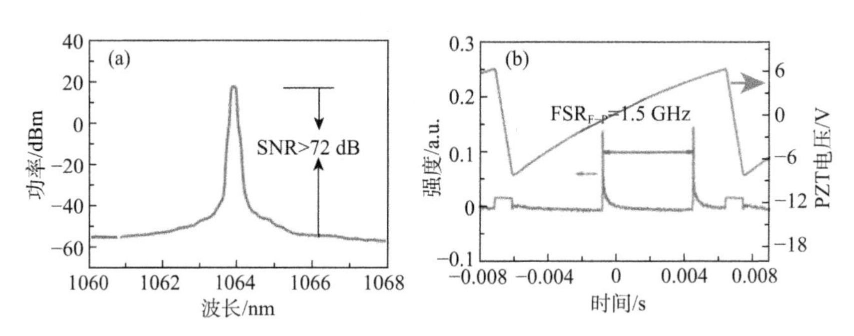

图 3.2.8 （a）为激光器的输出光谱；（b）为扫描得到的激光纵模特性[17]

2. 1.5 μm 单频光纤激光器

与 1.0 μm 波段光纤激光器相同，1.5 μm 波段单频光纤激光器同样具有很广泛且诱人的应用前景，尤其是其波长涵盖了光纤通信的 C 窗口，使得结构简单、窄线宽、低噪声的 1.5 μm 激光光源在相干通信领域有着很重要的意义。此外，1.5 μm 波段单频光纤激光器在高分辨率传感、光频域反射仪、激光雷达等领域也有广泛的应用。为了减小激光放大系统的复杂性，同时在激光放大过程中保证其噪声、线宽等性能，提升种子源的直接输出功率成为各国研究人员关注的课题。

2003 年，美国 NP Photonic 公司 Spiegelberg 等报道了一种基于铒镱共掺磷酸盐光纤的 DBR 单频激光器[13]。利用一段 2 cm 长的铒镱共掺磷酸盐光纤作为增益介质，获得了波长 1560 nm、功率 200 mW 的单频激光输出，其斜率效率为 24.3%，利用外差法测得激光线宽约为 2 kHz。

2010 年，国内华南理工大学利用更高增益铒镱共掺磷酸盐光纤研制了功率更高的 1.5 μm DBR 单频光纤激光器[14]。如图 3.2.9 所示，右端腔镜为一面二色镜，对信号光（1550 nm）反射率高达 99.5%，而对泵浦光（976 nm）反射率则小于 5%。两个 976 nm 半导体激光器末端通过 FBG 稳定输出，将两路偏振态相互正交的泵浦光在偏振合束器上合为一路后，反向注入腔内，激光输出通过波分复用器和光隔离器进行输出。激光最大输出功率高于 300 mW，斜率效率达到 30%。

采用延迟自外差法测量的激光线宽，输出单频激光的 3 dB 线宽仅为 1.6 kHz。

3. 2.0 μm 单频光纤激光器

2.0 μm 中红外激光器在光通信、精密测量、高分辨率光谱学、相干雷达、激光遥感和非线性频率转换等领域有着广泛的应用。为了应对与控制近年来环境与气候的不

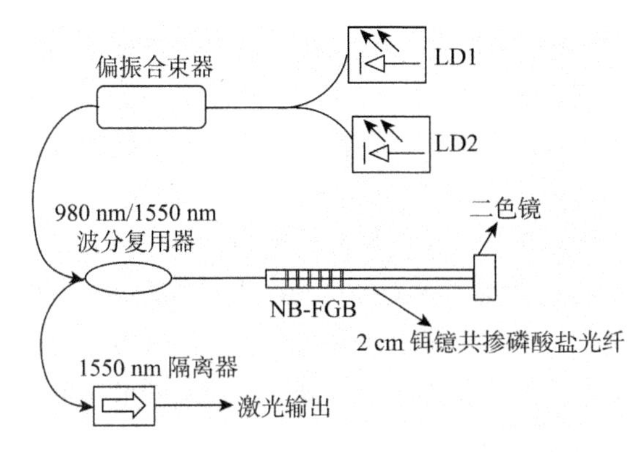

图 3.2.9　1550 nm 超短腔 DBR 单频光纤激光器结构图[18]

断恶化，对大气层以及风场数据的探测显得尤为重要，激光多普勒测风雷达应运而生，为研究大气动力学提供了一种高效的工具。单频光纤激光器以其良好的集成性，以及优异的线宽和噪声特性，成为激光雷达众多备选光源中一种性能突出的方案；而 2.0 μm 波段为人眼的安全波段，用 2.0 μm 激光作为激光光源可以避免激光在大气中传播可能带来的危害。

2007 年，美国 NP Photonic 公司 Jihong Geng 等利用 2 cm 长掺铥锗酸盐光纤，基于 DBR 短腔结构设计出了 2.0 μm 单频 DBR 光纤激光器[15]。其增益介质为掺杂 5 wt. % Tm_2O_3 的非保偏单模锗酸盐光纤，一端光纤光栅为非保偏高反射率光纤光栅（反射率>99%），反射峰在 1893 nm 处，反射带宽约 0.1 nm；另一端为保偏低反射率光纤光栅（反射率约 90%），根据设计，低反保偏光栅只有一个轴的反射峰落入高反非保偏光栅的反射带宽内，这样就可以保证出射的单频激光为单一线偏振态。该激光器采用反向泵浦方式，利用单模 805 nm 半导体激光器进行泵浦，其阈值泵浦功率为 30 mW，当泵浦功率增加到 190 mW 时，输出的 1893 nm 激光功率可达到 50 mW，斜率效率约为 35%。

2015 年，华南理工大学利用自制掺铥（Tm）锗酸盐光纤作为增益介质，成功设计出功率大于 100 mW 的 2.0 μm 单频光纤激光器[16]。如图 3.2.10 所示，增益光纤长

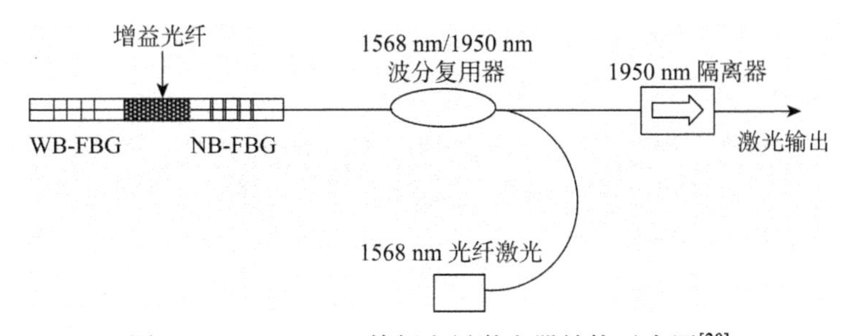

图 3.2.10　1950 nm 单频光纤激光器结构示意图[20]

21 mm，窄带保偏光栅（NB-FBG）在信号光波长 1949.94 nm 处的反射率为 82.9%，3 dB 带宽为 0.06 nm；宽带光栅（WB-FBG）为非保偏光栅，其反射率大于 99.9%，3 dB 带宽为 0.4 nm，与前文中所述类似，该装置中保偏窄带光栅慢轴反射波长落入宽带光栅的反射谱中，从而保证单一偏振态的起振。

该装置采用反向泵浦结构，使用的泵浦源为 1568 nm 大功率光纤激光器。虽然增益介质对 1568 nm 激光的吸收比对 805 nm 泵浦光的吸收要弱，而且激光起振阈值也相对较高；但是，1568 nm 处于掺铒光纤放大器的增益谱范围内，可以轻松地获得功率较高的瓦级泵浦光，从而提高 2.0 μm 激光的最终输出功率。其激光输出功率达 102.5 mW，线宽为 6 kHz。

3.2.4　脉冲单频光纤激光器

连续工作的单频光纤激光器能提供的峰值功率有限，其时域特性也决定了其不能完美地满足诸如激光精密测距、激光雷达、高速摄影等需求。而脉冲工作形式的单频光纤激光器，可以在获得高峰值功率和高脉冲能量的同时保持良好的光束质量，且在时间特性上具有多样性，脉宽涵盖从纳秒量级到微秒量级，更能满足实际应用中的各式各样的需求，因此脉冲单频光纤激光器也成为了国内外的一个研究热点。

实现单频脉冲光纤激光输出，常见的主要是腔内调 Q、注入锁定和腔外调制三种方法。通过在单频激光谐振腔内设计调 Q 元件，施加一个调制信号后可以实现功率高、光学信噪比高的单频脉冲激光输出，同时可以保持非常紧凑的谐振腔结构，但是输出单频激光的脉冲参数则不容易调节；注入锁定结构的实现方法是通过注入单纵模种子激光至高增益的脉冲光纤激光器中，可以诱导光纤激光器中与注入单纵模种子激光最邻近的潜在纵模最先建立激光振荡，并抑制噪声和其他潜在的纵模，使脉冲激光器实现单纵模脉冲光纤激光输出；而最直接的方法就是腔外调制，采用单频连续光纤激光作为种子源，通过全光纤结构的声光调制器（AOM）或者电光调制器（EOM）把连续的激光调制成脉冲状态的激光输出。这个方法的优点是很容易就可以对脉冲参数，例如脉冲宽度、脉冲重复频率、脉冲形状进行调制。但是，经过 AOM 或者 EOM 调制后，对单频激光脉冲的功率和能量的损耗都很大，必须经过后续的放大才能够实现应用。

1. 调 Q 单频光纤脉冲激光器

理论上，通过在 DBR 和 DFB 激光谐振腔内引入调 Q 元件就可以实现单频脉冲光纤激光输出，但是 DFB 结构的光纤激光器难以引入物理调 Q 元件，所以关于 DFB 单频调 Q 光纤激光器报道非常少[17]。因此，线形腔结构的单频调 Q 光纤激光器研究主要集中在 DBR 结构。

2004 年，Kaneda 等首次提出在高增益磷酸盐的短直腔 DBR 光纤激光器中采用压电陶瓷（PZT）作为调 Q 元件，通过压电陶瓷施加压力来诱导光纤产生双折射效应，实现了波长 1.5 μm、峰值功率 25 W、脉冲宽度 12 ns 全光纤结构单频激光脉冲输出，实验装置如图 3.2.11 所示[18]。2007 年，Leigh 等同样用（PZT）作为调 Q 开关，基于高增益磷酸盐组成的短直腔结构，实现了波长 1064 nm、峰值功率达 13.6 W、重复频率达 700 kHz 的单频脉冲输出，并且在文章中指出，激光输出脉冲宽度随着脉冲重复频率的增加而增大，随着泵浦功率的增加而先减小后趋于稳定；而峰值功率会因为脉冲重复频率的增加而减小，随着泵浦功率的增加而增大[19]。随后，Geng 等在 2009 年通过压电陶瓷，用偏振态调制的方法，使用 1575 nm 的单模连续激光对自制的单模掺铥石英光纤进行纤芯泵浦，实现平均功率为几毫瓦，重复频率从几十到几百千赫兹可调的 1950 nm 的单频脉冲激光输出。在文章中指出了在这种调 Q 开关作用时，谐振腔输出连续光和脉冲光的光谱中心波长不会改变的现象以及通过法布里–珀罗（F-P）扫描干涉仪测量到的光谱线宽会随着重复频率的增加而变窄的实验结果[20]。

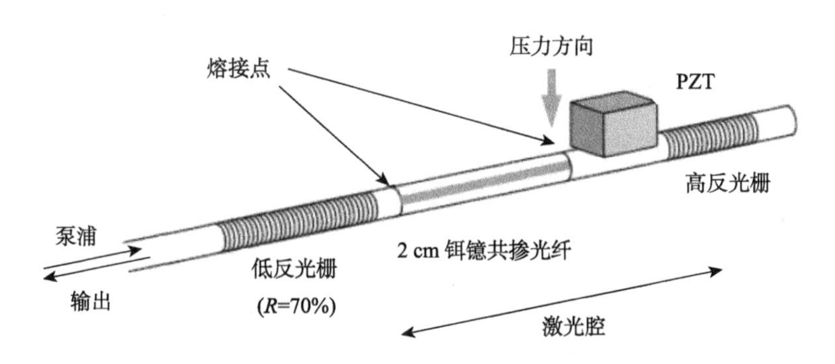

图 3.2.11 单频调 Q 脉冲光纤激光器

除主动调 Q 外，通过在短腔中引入可饱和吸收体，利用其非线性特性也可实现结构简单紧凑的被动调 Q 脉冲，如图 3.2.12 所示[21]。

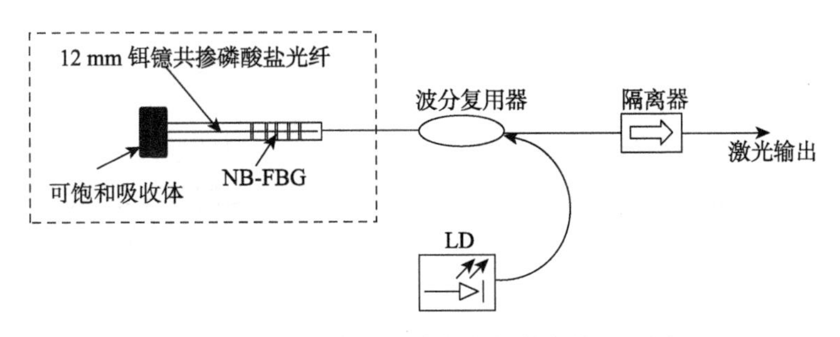

图 3.2.12 被动调 Q 单频光纤激光器原理图

2. 注入锁定单频脉冲光纤激光器

注入锁定单频脉冲光纤激光器的实现方法是：通过注入单纵模种子激光至高增益的脉冲光纤激光器中，可以诱导光纤激光器中与注入单纵模种子激光最邻近的潜在纵模最先建立激光振荡，并抑制噪声和其他潜在的纵模，使脉冲激光器实现单纵模输出。

2013 年，Wan 等用一个输出功率为 5 mW，线宽为 3 MHz 的 DFB 半导体激光器经过声光调制器调制后注入到由两段不同增益光纤组成的环形腔中，通过调节环形腔内的增益以及偏振态，实现 1550 nm 波长处的峰值功率为 40 W，光学信噪比达到 38 dB 和 3 dB 线宽为 7 kHz 的单频脉冲激光输出。文中在同样条件下通过比较，注入锁定结构比 MOPA 结构放大输出的激光有着光学信噪比高、线宽窄的优势[22]。

2016 年，华南理工大学 Zhang 等利用 1083 nm 短腔 DBR 激光器作为种子源注入到环形腔中，获得了重复频率为 1 kHz 时峰值功率 3.8 W 的脉冲激光，信噪比达到 58.4 dB[23]。如图 3.2.13 所示。

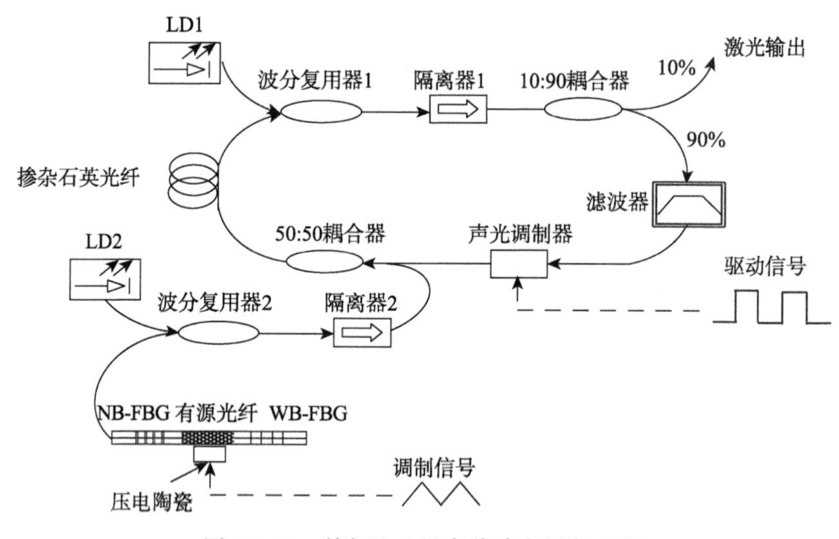

图 3.2.13　单频注入锁定脉冲光纤激光器

除了上述腔内调制外，腔外直接调制指的是采用单频连续光纤激光作为种子源，通过全光纤结构的声光调制器（AOM）或者电光调制器（EOM）把连续的激光调制成脉冲状态的激光输出。这个方法的优点是很容易就可以对脉冲参数，如脉冲宽度、脉冲重复频率、脉冲形状等进行调制。但缺点是经过 AOM 或者 EOM 调制后，对单频激光脉冲的功率和能量的损耗较大。

3.2.5　频率调制单频光纤激光器

单频光纤激光器在高精度光纤传感中有着广泛的运用，例如，可以测量整条光纤传输链路特性的光频域反射仪（Optical Frequency Domain Reflectometry, OFDR）需要用到频率调制连续单频激光作为其光源。

OFDR 技术要求光源频率在较大的频率范围内连续、线性可调，最常见的做法是利用 PZT 去调节整个 DBR 腔的长度以达到调制光纤激光器输出频率的目的。对于以传统低增益石英基质光纤为增益介质的激光器，由于其腔长相对较长，需要将整个激光腔附着在调制器上以获得相对大的腔长拉伸。但是，这样的设计在频率调制的过程中，除了改变激光腔长度，还会对 DBR 腔两端的光纤光栅造成影响，例如，改变其反射中心波长、反射带宽或者反射率等。为了解决这个问题，最好的办法就是使用高增益光纤代替传统的低增益石英光纤。在短腔（1~2 cm）DBR 腔中，只要使拉力和压力作用在激光腔的中心位置就可以有效改变激光腔的长度，不会对光纤光栅产生影响。同时，由于使用高增益光纤，激光器的输出仍然可以满足 OFDR 系统的要求。

图 3.2.14 为 1550 nm 频率调制 DBR 短腔光纤激光器原理图，增益光纤为一段 1.4 cm 长的铒镱共掺磷酸盐光纤。PZT 附着在增益光纤上，由一个信号发生器和一个低噪声放大器驱动，驱动信号为正弦函数信号。该激光腔最大输出功率为 42.3 mW，完全可以满足 OFDR 系统的需要[24]。

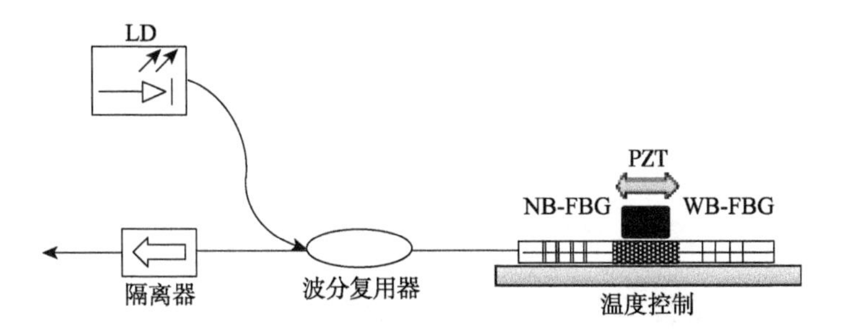

图 3.2.14　频率调制 DBR 短腔光纤激光器原理图

利用一个自由光谱范围（FSR）为 1.5 GHz 的扫描式 F-P 干涉仪观察激光器的频率调制特性，其频率调制范围与调制信号频率的关系如图 3.2.15 所示。可以发现，当调制带宽为 1 kHz，PZT 驱动电压为 60 V 时，激光器输出频率的最大偏移量可以达到 700 MHz。

该激光腔的有效腔长约为 2 cm，对应纵模间隔为 5.2 GHz，窄带光纤光栅的反射带宽为 7.5 GHz。得益于短腔 DBR 光纤激光器纵模间隔大的特点，可以获得比一般频率调制 DBR 光纤激光器中更宽的频率调制范围。

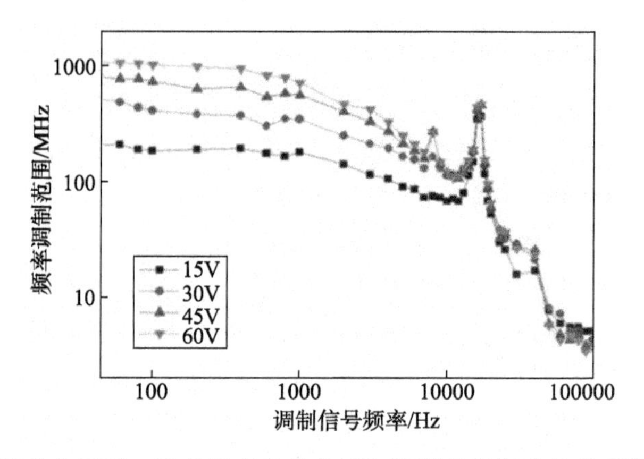

图 3.2.15　不同驱动电压下，激光频率偏移范围与调制信号频率的关系[24]（后附彩图）

这种利用压电陶瓷直接调节 DBR 激光腔腔长的方法，虽然可以获得较大的频率调制范围，但 PZT 响应频率有限，在调制频率高于 10 kHz 时很难获得足够的频率调制范围。为了同时获得较大的频率调制范围和较快的频率调制速度，我们结合注入锁定的方法设计了如图 3.2.16 所示的频率调制单频激光器[25]。

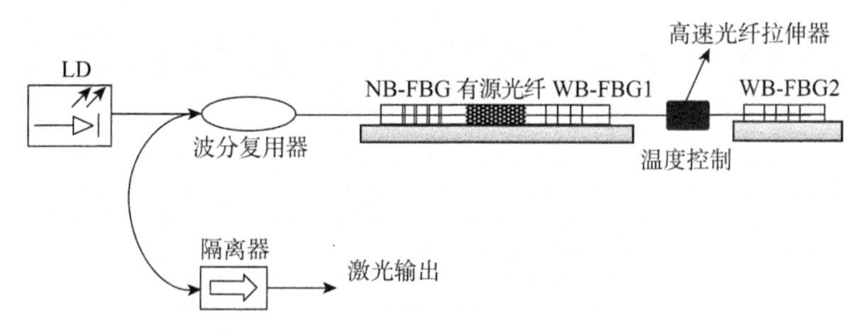

图 3.2.16　基于注入锁定的频率调制单频光纤激光器

该激光器在 DBR 腔的宽带光栅（WB-FBG1）后连接了一个高速光纤拉伸器和另一个宽带光栅（WB-FBG2），高速光纤拉伸器中的单模光纤长 12.3 m。为了获得尽可能大的频率调制范围，该激光器中，高速光纤拉伸器和两个宽带光栅连接部分的光线长度被缩短到最短。激光腔宽带光栅端的输出光经过高速光纤拉伸器和宽带光栅（WB-FBG2）的反射后，注入回腔内，形成自注入锁定。

驱动电压为±60 V 时其频率调制范围与调制信号频率的关系如图 3.2.17 所示，可以看出，当调制信号频率为 58 kHz 和 143 kHz 时，频率调制范围出现两个尖峰，这是高速光纤拉伸器的机械共振造成的。

基于注入锁定的频率调制方案最高调制信号速率达到 160 kHz，在调制信号频率为 60 kHz 时，激光信号的频率偏移范围大于 145 MHz。

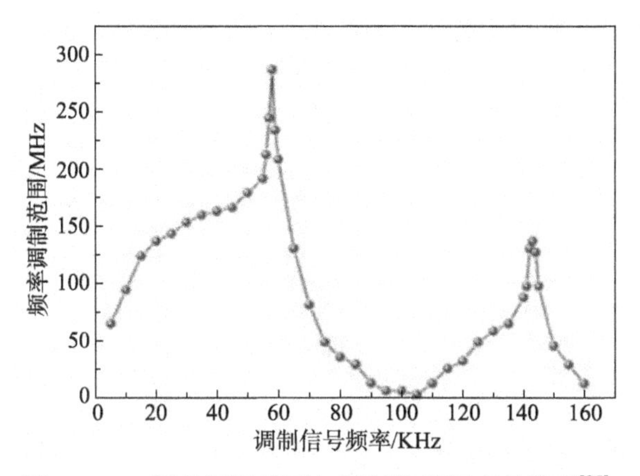

图 3.2.17　频率调制范围与调制信号频率的关系[25]

参 考 文 献

[1] Zyskind J L, Sulhoff J W, Sun Y, et al. Single mode diode-pumped tunable erbium-doped fibre laser with linewidth less than 5.5 kHz[J]. Electron. Lett., 1991, 27(23): 2148~2149.

[2] Cheng Y, Kringlebotn J T, Loh W H, et al. Stable single-frequency traveling-wave fiber loop laser with integral saturable-absorber-based tracking narrow-band filter[J]. Opt. Lett., 20(8): 875~877.

[3] 姜中宏. 新型光功能玻璃[M]. 北京: 化学工业出版社, 2008.

[4] Li L, Schfilzgen A, Ternyanko V L, et al. 2005. Microstructured phosphate glass fiber lasers with large mode areas[C]//Optical Fiber Communication Conference, 2005. Technical Digest. OFC/NFOEC, 5: 3.

[5] Kaneda Y, Spiegelberg C, Geng J, et al. 200-mW, narrow-linewidth 1064. 2-nm Yb-doped fiber laser[C]//Conference on Lasers and Electro-Optics, 2004. San Francisco.

[6] Xu S H, Yang Z M, Feng Z M, et al. Efficient fibre amplifiers based on a highly Er^{3+}/Yb^{3+} codoped phosphate glass-fibre[J]. Chin. Phys. Lett., 2009, 26(4): 047806-1~3.

[7] Xu S H, Yang Z M, Liu T, et al. An efficient compact 300 mW narrow-linewidth single frequency fiber laser at 1.5 μm[J]. Opt. Express, 2010, 18(2): 1249~1254.

[8] 杨昌盛. 高性能大功率 kHz 线宽单频光纤激光器及其倍频应用研究[D]. 广州: 华南理工大学, 2015.

[9] Jiang S B, Mendes S B Hu Y D. Compact multimode pumped erbium-doped phosphate fiber amplifiers[J]. Opt. Eng., 2003, 42(10): 2817~2820.

[10] Spiegelberg C, Geng J, Hu Y, et al. Compact 100 mW fiber laser with 2 kHz linewidth[J]. OFC 3, 2003, PD45-P1~3.

[11] Kaneda Y, Spiegelberg C, Geng J, et al. Proceeding of IEEE Conference on Lasers and Electro-Optics[C]. 2004.

[12] Xu S, Yang Z, Zhang W, et al. 400 mW ultrashort cavity low-noise single-frequency Yb^{3+}-doped phosphate fiber laser[J]. Opt. Lett., 2011, 36(18): 3708~3710.

[13] Spiegelberg C, Geng J, Hu Y, et al. Low-noise narrow-linewidth fiber laser at 1550 nm (June 2003)[J]. J. Lightwave. Technol., 2004, 22(1): 57~62.

[14] Xu S H, Yang Z M, Liu T, et al. An efficient compact 300 mW narrow-linewidth single frequency fiber laser at 1. 5 μm[J]. Opt. Express, 2010, 18(2): 1249~1254.

[15] Geng J, Wu J, Jiang S, et al. Efficient operation of diode-pumped single-frequency thulium-doped fiber lasers near 2 μm[J]. Opt. Lett., 2007, 32(4): 355~357.

[16] Yang Q, Xu S H, Li C, et al. A Single-Frequency Linearly Polarized Fiber Laser Using a Newly Developed Heavily Tm^{3+}-Doped Germanate Glass Fiber at 1.95 μm[J]. Chinese Phys. Lett., 2015, 32(9): 094206.

[17] Delgado-Pinar M, Díez A, Cruz J L, et al. Single-frequency active Q-switched distributed fiber laser using acoustic waves[J]. Appl. Phys. Lett., 2007, 90(17): 1110.

[18] Kaneda Y, Hu Y, Spiegelberg C, et al. Single-frequency, all-fiber Q-switched laser at 1550-nm// Advanced Solid-State Photonics 2004[C]. Optical Society of America, 2004.

[19] Leigh M, Shi W, Zong J, et al. Compact, single-frequency all-fiber Q-switched laser at 1 μm[J]. Opt. Lett., 2007, 32(8): 897~899.

[20] Geng J, Wang Q, Smith J, et al. All-fiber Q-switched single-frequency Tm-doped laser near 2 μm[J]. Opt. Lett., 2009, 34(23): 3713~3715.

[21] Zhang Y F, Yang C S, Feng Z M, et al. Dual-wavelength passively q-switched single frequency fiber laser[J]. Opt. Express, 2016, 24(14), 16149~16155.

[22] Wan H, Wu Z, and Sun X. A pulsed single-longitudinal-mode fiber laser based on gain control of pulse-injection-locked cavity[J]. Opt. & Laser Technol., 2013, 48: 167~170.

[23] Zhang Y, Yang C, Li C, et al. Linearly frequency-modulated pulsed single-frequency fiber laser at 1083 nm[J]. Opt. Express, 2016, 24(4): 3162~3167.

[24] Li C, Xu S, Mo S, et al. A linearly frequency modulated narrow linewidth single-frequency fiber laser[J]. Laser Phy. Lett., 2013, 10(7): 075106.

[25] Li C, Xu S, Huang X, et al. High-Speed Frequency Modulated Low-Noise Single-Frequency Fiber Laser[J]. IEEE Photonic. Tech. L., 2016, 28(15): 1692~1695.

第 4 章　单频光纤激光噪声产生机理及其抑制技术

噪声作为衡量激光性能的重要指标，一直是激光技术领域的研究重点。激光噪声的大小直接制约了其应用潜力，例如，在引力波探测等高精度传感应用中，激光中的噪声会与探测信号混合转变为系统噪声，从而影响探测精度与灵敏度。因此激光噪声的产生机理和抑制技术成为近年来国内外研究机构探讨和研究的重要课题。

本章主要介绍单频光纤激光器中强度噪声和频率噪声的产生机理，以及噪声抑制技术。

4.1　噪声产生机理分析

在单频光纤激光器中，噪声的来源主要包括：①自发辐射，激光器在运转过程中由于增益介质激光上能级寿命有限而引起的白噪声叠加到激光信号上，对输出激光的振幅和相位产生扰动，产生强度噪声和频率噪声；②基本热噪声，在热平衡状态下，激光腔内温度的随机扰动引起折射率和腔长的变化，从而引起激光中心频率的抖动；③外部干扰，如环境的热扰动和机械振动，引起激光腔内振荡频率的变化，直接影响激光频率的稳定性；④腔损耗扰动，由于激光腔内的饱和吸收效应以及耦合输出系数的变化等原因，使得激光输出功率不稳定；⑤泵浦源的影响，泵浦激光器的功率、中心波长以及偏振态的扰动，会引起谐振腔的往返增益以及热量积累的变化，从而对激光的强度以及频率产生影响。

本节将介绍单频光纤激光器中强度噪声和频率噪声的产生机理。

4.1.1　强度噪声机理

激光器的强度噪声描述的是输出激光功率的波动情况，通常用相对强度噪声（RIN）来衡量，其表达式为[1]

$$\mathrm{RIN}=\frac{S_p(f)}{\overline{P}^2} \tag{4.1.1}$$

其中，$S_p(f)$ 为输出激光功率波动的谱密度，$\overline{P}$ 为激光器输出的平均功率。

单频光纤激光器的强度噪声在频谱上主要分为低频段的技术噪声、中频段的弛豫振荡以及高频段的量子噪声。其中，技术噪声主要来源于泵浦源的波动和外部环境干扰等；弛豫振荡产生是因为增益介质的上能级远大于腔内光子寿命，而表现为光强随时间的阻尼振荡变化；量子噪声是由激光能量量子化所导致的光量子起伏引起，且对探测的相对强度噪声产生了一个理论极限，其计算表达式为[2]

$$\mathrm{RIN_{sn}}=\frac{2hv}{P} \tag{4.1.2}$$

其中，h 为普朗克常量，v 为激光频率，P 为探测激光功率。

因此，目前单频光纤激光器强度噪声的研究主要集中在低频段的技术噪声以及弛豫振荡方面。

下面从粒子速率方程出发，对单频光纤激光器的强度噪声特性进行分析。需要指出的是，速率方程模型成立的一个前提条件是输出激光的强度噪声远高于极限噪声。单频光纤激光器常为三能级系统或四能级系统，其速率方程如下所示[3]：

三能级系统

$$\begin{cases}\dfrac{\mathrm{d}\Delta n}{\mathrm{d}t}=2n_1W_{13}-2\Delta n\dfrac{A}{g}\phi-2n_2A\\ \dfrac{\mathrm{d}\phi}{\mathrm{d}t}=\Delta n\dfrac{A}{g}\phi-\delta\phi\end{cases} \tag{4.1.3}$$

四能级系统

$$\begin{cases}\dfrac{\mathrm{d}\Delta n}{\mathrm{d}t}=n_1W_{14}-\Delta n\dfrac{A}{g}\phi-n_3A\\ \dfrac{\mathrm{d}\phi}{\mathrm{d}t}=\Delta n\dfrac{A}{g}\phi-\delta\phi\end{cases} \tag{4.1.4}$$

式中，Δn 为单位体积内的反转粒子数，ϕ 为单位体积内的谐振腔内光子数，g 为腔内自发辐射波型数，W_{13} 和 W_{14} 为受激跃迁概率，A 为自发辐射概率。

通过分析上述两组速率方程，发现它们之间存在着等价关系。因为泵浦激励的作用而发生粒子跃迁的过程，主要集中在两个能级之间实现。因此，为了便于分析，我们采用一个二能级系统的模型替代实际的三能级或四能级系统。

在不失一般性的前提条件下，采用铒离子的二能级系统模型进行分析[1]，反转粒子数密度 Δn 和腔内光子数密度 ϕ 满足随时间变化的方程：

$$\begin{cases}\dfrac{\mathrm{d}\Delta n}{\mathrm{d}t}=(1-\Delta n)(W_\mathrm{p}+W_\mathrm{A})-\Delta n\left(W_\mathrm{E}+\dfrac{1}{\tau_2}\right)\\ \dfrac{\mathrm{d}\phi}{\mathrm{d}t}=W_\mathrm{E}N_0\Delta n-(1-\Delta n)W_\mathrm{A}N_0-\dfrac{\phi}{\tau_c}\end{cases} \tag{4.1.5}$$

其中，$W_\mathrm{p},W_\mathrm{A},W_\mathrm{E}$ 分别为泵浦吸收、信号吸收、信号辐射的速率，τ_2 为荧光寿命，N_0 为 Er^{3+} 离子的浓度，τ_c 为腔内光子寿命。

当泵浦停止工作时，$\dfrac{\mathrm{d}\Delta n}{\mathrm{d}t}=0$，$\dfrac{\mathrm{d}\phi}{\mathrm{d}t}=0$，可得稳定状态下反转粒子数密度 Δn_0 和腔内光子数密度 ϕ_0 为

$$\Delta n_0 = \frac{r_{\phi a} N_0 + \frac{1}{\tau_c}}{\Delta r_\phi N_0} \tag{4.1.6}$$

$$\phi_0 = \frac{\tau_c}{\Delta r_\phi}\left(W_p \Delta r_\phi N_0 - \left(r_{\phi a} N_0 + \frac{1}{\tau_c}\right)\left(W_p + \frac{1}{\tau_2}\right)\right) \tag{4.1.7}$$

其中，$\Delta r_\phi = r_{\phi a} + r_{\phi e}, W_A = r_{\phi a}\phi_0, W_E = r_{\phi e}\phi_0, W_p = \frac{\Gamma_p P_p \sigma_p}{h\upsilon_p A_p}, r_{\phi a} = c\sigma_a/n, r_{\phi e} = c\sigma_e/n$，腔内光子寿命 $\tau_c = nL_c/c\gamma_0, \sigma_p, \sigma_a$ 和 σ_e 分别为泵浦吸收截面积、信号吸收截面积和信号辐射截面积，Γ_p 为模式重叠因子，P_p 为泵浦功率，σ_p 为泵浦吸收截面积，h 为普朗克常量，ν_p 为泵浦频率，A_p 为泵浦模式的有效面积，n 为谐振腔内的介质折射率，L_c 是谐振腔的有效腔长，c 是真空中的光速，N_0 为增益光纤中 Er^{3+} 离子的浓度，γ_0 为腔内损耗。

为了确定反转粒子数密度 Δn 和腔内光子数密度 ϕ 的动力学过程，我们把光纤激光器的强度噪声看作是稳定态下的微小扰动[4]，则有

$$W_p(t) = W_{p0} + \delta W_p(t) \tag{4.1.8}$$

$$\Delta n(t) = \Delta n_0 + \delta\Delta n_0(t) \tag{4.1.9}$$

$$\phi(t) = \phi_0 + \delta\phi(t) \tag{4.1.10}$$

$$\gamma(t) = \gamma_0 + \delta\gamma(t) \tag{4.1.11}$$

将上述四式代入式（4.1.5）并采用一级微扰近似（忽略二阶小量）方法进行傅里叶变换，则得到泵浦波动的传递函数 $H_p(f)$ 和腔内损耗的传递函数 $H_1(f)$ 为

$$H_p(f) = \frac{A_2 A_4}{s^2 + A_1 s + A_3 A_4} \tag{4.1.12}$$

$$H_1(f) = \frac{A_5(A_1 + s)}{s^2 + A_1 s + A_3 A_4} \tag{4.1.13}$$

其中，$s = \mathrm{i}2\pi f$, $A_1 = W_{p0} + \phi_0 \Delta r_\phi + \frac{1}{\tau_2}$, $A_2 = (1 - \Delta n_0) W_{p0}/\phi_0$, $A_3 = \Delta n_0 \Delta r_\phi - r_{\phi a}$, $A_4 = \Delta r_\phi N_0 \phi_0$, $A_5 = -\gamma_0 c/nL_e$。

则单频光纤激光器的相对强度噪声可表示为

$$\mathrm{RIN}(f) = \left|H_p(f)\right|^2 \frac{S_{\delta W_p}}{W_{p0}{}^2} + \left|H_1(f)\right|^2 \frac{S_{\delta\gamma}}{\gamma_0{}^2} \tag{4.1.14}$$

其中，$S_{\delta W_p}$ 和 $S_{\delta\gamma}$ 分别为泵浦扰动和腔内损耗的功率谱密度。由（4.1.14）式可以看出，泵浦波动传递函数 $H_p(f)$ 和腔内损耗传递函数 $H_1(f)$ 是单频光纤激光器强度噪

声的重要来源。

将式（4.1.9）和式（4.1.10）代入速率方程式（4.1.5）中，采用一级微扰近似的方法处理得

$$\frac{\mathrm{d}\delta\Delta n(t)}{\mathrm{d}t}=-A_1\delta\Delta n(t)-A_3\delta\phi(t) \tag{4.1.15}$$

$$\frac{\mathrm{d}\delta\phi(t)}{\mathrm{d}t}=A_4\delta\Delta n(t) \tag{4.1.16}$$

对上式进行二次求导有

$$\frac{\mathrm{d}^2\delta\phi(t)}{\mathrm{d}t^2}+A_1\frac{\mathrm{d}\delta\phi(t)}{\mathrm{d}t}+A_3A_4\delta\phi(t)=0 \tag{4.1.17}$$

其通解为

$$\delta\phi(t)=\delta\phi(0)\mathrm{e}^{-\varphi t}\cos(\omega t) \tag{4.1.18}$$

式（4.1.18）则是腔内光子数密度波动的振荡方程，其中振荡频率为

$$\omega=\frac{1}{2}\sqrt{4A_3A_4-A_1^2} \tag{4.1.19}$$

衰减速率为

$$\varphi=\frac{1}{2}A_1 \tag{4.1.20}$$

从式（4.1.19）分析可以得到，泵浦光功率 P_p、信号吸收截面积和信号辐射截面积 σ_a 和 σ_e、腔内损耗 γ_0、有效腔长 L_c，还有增益光纤中 Er^{3+}离子的浓度 N_0 等会对弛豫振荡峰的频率 ω 和衰减速率 φ 造成影响。弛豫振荡频率 ω 随泵浦光功率 P_p 的增大而升高，而衰减速率 φ 的变大将导致弛豫振荡峰幅度降低。弛豫振荡频率 ω 随谐振腔的总长 L_c 变长而降低，衰减速率 φ 随谐振腔的总长 L_c 变长而变小。

图 4.1.1 所示为典型磷酸盐单频光纤激光器在 0~5 MHz 范围内的强度噪声谱。

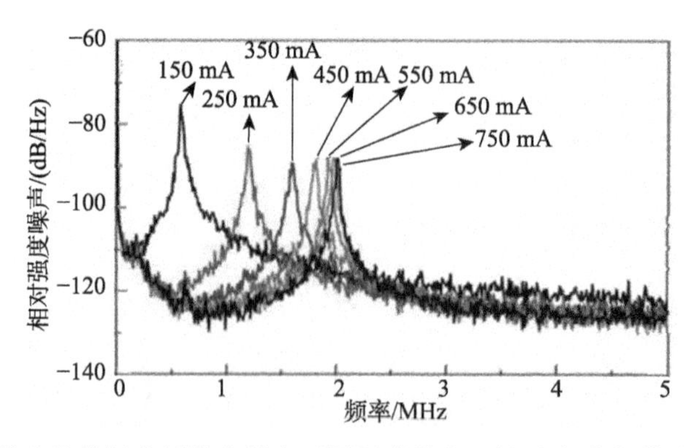

图 4.1.1 磷酸盐单频光纤激光器在不同泵浦强度下的强度噪声谱（后附彩图）

由图可知，激光弛豫振荡频率随着泵浦强度增加而向高频方向移动，并且相应峰值则呈现出下降的趋势。从图中还可以发现，弛豫振荡频率随泵浦强度增加的幅度逐渐减小，到 2 MHz 附近时基本不随泵浦强度的变化而变化。这是由于当激光谐振腔内功率达到一定水平时，激光器开始饱和，此时激光功率以及上能级粒子数密度维持在一定水平不再变化。

4.1.2　频率噪声机理

激光频率噪声是指激光器输出光频率波动的情况，其大小由功率谱密度函数来描述[6]：

$$S_\nu(f)=\int_{-\infty}^{\infty}C_\nu(\tau)\mathrm{e}^{\mathrm{i}2\pi f\tau}\mathrm{d}\tau \tag{4.1.21}$$

其中，$C_\nu=\langle\Delta\nu(t)\Delta\nu(t+\tau)\rangle$ 为频率噪声的自相关函数，$\Delta\nu(t)$ 为激光频率随时间的波动。目前，频率噪声的测量主要利用非平衡干涉仪经调制解调后的信号来进行。

下面从热源函数出发，对单频光纤激光器的频率噪声进行讨论。对于利用半导体激光器泵浦的单频光纤激光器而言，其热源函数可以写成[7, 8]：

$$Q(z,r,t)=\alpha_{\mathrm{ap}}\eta P(t)h(z)\left|e(r)\right|^2 \tag{4.1.22}$$

其中 α_{ap} 为增益光纤在泵浦波长的吸收系数，η 为增益光纤所吸收的泵浦光的热转换系数，$h(z)$为泵浦光在激光腔内的纵向分布函数，$|e(r)|^2$ 为泵浦光在激光腔内的横向分布函数，对$|e(r)|^2$ 做横向的归一化处理，则可以得到：

$$\int_0^{2\pi}\int_0^{\omega_{\mathrm{p}}}r\left|e(r)\right|^2\mathrm{d}r\mathrm{d}\theta=1 \tag{4.1.23}$$

经过数学计算，可以求得

$$\left|e(r)\right|^2=\frac{2}{\pi\omega_{\mathrm{p}}^2}\exp\left(-\frac{2r^2}{\omega_{\mathrm{p}}^2}\right) \tag{4.1.24}$$

其中，ω_{p} 为泵浦激光的高斯半径。而在单频光纤激光器中可以假设泵浦激光完全耦合进入增益光纤的纤芯之中，则可认为 ω_{p} 近似等于增益光纤纤芯的半径。将激光热源函数代入热传导方程，则有

$$k_t\nabla^2T-c_\nu T'=-Q(z,r,t)=\alpha_{\mathrm{ap}}\eta(z)P(t)h(z)\left|e(r)\right|^2 \tag{4.1.25}$$

其中，k_t 为光纤材料的热导率，c_ν 为单位体积的比热容，T 为温度。对上式进行傅里叶变换得

$$k^2T_k(z,f)+\frac{\mathrm{i}C_\nu f}{k_t}T_k(z,f)=\frac{N(z)}{k_t}F(k)P(f) \tag{4.1.26}$$

其中，

$$T_k(z,f)=\int_0^{\infty}T(z,r,f)\mathrm{J}_0(kr)r\mathrm{d}r \tag{4.1.27}$$

$$F(k)=\int_0^{\infty}\left|e(r)\right|^2 \mathrm{J}_0(kr)r\mathrm{d}r=\frac{1}{2\pi}\exp\left(-\frac{\omega_{\mathrm{p}}^2k^2}{8}\right) \tag{4.1.28}$$

上式中，f 为傅里叶频率，J_0 为一阶贝塞尔函数，这里对光纤引入无限包层假设，即相当于将光纤浸入热学性能与其完全相同的介质中。$N(z)=h(z)\alpha_{\mathrm{ap}}\eta(z)$ 为泵浦光的轴向分布函数。进一步推得

$$T_k(z,f)=\frac{N(z)P(f)F(k)}{k_tk^2+\mathrm{i}C_vf} \tag{4.1.29}$$

然后对其进行汉克尔逆变换，得到：

$$T(z,r,f)=\int_0^{\infty}\frac{N(z)P(f)F(k)}{k_tk^2+\mathrm{i}C_vf}\mathrm{J}_0(kr)k\mathrm{d}k=\frac{N(z)P(f)}{k_t}\int_0^{\infty}\frac{F(k)\mathrm{J}_0(kr)}{k^2+2\mathrm{i}k_1^2}k\mathrm{d}k \tag{4.1.30}$$

其中，

$$k_1=\sqrt{\frac{C_vf}{2k_t}} \tag{4.1.31}$$

由于光纤横向温度变化较小[9]，因此可对激光器热源函数取径向平均得到

$$T(z,f)=\int_0^{\infty}T(z,r,f)\left|e(r)\right|^2 r\mathrm{d}r=\frac{N(z)P(f)}{k_t}\int_0^{\infty}\int_0^{\infty}\frac{F(k)\mathrm{J}_0(kr)}{k^2+2\mathrm{i}k_1^2}k\mathrm{d}k\left|e(r)\right|^2 r\mathrm{d}r$$

$$=\frac{N(z)P(f)}{k_t}\int_0^{\infty}\frac{\left[F(k)\right]^2}{k^2+2\mathrm{i}k_1^2}\mathrm{d}k \tag{4.1.32}$$

代入 $F(k)$ 得到谐振腔内的温度场和泵浦功率的关系：

$$T(f,z)=\Theta(f)P(f)N(z)=\frac{P(f)N(z)}{4\pi^2k_t}\int_0^{\infty}\frac{\exp(-\omega_{\mathrm{p}}^2k^2/4)k}{k^2+2\mathrm{i}k_1^2}\mathrm{d}k \tag{4.1.33}$$

$$N(z)=\alpha_{\mathrm{ap}}\eta h(z) \tag{4.1.34}$$

则转换函数 Θ（f）的表达式为

$$\Theta(f)=\frac{\exp(\mathrm{i}\omega_{\mathrm{p}}^2c_vf/4k_t)}{8\pi^2k_t}E_1[\mathrm{i}\omega_{\mathrm{p}}^2c_vf/4k_t] \tag{4.1.35}$$

其中，$E_1[\cdot]$为标准的指数函数积分函数。

而基于激光谐振腔温度变化而产生的激光中心频率的波动表达式可以写为[10, 11]

$$\Delta v(f)=-vq\int_0^l\Delta T(f,z)\mathrm{d}z \tag{4.1.36}$$

其中，v 为单频光纤激光器的瞬时中心频率，q 为增益光纤的热光系数，l 为增益光纤的物理长度。

因此，相对应的单频激光器的频率噪声谱则为

$$S_v(f)=v^2q^2[\Theta(f)]^2S_{\mathrm{p}}(f)[\int_0^lN(z)\mathrm{d}z]^2$$

$$=v^2q^2[\Theta(f)]^2P_{\rm p}^2{\rm RIN}_{\rm p}(f)[\int_0^l N(z){\rm d}z]^2 \tag{4.1.37}$$

其中，$S_{\rm p}(f)$为泵浦激光的强度噪声谱，$P_{\rm p}$为入射的泵浦光功率，${\rm RIN}_{\rm p}(f)$为泵浦激光的相对强度噪声。将增益光纤中由泵浦激光能量转化来的总热量定义为 Ω，其表达式为

$$\Omega=P_{\rm p}\int_0^l N(z){\rm d}z=P_{\rm p}\int_0^l \alpha_{\rm ap}\eta h(z){\rm d}z \tag{4.1.38}$$

而泵浦激光沿着增益光纤的纵向分布函数可以用下式来表示：

$$\frac{h(z)}{{\rm d}z}=-\gamma h(z) \tag{4.1.39}$$

其中，γ 为包含吸收损耗和传输损耗在内的泵浦激光的总损耗系数，其表达式为

$$\gamma=\Gamma_{\rm p}\sigma_{\rm ap}N_{\rm R}+\sigma_{\rm p} \tag{4.1.40}$$

上式中，$\Gamma_{\rm p}$ 为功率填充因子，$\sigma_{\rm ap}$ 为增益光纤在泵浦波长的吸收截面，$N_{\rm R}$ 为增益光纤中的稀土离子的掺杂浓度，$\alpha_{\rm p}$ 为泵浦激光的传输损耗系数。考虑到入射到激光谐振腔中的泵浦激光在纵向分布上是可积分的，则有

$$h(z)=h(0)\exp(-\gamma z) \tag{4.1.41}$$

泵浦光的热转换系数 η 和泵浦光与信号光之间的量子亏损以及上能级粒子的快速非辐射衰减有关，其表达式定义为[7, 12, 13]

$$\eta=F_{\rm ETU}+[1-F_{\rm ETU}](1-\lambda_{\rm p}/\lambda_{\rm s}) \tag{4.1.42}$$

上式中，$\lambda_{\rm p}$ 和 $\lambda_{\rm s}$ 分别为泵浦激光和信号激光的波长，$F_{\rm ETU}$ 为受激粒子能量传递上转换所带来的反转粒子数的部分衰减，其表达式为

$$F_{\rm ETU}=1-\frac{2}{1+\left\{1+\dfrac{4W\tau^2Rr_{\rm p}+4W\tau^2\dfrac{c\sigma}{n}N_a^0\Phi\phi_0}{\left[1+\dfrac{c\sigma\tau}{n}f_{\rm c}\Phi\phi_0\right]^2}\right\}^{1/2}} \tag{4.1.43}$$

其中，$r_{\rm p}\approx2\alpha_{\rm ap}\exp(-\alpha_{\rm ap}l)/(\pi\omega_{\rm p}^2\eta_a)$为整体泵浦激光分布，$\phi_0\approx2/(\pi\omega_{\rm p}^2l_c^*)$为谐振腔内的光子密度，$R=P_{\rm p}\eta_a/(h\nu_{\rm p})$为泵浦速率，$\Phi=2l_c^*P_{\rm out}/(ch\nu T)$为谐振腔内激光光子的总数，$W$ 为单次上转换参数，τ 为上能级的粒子寿命，σ 为增益光纤的受激发射截面，n 为增益光纤的折射率，$N_a^0=f_aN_{\rm R}$ 为低能级的激光粒子数布居，$f_c=f_a+f_b$ 为总的激光粒子数布居密度，f_a 为低能级激光粒子数占总激光粒子数的比例，f_b 为高能级激光粒子数占总激光粒子数的比例，$\eta_a=1-\exp(-\alpha_{\rm ap}l)$为吸收的泵浦光部分，$l_c^*=nl$ 为增益光纤的光学长度，h 为普朗克常量，$\nu_{\rm p}$ 和 ν 分别为泵浦激光和信号激光的频率，$P_{\rm out}$ 为输出

激光功率，T 为谐振腔的输出耦合比。

所以，增益光纤中由泵浦激光能量转化来的总热量 Ω 可以写作为

$$\Omega = \alpha_{\mathrm{ap}} \eta P_{\mathrm{p}} \frac{1}{\gamma}(1-\exp(-\gamma l)) \tag{4.1.44}$$

通过将式（4.1.44）代入到式（4.1.37）中，可以获得频率噪声的表达式：

$$S_{\nu}(f) = \nu^2 q^2 [\Theta(f)]^2 [\alpha_{\mathrm{ap}} \eta P_{\mathrm{p}} \frac{1}{\gamma}(1-\exp(-\gamma l))]^2 \mathrm{RIN}_{\mathrm{p}}(f) \tag{4.1.45}$$

对光纤激光器的频率噪声而言，强度噪声对其的影响是难以忽略的。而在式（4.1.37）中，$\mathrm{RIN_p}(f)$引入的目的仅仅在于构建频率噪声来源于自热效应的模型，这显然存在一定的局限性。由于在光纤激光器中，不仅存在自热效应对频率噪声的贡献，同时增益介质机理和腔损耗分布机理也会对频率噪声产生一定的耦合影响和关联作用[2]。因而，通过引入 DBR 单频光纤激光器的相对强度噪声 $\mathrm{RIN_{FL}}(f)$来替代 $\mathrm{RIN_p}(f)$，不仅可以包含泵浦激光的强度噪声对频率噪声的影响（即自热效应的部分），而且可以在一定程度上包括来源于其他噪声机理的频率噪声部分[14,15]。特别是在谐振腔内的一些噪声效应是难以直接评估和测量的，$\mathrm{RIN_{FL}}(f)$的替代可以在一定程度上间接地描述这些作用的结果。所以，$\mathrm{RIN_{FL}}(f)$的应用可以更准确地描述 DBR 单频光纤激光器的频率噪声，因而 DBR 单频光纤激光器的频率噪声的改进表达式则可以写为

$$S_{\nu}(f) = \nu^2 q^2 [\Theta(f)]^2 [\alpha_{\mathrm{ap}} \eta P_{\mathrm{p}} \frac{1}{\gamma}(1-\exp(-\gamma l))]^2 \mathrm{RIN}_{\mathrm{FL}}(f) \tag{4.1.46}$$

通过考虑能量传递上转换效应对于频率噪声的贡献，同时引入 $\mathrm{RIN_{FL}}(f)$，从而获得了一个完备的频率噪声理论表达式。但是，因为 $\mathrm{RIN_{FL}}(f)$的数值取决于实际测量，难以给出一个准确的解析表达式，所以上述理论模型是半唯象形式的。虽然对于频率噪声的讨论集中在 DBR 结构的单频光纤激光器上，但是这个理论模型通过适当的变形和修正（通过计算 γ 趋近于 0），也是可以普遍地适用于短直腔这一大类单频光纤激光器。

图 4.1.2 为典型 DBR 单频光纤激光器在不同泵浦功率下的模拟频率噪声谱，从中可以发现，伴随着泵浦激光功率的上升，模拟的激光频率噪声越来越大。图 4.1.3 为典型 DBR 单频光纤激光器在其他前提条件固定的情况下（泵浦激光功率为 200 mW，增益光纤长度为 1.7 cm），模拟的频率噪声谱密度在不同输出激光相对强度噪声（−130~−140 dB/Hz）下的结果。由于相对强度噪声通常采用对数单位来衡量，发现频率噪声随 $\mathrm{RIN_{FL}}(f)$的增加而快速升高，从而也表明了 $\mathrm{RIN_{FL}}(f)$在单频光纤激光器的频率噪声中的重要性。

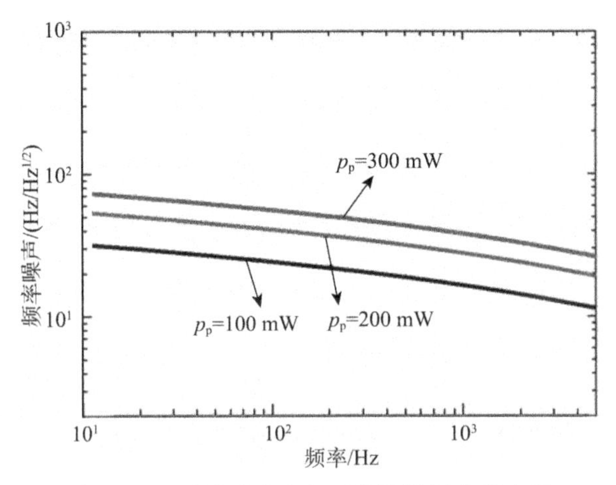

图 4.1.2　不同泵浦功率下的模拟频率噪声谱

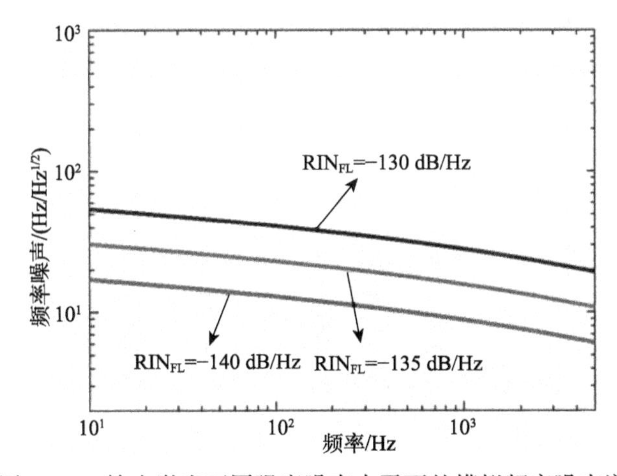

图 4.1.3　输出激光不同强度噪声水平下的模拟频率噪声谱

4.2　噪声抑制技术

4.2.1　强度噪声抑制

1. 基于光电反馈抑制强度噪声

光电反馈是抑制激光器强度噪声最常用的方式之一，其典型装置如图 4.2.1 所示。利用激光分束器抽取激光输出的部分光，然后输入到光电探测器（PD）中转化为电信号，接着光电反馈电路对 PD 输出的电信号进行幅度和相位控制处理，处理之后的信号可以反馈控制泵浦激光器的驱动电流或者调节输出激光强度调制器（如声光调制器（AOM）、电光调制器（EOM）、液晶噪声衰减器等），从而对激光器的强度噪声实现抑制作用。需要说明一下的是，激光强度调制器在功率控制速度上有一定优势，但是由于插入损耗等因素，其对激光功率有衰减。

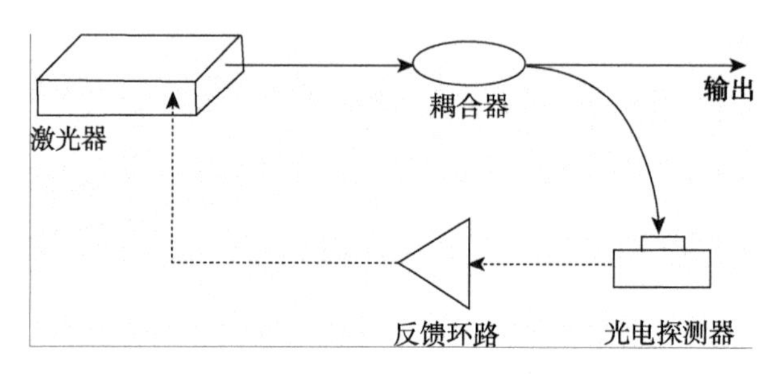

图 4.2.1　光电反馈抑制强度噪声典型装置[1]

光电反馈抑制强度噪声的等效模型如图 4.2.2 所示[16]其中，N_{free} 为自由运转激光器的强度噪声，N_{close} 为闭环后的激光器强度噪声，$K(s)$为测得的激光器的前向传递函数（此处以泵浦调制电压——PD 电压为例），$L(s)$为反馈电路函数。

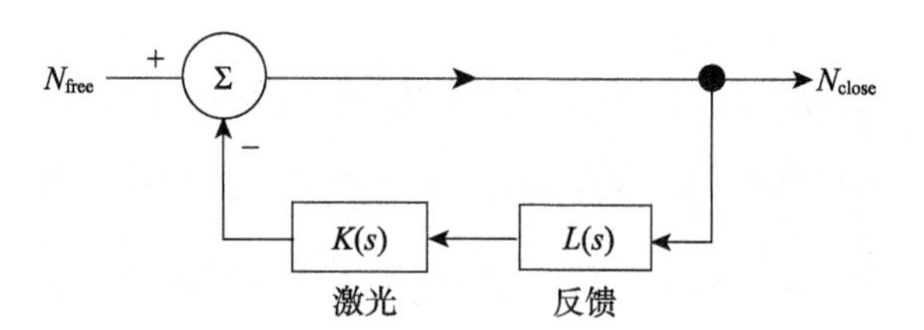

图 4.2.2　光电反馈的闭环传递函数原理框图[16]

则噪声抑制系数 $F(s)$可表示为

$$F(s)=\frac{1}{1+K(s)L(s)} \tag{4.2.1}$$

从中可以看出，当$|1+K(s)L(s)|>1$时，将强度噪声具有抑制作用，特别是在其值远大于 1 时，抑制作用更加明显。例如，当$|1+K(s)L(s)|$=10 时，对自由运转时的强度噪声具有 20 dB 的抑制作用。而当$|1+K(s)L(s)|<1$时，将输出激光的强度噪声具有劣化作用，特别是在 $K(s)L(s)=-1$时，光电反馈系统将处于不稳定的振荡状态。因而在反馈电路设计中，应尽可能将$|K(s)L(s)|$设计大一些，并且不能使 $K(s)L(s)=-1$。

在光电反馈抑制强度噪声的技术方案中，激光强度调制端口信号与 PD 探测到的激光功率电压信号之间的传递函数关系，对光电反馈回路的设计具有重要的指导意义。图 4.2.3 给出了 1.5 μm 单频光纤激光器泵浦激光器（LD）驱动调制端口信号与 PD 探测到的激光功率电压信号之间的传递函数关系[17]。从图中可以看出，在 0~200 kHz 范围内增益曲线显示，激光器对泵浦功率波动具有低通特性，增益由+10 dB

降低到−10 dB，同时相移由 0°缓慢增加到−45°左右，对于弛豫振荡峰频率（695 kHz）附近，增益迅速增大到 20 dB，在这前后，相移也发生了 180°左右的剧烈变化，由−90°变为−270°。观察前向传递函数可知，从低频（0 Hz）到弛豫振荡减弱频率处（750 kHz），相移增加了 300°，并且在低频和弛豫振荡频率处的增益系数均较高。因此，设计一个低通或者带通滤波电路都难以实现同时抑制该单频光纤激光器的低频和弛豫振荡处的强度噪声。然而，这一技术问题可以通过设计双路光电反馈分段处理来解决，从而同时抑制低频段和弛豫振荡处的强度噪声。

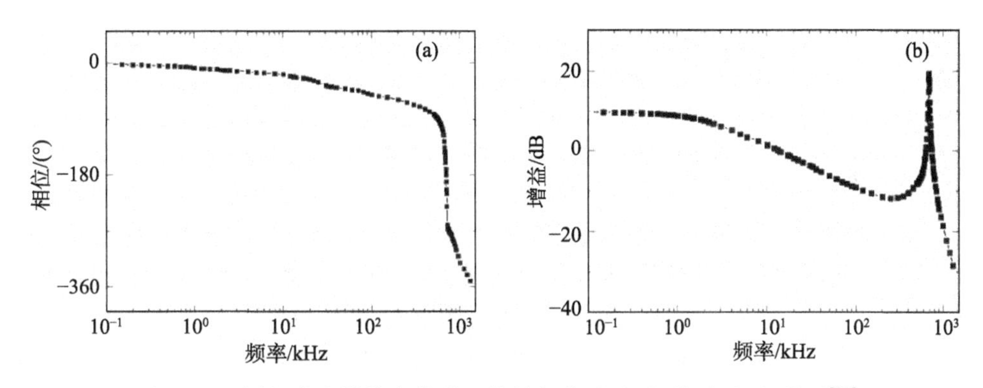

图 4.2.3 测得激光器前向传递函数的相位（a）与增益（b）关系[17]

1996 年，意大利米兰工业大学的 Taccheo 等将 PD 采集的噪声信号作完处理后与 LD 直流驱动相叠加并加载在泵浦 LD 上，成功将单频铒镱共掺玻璃光纤激光器在 160 kHz 附近的弛豫振荡峰处强度噪声从−84 dB/Hz 降低至−114 dB/Hz，实现了 30 dB 的噪声抑制[18]。2012 年，安徽大学俞本立团队通过电路仿真分析优化反馈参数，对掺铒光纤激光器小于 20 kHz 的低频段强度噪声降低了 10 dB，弛豫振荡处的强度噪声降低了 35 dB，并有效解决了光电反馈中弛豫振荡峰往高频移动的问题[19]。2014 年，华南理工大学杨中民团队采用光电反馈结合液晶衰减模块改变 1083 nm 单频光纤激光器的输出功率，进而在 0.25~1 kHz 频段内实现了 10 dB 以上的强度噪声抑制，并将输出功率不稳定性降低至 0.2%，满足了高精度原子光谱学中的应用要求[20]。

基于光电反馈抑制强度噪声的方案，其优势在于结构相对简单、容易集成、成熟可靠，同时可以有效提升输出激光的功率稳定性。不过，受限于反馈电路的控制带宽，难以获得大频率范围内的强度噪声整体抑制，同时，反馈电路的存在容易引入额外的电子噪声。

2. 基于模式清洁器抑制强度噪声

模式清洁器法是使用无源腔（例如 F-P 环形腔）对输出激光的强度噪声进行改

善的方案，其典型装置如图 4.2.4 所示，输出激光通过模式清洁器（PMC）之后再通过分束器射入光电探测器（PD）中，PD 信号经过伺服系统之后通过电光调制器（EOM）调节激光功率，从而实现强度噪声的抑制。

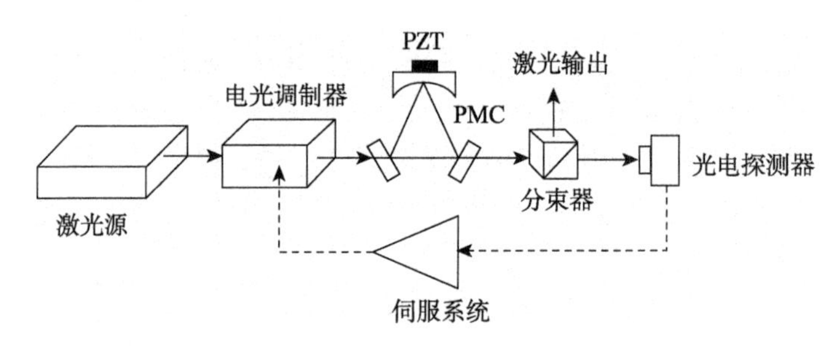

图 4.2.4　利用模式清洁器抑制强度噪声典型装置

常用的模式清洁器为三镜环形腔结构，如图 4.2.5 所示。输入镜 M1 和输出镜 M2 为两个相同的平面高反镜，M3 为凹面全反镜。激光场强度噪声经过模清洁器的滤波特性，可以通过一般的量子化两镜腔理论模型来描述[21,22]：

$$\hat{a}(t) = -k\hat{a}(t) + \sqrt{2k_1}\hat{A}_1(t) + \sqrt{2k_2}\hat{A}_2(t) + \sqrt{2k_1}\hat{A}_1(t) \tag{4.2.2}$$

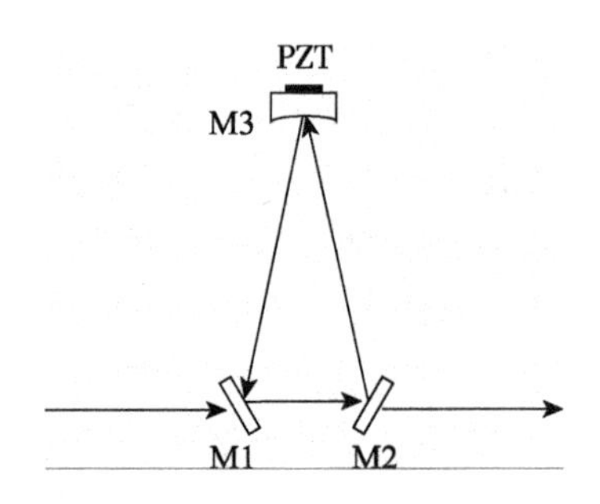

图 4.2.5　模式清洁器的结构示意图

其中，$\hat{a}(t)$, $\hat{A}_1(t)$, $\hat{A}_2(t)$ 和 $\hat{A}_1(t)$ 分别表征内腔场、从 M1 输入的真空场、从 M2 输出的真空场以及对应内腔损耗的真空场的湮灭算符，k_1, k_2, k_1 分别为腔镜 M1, M2 和腔内的损耗率，因而内腔总损耗 k 可以写成：

$$k=k_1 + k_2 + k_1 \tag{4.2.3}$$

对湮灭算符引入线性微扰，则有

$$\hat{a}(t) = \langle\hat{a}(t)\rangle + \delta\hat{a}(t) \tag{4.2.4}$$

其中，$\langle\hat{a}(t)\rangle$ 为 $\hat{a}(t)$ 的平均值，$\delta\hat{a}(t)$ 为 $\hat{a}(t)$ 的随机起伏，将式（4.2.4）代入式（4.2.2）中，即有

$$\delta \hat{a}(t) = -k\delta\hat{a}(t) + \sqrt{2k_1}\delta\hat{A}_1(t) + \sqrt{2k_2}\delta\hat{A}_2(t) + \sqrt{2k_l}\delta\hat{A}_l(t) \tag{4.2.5}$$

对该式进行傅里叶变换，再结合正交振幅起伏的定义 $\hat{X} = \hat{a} + \hat{a}^+$，则内腔的正交振幅起伏可以写为

$$\delta\hat{X}(\omega) = \sqrt{2k_1}\delta\hat{X}_1(\omega) + \sqrt{2k_2}\delta\hat{X}_2(\omega) + \sqrt{2k_l}\delta\hat{X}_l(\omega) \tag{4.2.6}$$

结合输入输出关系[21]，可以得到输出场的正交振幅起伏：

$$\delta\hat{X}_{\mathrm{out}}(\omega) = \sqrt{2k_2}\delta\hat{X}(\omega) - \delta\hat{X}_2(\omega) \tag{4.2.7}$$

结合式（4.2.6）和（4.2.7）以及强度噪声的定义，模清洁器输出的强度噪声谱为

$$V_{\mathrm{out}}(\omega) = \left\langle \delta\hat{X}^2_{\mathrm{out}}(\omega) \right\rangle = \frac{k_l^2 + \omega^2 + 4k_1k_2V_{\mathrm{in}}(\omega) + 4k_2k_l}{k^2 + \omega^2} \tag{4.2.8}$$

其中，$\omega=2\pi f$，f 为傅里叶频率，通常 M1 和 M2 为相同的镜片，故 $k_1 = k_2$，则有

$$\frac{V_{\mathrm{out}}(\omega) - 1}{V_{\mathrm{in}}(\omega) - 1} = \frac{4k_1^2}{k^2 + \omega^2} \tag{4.2.9}$$

又因为一般激光器输出的强度噪声总高于量子噪声极限，即 $V_{\mathrm{out}}(\omega) > 1$，因此在所有频率上，模清洁器都能对强度噪声起到抑制作用，并且频率越高，抑制幅度越大。

在实际应用中，为了有效地降低输出激光的强度噪声，模清洁器所对应的无源腔的线宽应尽可能窄[23]。目前获得窄线宽的技术方案主要是两种：一是增加无源腔的腔长；二是提高腔的精细度。增加腔长会在一定程度上降低整个系统的机械稳定性，从而带来技术难度；而提升腔的精细度必然减小透射效率。因此在设计模清洁器腔时，要兼顾强度噪声抑制幅度和透射激光功率两方面的要求。

利用模式清洁器抑制激光的强度噪声的技术方案，在实际应用获得广泛关注。1998 年，美国斯坦福大学的 Willke 等利用 F-P 腔作为模清洁器，对输出功率为 10 W 的 Nd:YAG 激光器的强度噪声实现了管理，使得接近量子噪声极限的初始频率降至 10 MHz，实现了整体抑制的效果[24]。2001 年，山西大学彭堃墀团队自行设计了三镜环形器组成的模清洁器，对 Nd:YVO_4 激光器的高频强度噪声实现抑制，使其接近量子噪声极限的初始频率从 30 MHz 下降到 7 MHz[23]。2014 年，中科院国家授时中心董瑞芳团队分析了经过模式清洁器之后的光纤激光器强度噪声，指出，虽然利用模式清洁器对于激光的高频强度噪声有明显的抑制作用，但是其不足之处在于会将激光的部分相位噪声转化为强度噪声[22]。

基于模式清洁器抑制强度噪声的技术方案在高频段具有显著的强度噪声抑制效果，甚至可以满足引力波探测系统中激光干涉仪对激光器强度噪声的苛刻要求。但是，其大量体光学元件的存在使得整个实验系统较为庞大，难以控制和调试。同时，还存在强度噪声抑制幅度和透射激光功率两者之间的取舍问题。

3. 基于注入锁定的强度噪声抑制

在自由运转的激光器中注入一高稳定性的激光信号，如果注入信号光频率足够接近激光器自由振荡频率，则信号激光性能可完全由注入信号控制。其典型装置图如图 4.2.6 所示，高性能稳定激光经过耦合器注入到激光器中，经过注入锁定之后的低噪声激光经过该耦合器输出。

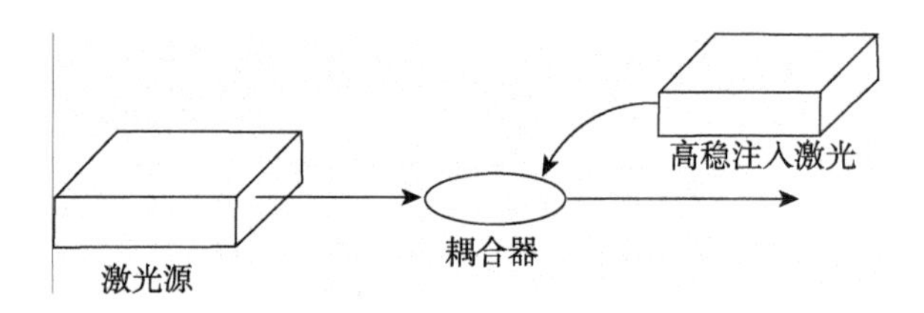

图 4.2.6　注入锁定抑制强度噪声典型装置

下面对注入锁定的理论部分进行简要介绍。设被注入激光器的频率为 ν（角频率为 ω），输出光强为 I_0，高稳定激光器的注入光频率为 ν_1（角频率为 ω_1），光强为 I_1。对于注入信号而言，激光器相当于一个在增益介质两端安放有两个反射镜的再生放大器，如图 4.2.7 所示[3]，其反射镜的反射率为 r，以 $\varepsilon_1(t)$、$\varepsilon_c(t)$、$\varepsilon_1'(t)$分别表示再生放大器的入射光、腔内左镜端右向行波和输出光的电场，则有

$$\varepsilon_c(t)=\sqrt{1-r}\varepsilon_1(t)+r\varepsilon_c(t)\exp\left[g(\nu_1)L-\alpha L-2\mathrm{j}k_1L\right] \tag{4.2.10}$$

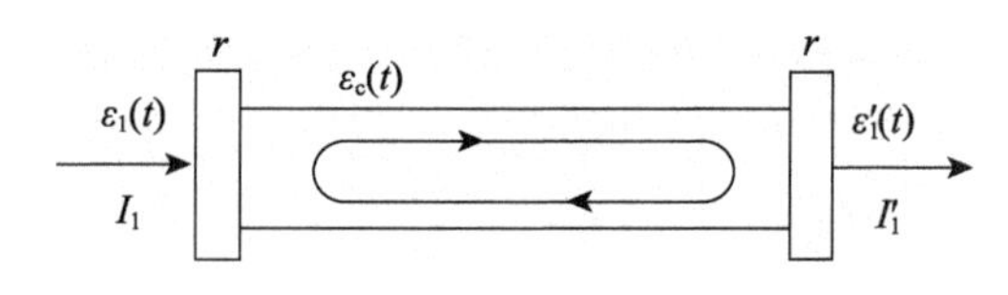

图 4.2.7　注入锁定原理图

$$\varepsilon_1'(t)=\sqrt{1-r}\varepsilon_c(t)\exp\left[\frac{g(\nu_1)-\alpha}{2}L-\mathrm{j}k_1L\right] \tag{4.2.11}$$

其中，$g(\nu_1)$、α 和 L 分别为增益介质的增益系数、损耗系数和长度；$k_1=\omega\eta/c$，η 为增益介质折射率，由上述两式并考虑到注入锁定中 ω 和 ω_1 十分接近，则再生放大器的输出光强为

$$I_1'\approx\frac{I_1(1-r)^2\exp\left[g(\nu)L-\alpha L\right]}{\left\{1-r\exp\left[g(\nu)L-\alpha L\right]\right\}^2+4r(L\eta/c)^2(\omega_1-\omega)^2\exp\left[g(\nu)L-\alpha L\right]} \tag{4.2.12}$$

当激光器稳定工作时，

$$r\exp\left[g(\nu)L-\alpha L\right]=1 \tag{4.2.13}$$

而注入锁定的条件是

$$I_1' > I_0 \tag{4.2.14}$$

由式（4.2.12）可得

$$\omega_1 - \omega < \frac{(1-r)c}{2\sqrt{r}\eta L}\sqrt{\frac{I_1}{I_0}} = \frac{1}{2}\Delta\omega \tag{4.2.15}$$

当 $r \approx 1$ 时，注入锁定的角频率范围为

$$\Delta\omega = \Delta\omega_c\sqrt{\frac{I_1}{I_0}} \tag{4.2.16}$$

式中，$\Delta\omega_c$ 为无源腔线宽，由上式可知，注入信号越强，锁定频率范围越大。

1999 年，澳大利亚国立大学的 Ralph 等利用注入锁定的方法，将非平面环形 Nd:YAG 激光器在频率为 100~300 kHz 频段内的弛豫振荡峰处强度噪声抑制了近 30 dB[25]。2000 年，美国伊利诺依大学 Jin 等从理论和实验上分析在一台注入锁定的半导体激光器中的 RIN 特性，注入锁定将激光器的弛豫振荡峰位置从 4.5 GHz 移至 12 GHz，这对于提高密集波分复用光通信系统的通信速率具有重要意义[26]。2008 年，中科院半导体研究所的祝宁华团队通过较强的外注入光锁定 F-P 激光器，得到了良好的强度噪声抑制效果，与自由运转的 F-P 激光器弛豫振荡峰处的噪声水平相比，最大抑制幅度可以达到 9 dB[27]。

注入锁定的技术方案其优势在于，不需要引入额外的探测与控制系统，整体结构相对简易容易操作，且对于强度噪声也可实现明显抑制。但是其前提条件是必须存在一个强度噪声性能优良的激光器，并且要求其激光中心频率与待优化激光中心频率差距较小，这些要求的存在限制了注入锁定方案的广泛应用。

4. 基于半导体光放大器（SOA）的强度噪声抑制

近些年来，基于 SOA 的强度噪声抑制技术引发了研究者的兴趣和关注，其典型装置如图 4.2.8 所示。激光器的输出光功率经可调谐衰减器调节至合适值后，输入到工作在增益饱和状态下的 SOA 中，利用 SOA 的非线性放大作用从而实现输出激光的强度噪声抑制。

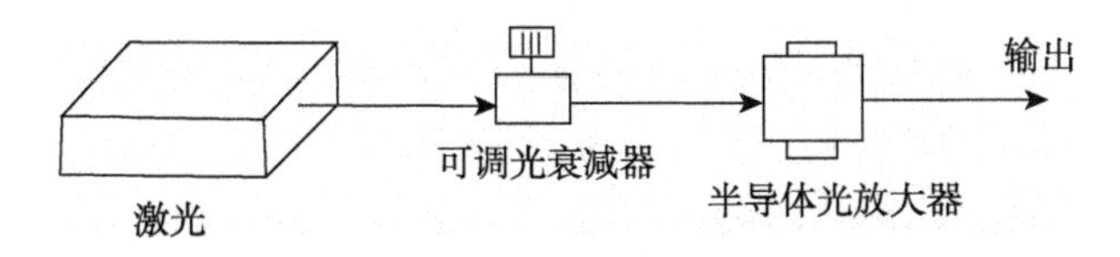

图 4.2.8　基于 SOA 抑制强度噪声的典型装置

当激光信号注入到 SOA 时，若忽略放大器产生的自发辐射，则激光功率 P、SOA 中的载流子密度 N 可由如下半导体激光器速率方程来描述[28]：

$$\frac{\partial P}{\partial z}+\frac{1}{v_{\mathrm{g}}}\frac{\partial P}{\partial t}=\left(\Gamma g(N)-\alpha_{\mathrm{int}}\right)P \tag{4.2.17}$$

$$\frac{\partial N}{\partial t}=\frac{I}{qV}-\frac{N}{\tau_{\mathrm{s}}}-\frac{\Gamma}{h\nu A}g(N)P \tag{4.2.18}$$

其中，v_{g}为群速度，Γ为激光信号的耦合系数，$g(N)$为增益系数，α_{int}为内部损耗，I为注入电流密度，q为电子电荷，h为普朗克常量，V为 SOA 有源区的体积，A为有源层面积，τ_{s}为载流子寿命，ν为输入激光频率。另外，SOA 中的激光功率以及载流子密度可由其相应的直流分量与交流分量的傅里叶变换相加来表示：

$$P=P_0+\frac{1}{2\pi}\int\Delta P(\omega)\mathrm{e}^{\mathrm{j}\omega t}\mathrm{d}\omega \tag{4.2.19}$$

$$N=N_0+\frac{1}{2\pi}\int\Delta N(\omega)\mathrm{e}^{\mathrm{j}\omega t}\mathrm{d}\omega \tag{4.2.20}$$

其中，P_0与N_0分别为激光功率与载流子密度的平均值。将式（4.2.19）与式（4.2.20）代入式（4.2.17）与式（4.2.18）中，并进一步对放大器增益做线性化处理，即$g(N)=a(N-N_0)$，其中，a为差分增益系数，可得到如下激光功率与载流子密度的小信号方程：

$$\frac{\partial\Delta P}{\partial z}=\mathrm{j}\frac{\omega}{v_{\mathrm{g}}}\Delta P+\left[\Gamma g(N)-\alpha_{\mathrm{int}}\right]\Delta P+\Gamma a\Delta NP_0(z) \tag{4.2.21}$$

$$\Delta N=-\frac{\Gamma g(N_0)\Delta P}{h\nu A}\frac{1}{\mathrm{j}\omega+\dfrac{1}{\tau_{\mathrm{s}}}+\dfrac{\Gamma aP_0}{h\nu A}} \tag{4.2.22}$$

其中，ΔP与ΔN分别为激光功率与载流子密度在傅里叶频率ω处的噪声大小。式（4.2.21）与式（4.2.22）分别表示傅里叶频率为ω处的激光强度噪声与载流子密度起伏在 SOA 中沿传播方向的变化趋势。式（4.2.22）中的负号表示载流子密度与输入激光功率呈反向关系，即当激光功率增加或降低时，载流子密度则相应地减小或变大。另外，从式（4.2.21）中还可以看到，平均激光功率值$P_0(z)$项只出现在等式右边最后一项中。因此当初始输入激光功率较小时，式（4.2.21）中最后一项可以忽略不计，此时输入激光被线性放大。而当输入功率增加时，该项本身的负号属性使得激光噪声值被放大的程度明显减小。由于平均激光功率$P_0(z)$在 SOA 中是线性放大的，当初始输入功率足够大时（SOA 处于饱和状态），输出激光功率的相对强度噪声（RIN）会较大幅度的压缩。

为了更加直观地解释 SOA 的工作原理，图 4.2.9 给出了基于 SOA 的非线性放大作用抑制激光强度噪声的示意图。当输入激光经过 SOA 之后，功率波动较大的激光在非线性放大过程中，降低了激光功率的相对变化范围，从而稳定了输出激光的功率水平，起到了抑制激光强度噪声的作用。

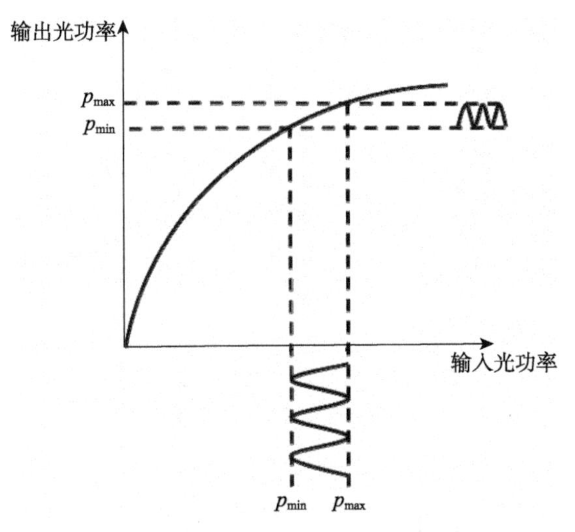

图 4.2.9　SOA 抑制激光强度噪声的原理示意图

2004 年，英国南安普顿大学的 McCoy 等采用增益饱和的 SOA 对 1550 nm 的光纤 DFB 激光器进行强度噪声抑制，对其弛豫振荡峰处强度噪声的抑制幅度达到了 30 dB[29]。2014 年，法国雷恩大学的 Danion 等将掺铒光纤放大器（EDFA）和 SOA 相结合，成功实现了具有强度噪声抑制功率的混合光放大器，其最大抑制幅度 20 dB，抑制带宽超过 3 GHz[30]。此后，华南理工大学的杨中民课题组也开展了 SOA 抑制光纤激光器的强度噪声研究。特别是在 2016 年，该研究组提出了 SOA 结合光电反馈的强度噪声抑制方案，其结构如图 4.2.10 所示[31]。在该方案中，SOA 前需加入一个偏振控制器（PC）调节其偏振态，并用可调衰减器（VOA）调节光功率为 SOA 最佳注入功率。与一般的将反馈作用于腔内或泵浦源上不同，这种噪声抑制技术可以认为是“即插即用”式的被动噪声抑制技术。通过这种方案，其强度噪声抑制结果如图 4.2.11 所示，在 0.8 kHz~50 MHz 的频带内，其输出激光的相对强度噪声（RIN）被抑制到−150 dB/Hz，其距离量子噪声极限仅为 2.9 dB。

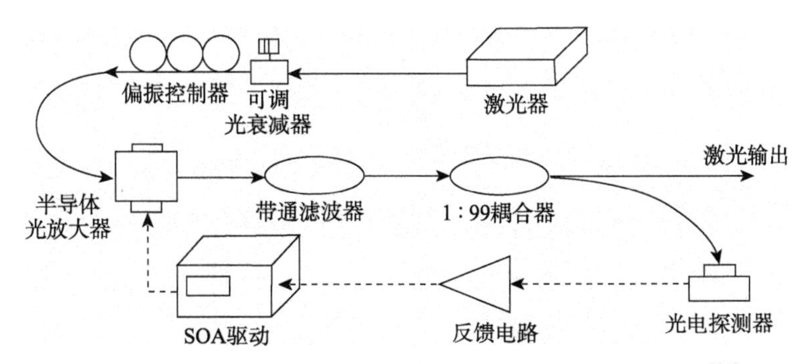

图 4.2.10　SOA 结合光电反馈的宽频带强度噪声抑制装置[31]

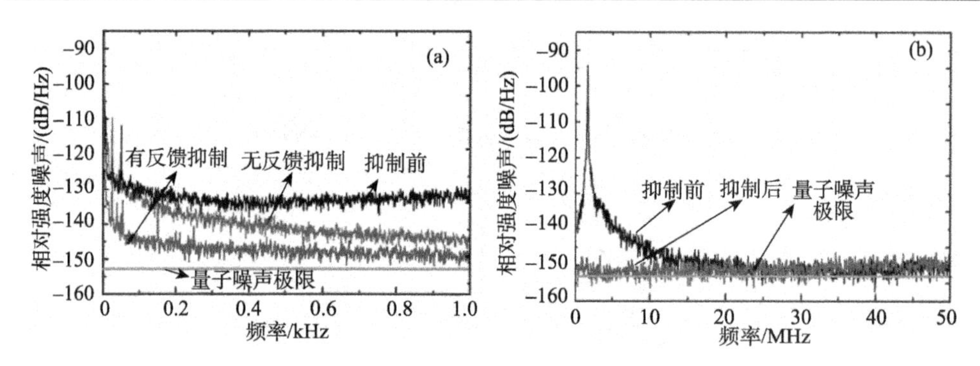

图 4.2.11 经 SOA 和光电反馈抑制后的强度噪声（后附彩图）
（a）0~1 kHz；（b）0~50 MHz[31]

SOA 抑制强度噪声的技术方案其优势在于可以实现性能突出的强度噪声抑制（接近量子噪声极限），同时得益于纳秒量级的离子寿命，因而可以具备 GHz 频带的噪声处理能力。需要指出的是，再利用 SOA 对激光强度噪声进行抑制时，SOA 会引入的严重放大自发辐射（ASE），需要在输出端使用光学滤波器进行处理，来提高被劣化的光信噪比。

4.2.2 频率噪声抑制

1. 基于光纤干涉仪抑制频率噪声

最近 20 年，通过长臂差的光纤干涉仪用于抑制频率噪声获得广泛的研究，其典型装置如图 4.2.12 所示[16]。单频激光通过一个 3 dB 耦合器进入马赫–曾德尔光纤干涉仪，其中较长光纤臂提供延时，较短光纤臂利用 AOM 对激光移频，两个臂上的激光经过另一耦合器得到拍频信号，拍频信号经过相位探测器（PSD）和比例–积分（PI）电路处理之后控制 PZT 实现稳频。

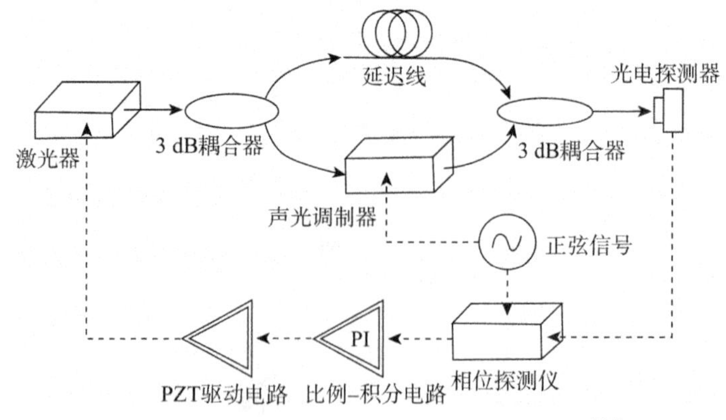

图 4.2.12 非平衡光纤干涉仪稳频典型装置[16]

当激光经过长度为 L 的一段光纤，不考虑其他因素的影响，激光光场相位变化量为[32]

$$\Phi=\frac{2\pi nLf_0}{c} \tag{4.2.23}$$

其中，n 为光纤的折射率，c 为激光在真空中的传播速度，f_0 为激光的中心频率。当激光频率由 f_0 变成 $f_0+\Delta f$，则激光经过光纤的相位变化量可写为

$$\Phi_1=\frac{2\pi nL(f_0+\Delta f)}{c} \tag{4.2.24}$$

因此，激光频率的变化在经过光纤后，所引起的相位变化量为

$$\Delta\Phi=\Phi_1-\Phi=\frac{2\pi nL\Delta f}{c} \tag{4.2.25}$$

依据这一变化性质，通过非平衡光纤干涉仪将激光频率的变化鉴别出来，并通过拍频使光频信号转变为普通电子仪器可以测量的射频信号，从而可以利用反馈装置对激光进行反馈控制。

激光通过非平衡光纤干涉仪，在拉普拉斯域，输入信号相 $M(s)$与输出信号相位 $P(s)$的关系可表示为[33]

$$P(s)=M(s)\left[1-\exp(-s\tau)\right] \tag{4.2.26}$$

其中，$\tau=nL/c$ 为激光经过延迟光纤后的延时，L 为延迟光纤的长度（此处另外一臂的光纤长度忽略不计，即把 τ 当作非平衡干涉仪的延时差），则经过非平衡干涉仪相位变化的传递函数为

$$H_{\Phi}(s)=1-\exp(-s\tau) \tag{4.2.27}$$

由 $s=\mathrm{j}2\pi f$（f 为频率值），将拉普拉斯域表达式转化为频域表达式，则经过非平衡干涉仪相位噪声的功率谱密度的关系即可表示为

$$S_P(f)=\left|H_{\Phi}(s)\right|^2 S_M(f)=4\sin^2(\pi f\tau)S_M(f) \tag{4.2.28}$$

其中，$S_P(f)$ 和 $S_M(f)$ 分别为输入和输出的噪声功率谱密度，干涉仪系统将激光频率的波动反映为相位的波动，由此可得到非平衡干涉仪系统的传递函数为

$$H(f)=\left[1-\exp(-\mathrm{j}2\pi f\tau)\right]/\mathrm{j}f\ \ (\mathrm{rad/Hz}) \tag{4.2.29}$$

假设 $\tau=1\times10^{-5}\mathrm{s}$，利用上式绘制得到非平衡干涉仪的波特图见图 4.2.13[32]。由该波特图可以看到，在频率 $f=m/\tau$ (m=1,2,…) 时，其幅频响应的值为 0，并且其相位变化在该处是不连续的，出现了 180°的偏移，即意味着系统会在该处出现不稳定，在光纤干涉仪构成的反馈环路系统中，限制了反馈系统的控制带宽，因而，为了避免闭环系统在该处出现的振荡，其环路滤波器的增益调节应该位于低频位置。在低频处（$f\ll 1/\tau$），其幅频响应的幅值近似等于 $2\pi\tau$，即 $H(f)\approx 2\pi\tau$。长臂光纤越长会导致有更高的探测敏感度，但光纤越长，$1/\tau$ 值越低，反馈系统的控制带宽变得

更小。因而，对于实验中的激光稳频而言，需要综合考虑其反馈部分的干涉仪长臂延时光纤长度的选择。

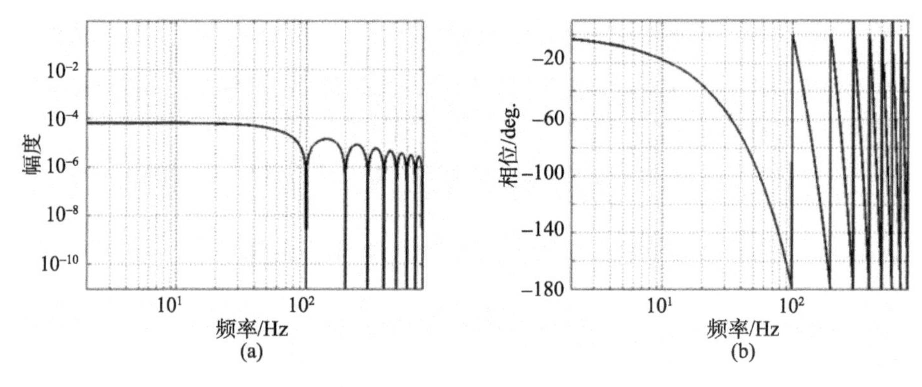

图 4.2.13　不等臂干涉仪传递函数的波特图[32]

（a）幅频响应图；（b）相频响应图

2002 年，美国海军实验室的 Cranch 使用 100 m 臂差的马赫–曾德尔干涉仪，成功将 1.5 μm DFB 激光器在 1 Hz~10 kHz 频段的频率噪声降低了 20 dB，特别是在 1 kHz 频率处频率噪声低至 1.5 $Hz/Hz^{1/2}$[34]。2009 年，法国巴黎第十三大学的 Kéfélian 等在臂差为 1 km 的迈克尔孙干涉仪的条件上，在干涉仪中插入 AOM 实现信号外差检测，将 1.5 μm 的 DFB 光纤激光器 1 Hz~10 kHz 频段内的频率噪声抑制了 40 dB，在 1 kHz 处的频率噪声低至 10^{-2} $Hz/Hz^{1/2}$[35]。2013 年，中科院上海光学精密机械研究所的李唐团队采用两个 500 m 臂差的迈克尔孙干涉仪，分别锁定两台光纤激光器，短期（0.1~1 s）分频稳定度达到 7×10^{-15}，实现了 0.67 Hz 的拍频线宽[36]。

基于非平衡干涉仪的方案简单易行、成本较低，同时，结合外差检测可以获得良好的频率噪声抑制结果，但是容易受外界环境的扰动而影响频率噪声抑制结果，因此，需要对频率噪声鉴别系统（即非平衡光纤干涉仪）进行特殊的隔音隔震处理。

2. 基于光学反馈抑制频率噪声

光学反馈作为一种简易的频率噪声抑制技术可以应用在很多场合。图 4.2.14 为单频光纤激光器的前向自注入锁定系统实验装置图[5]。单频激光经耦合器一分为二，其中一路通过隔离器作为激光输出，而另一路通过光环形器将激光重新反馈进入激光器中，并在光纤环路中加入隔离器以确保激光信号的单向传输，进而实现定向的光学反馈。

由于构建激光谐振腔的窄带光纤光栅与光环行器组成的光纤环实际上构成了一个外部的谐振腔。谐振腔的品质因素作为一个性能指标，对频率噪声的抑制有着重要的影响。

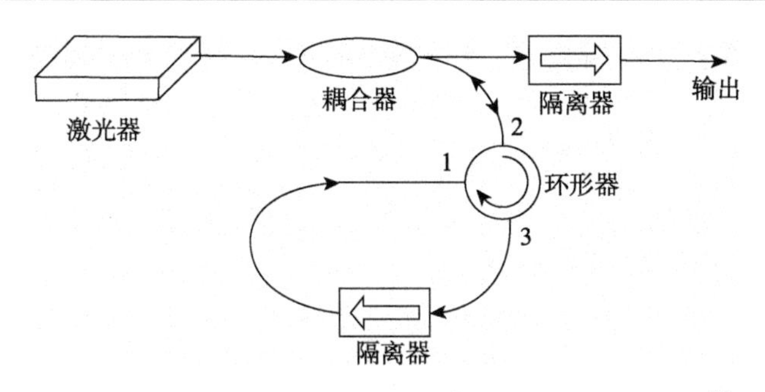

图 4.2.14　前向自注入锁定光纤激光器的实验装置图[5]

对谐振腔而言，可以设 a_{total} 为谐振腔的单程总损耗，光强 I_0 在谐振腔中传播距离 z 后会减弱为[37]

$$I = I_0 \exp(-a_{\text{total}} z) = I_0 \exp\left(-\frac{a_{\text{total}} c}{n} t\right) \tag{4.2.30}$$

其中，n 为介质折射率，c 为真空中光速，t 为光在腔中传播距离 z 所需的时间，用 $N(t)$ 表示在 t 时刻腔中的光子数密度，由于 $I(t) = N(t) h\nu_0 \dfrac{c}{n}$，则（4.2.30）可以改写成光子数密度形式，即

$$N(t) = N_0 \exp\left(-\frac{a_{\text{total}} c}{n} t\right) = N_0 \exp\left(-\frac{t}{\tau_c}\right) \tag{4.2.31}$$

其中，$\tau_c = \dfrac{n}{a_{\text{total}} c}$ 为腔中的光子平均寿命，且表明腔中的光子数密度随时间按指数减少，设谐振腔体积为 V，腔内储存的能量为

$$W = N(t) V h\nu_0 \tag{4.2.32}$$

而每个周期的损耗的能量为

$$P = \frac{W}{\tau_c \nu_0} = N(t) V h \frac{a_{\text{total}} c}{n} \tag{4.2.33}$$

由品质因素的定义可以得到：

$$Q = 2\pi \frac{W}{P} = \frac{2\pi}{\lambda a_{\text{total}}} \tag{4.2.34}$$

而对于光纤环所构成的谐振腔，其品质因数的表达式可写为

$$Q = 2\pi \nu \frac{L}{\delta c} \tag{4.2.35}$$

其中，ν 为激光频率，L 为光程，δ 为单程损耗因子，c 为真空中光速。而在一定程度上，获得的品质因素（即 Q 值）越高，输出激光的频率噪声则越低。

2015 年，华南理工大学 Li 等采用光学反馈与 SOA 结合的技术方案，对光纤激光的频率噪声获得了有效抑制，其实验装置如图 4.2.15 所示[38]。其中在光环形器（OC1）构成的光纤环中加入一个 SOA，并同时接入另一个光环形器（OC2）的 1 端口，OC2 的 2 端口则与一个宽带布拉格光纤光栅（WB-FBG）连接以滤除 SOA 产生的 ASE，其 3 端口则与 OC1 的 1 端口连接构成光纤环。其中，自光学反馈系统的外腔长度为 38.5 m，即对应 Q 值为 2.9×10^8。

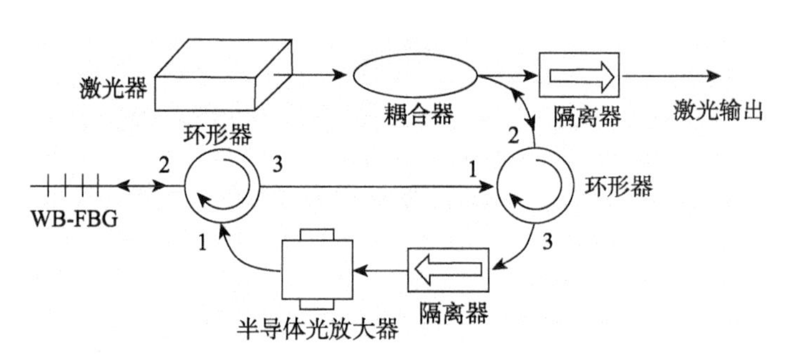

图 4.2.15 光学反馈与 SOA 结合的光纤激光频率噪声抑制实验装置图[38]

图 4.2.16 所示为单频光纤激光器在自由运转、光学反馈以及结合 SOA 光学反馈状态下的频率噪声谱[38]。从图中可看出，激光器在光学反馈开启后的频率噪声在 500 Hz 以上被有效抑制，且最大抑制幅度为 15 dB。当加入 SOA 时，激光频率噪声被继续抑制了 10 dB。这主要是由于 SOA 的引入补偿了反馈激光信号的传输损耗，此时外部谐振腔的 Q 值被增大，因而使得噪声抑制程度增加。因此，通过将 SOA 与光学反馈系统相结合，对激光频率噪声实现了 25 dB 的抑制。在 20 kHz 以上，激光频率噪声谱开始逐渐接近−7 dB re Hz/Hz$^{1/2}$ 的噪声基底，即整个激光器系统的极限噪声。

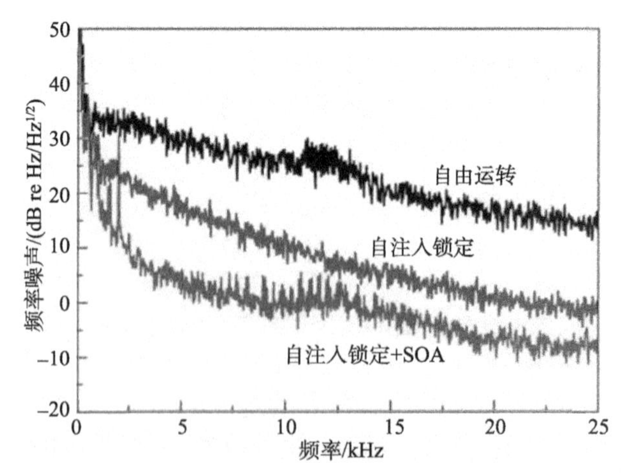

图 4.2.16 单频光纤激光器在自由运转、光学反馈以及结合 SOA 光学反馈状态下的频率噪声谱[38]

光学反馈作为一种简易的频率噪声抑制技术，可以对中高频段的频率噪声进行有效的抑制，然而受环境扰动以及光学反馈机制的影响，难以对低频段的频率噪声产生作用，因而在应用方面受到了一定的局限性。

3. 基于光学微腔抑制频率噪声

近年来，光学微腔作为一种高 Q 值小型化的器件吸引了众多研究者的注意，与此同时发展起来的还有基于光学微腔的频率噪声抑制技术。图 4.2.17 给出了基于光学微腔的频率噪声抑制实验装置的典型图[39]。单频激光器从锥形光纤的一端将输出激光耦合进入光学微腔，经光学微腔处理过后的激光再从锥形光纤的另一端耦合输出，凭借着光学微腔的高 Q 值特征从而实现频率噪声的抑制。

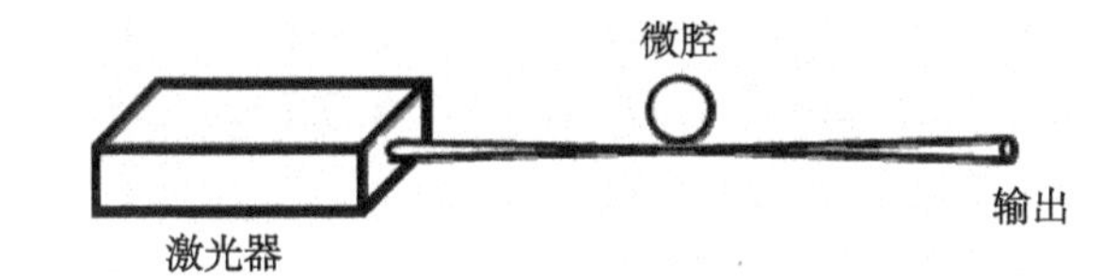

图 4.2.17　基于光学微腔的频率噪声抑制实验装置典型图[3]

在通常情况下，光学微腔的损耗主要来自以下部分：①微腔曲面引起的辐射损耗；②微腔表面粗糙度引起的散射损耗；③材料本身损耗等，因此光学微腔的总 Q 值可以写为[40,41]

$$Q^{-1} = Q_{\mathrm{rad}}^{-1} + Q_{\mathrm{surf}}^{-1} + Q_{\mathrm{mat}}^{-1} \tag{4.2.36}$$

微腔的辐射损耗来源于光子在腔体的曲面上发生的非 100%全反射。对于较小尺寸的腔体，可以通过 WKB（Wentzel-Kramers-Brillouin）近似公式计算其辐射 Q 值[42]：

$$Q_{\mathrm{rad}} \approx x \cdot \mathrm{e}^{2(l+1/2)g(x/(l+1/2))} \tag{4.2.37}$$

其中，$g(u) = -\sqrt{1-u^2} + \operatorname{arccos}h(1/u)$，$x$ 为尺寸参数，l 为角向量子数。计算表明，微球腔的辐射 Q 值随尺寸增大而呈指数式的增大。

微腔中的光束在入射和出射时，微腔表面的粗糙颗粒会引起瑞利散射，从而导致功率损耗。其引入的 Q 值可以写为[40]

$$Q_{\mathrm{surf}} = \frac{\lambda^2 D}{2\pi^2 \sigma^2 B} \tag{4.2.38}$$

其中，D 为微腔直径，σ、B 分别为微腔表面不均匀的均方根尺寸和关联长度。

用于制作微腔的材料本身也存在一定的损耗，其引起的 Q 值为

$$Q_{\mathrm{mat}} = 2\pi v_0 \tau_{\mathrm{mat}} = \frac{2\pi n}{\lambda} \frac{4.3}{\alpha} \tag{4.2.39}$$

式中，α 为损耗系数，n 为材料的折射率。

需要说明一下的是，上述讨论的光学微腔 Q 值与实验中的 Q 值存在一定的差别，这主要是因为微腔的 Q 值容易随时间变化，同时实验中还存在耦合损耗问题。

2015 年，美国 OEwaves 公司的 Liang 等借助于一个 Q 值约为 10^9 的 MgF_2 材质微腔，作用在 1550 nm 的 DFB 半导体激光器上，获得的频率噪声在 10 Hz 处为 20 $Hz/Hz^{1/2}$，在 1 kHz 处为 1 $Hz/Hz^{1/2}$[39]。2016 年，意大利国家计量研究院的 Siciliani 等利用一个 Q 值大于 10^7 的中红外回音壁模微腔，对 4.7 μm 量子级联激光器在 1 Hz~100 kHz 大范围内实现了频率噪声抑制，其中在 1 Hz 处的频率噪声由 10^{10} Hz^2/Hz 降至 10^6 Hz^2/Hz，在 1 kHz 处的频率噪声由 5×10^6 Hz^2/Hz 降至 7×10^4 Hz^2/Hz[43]。

基于光学微腔的频率噪声抑制方案，其优势在于结构小巧、带宽较大，同时，得益于光学微腔的高 Q 值，其噪声抑制结果突出。不过，其不足之处在于，光学微腔的稳定性仍有待提高，对温度和振动等环境因素敏感，难以实现实验室外的具体实用研究。

参 考 文 献

[1] Cranch G A, Englund M A, Kirkendall C K. Intensity noise characteristics of erbium-doped distributed-feedback fiber lasers[J]. IEEE J. Quantum Elect., 2003, 39(12): 1579~1587.

[2] Rønnekleiv E. Frequency and intensity noise of single frequency fiber bragg grating Lasers[J]. Opt. Fiber Technol., 2001, 7(3): 206~235.

[3] 周炳昆，高以智，陈家骅. 激光原理[M]. 北京：国防工业出版社, 2004.

[4] 张飞. 掺铒光纤激光器强度噪声的研究[D]. 合肥：安徽大学, 2011.

[5] 李灿. 磷酸盐单频光纤激光器噪声机理及其抑制技术研究[D]. 广州：华南理工大学, 2015.

[6] Foster S, Cranch G A, Tikhomirov A. Experimental evidence for the thermal origin of 1/f frequency noise in erbium-doped fiber lasers[J]. Phys. Rev. A, 2009, 79(5): 053802.

[7] Bjurshagen S, Koch R. Modeling of energy-transfer upconversion and thermal effects in end-pumped quasi-three-level lasers[J]. Appl Opt., 2004, 43(24): 4753~4767.

[8] Kelson I, Hardy A. Optimization of strongly pumped fiber lasers[J]. J Lightwave Technol., 1999, 17(5): 891.

[9] Liu T, Yang Z M, Xu S H. 3-Dimensional heat analysis in short-length Er^{3+}/Yb^{3+} co-doped phosphate fiber laser with upconversion[J]. Opt. Express., 2009, 17(1): 235~247.

[10] Li C, Xu S, Yang C, et al. Frequency noise of high-gain phosphate fiber single-frequency laser[J]. Laser Phys., 2013, 23(4): 045107.

[11] Foster S B, Tikhomirov A E. Pump-noise contribution to frequency noise and linewidth of distributed-feedback fiber lasers[J]. IEEE J. Quantum Elect., 2010, 46(5): 734~741.

[12] Hwang B C, Jiang S, Luo T, et al. Cooperative upconversion and energy transfer of new high Er^{3+}-and Yb^{3+}–Er^{3+}-doped phosphate glasses[J]. JOSA B, 2000, 17(5): 833~839.

[13] Jacinto C, Catunda T, Jaque D, et al. Fluorescence quantum efficiency and Auger upconversion losses of the stoichiometric laser crystal $NdAl_3(BO3)_4$[J]. Phys. Rev. B., 2005, 72(23): 235111.

[14] Taccheo S, Laporta P, Svelto O, et al. Theoretical and experimental analysis of intensity noise in

a codoped erbium–ytterbium glass laser[J]. Appl. Phys. B: Lasers and Optics, 1998, 66(1): 19~26.

[15] Yue W J, Wang Y X, Xiong C D, et al. Intensity noise of erbium-doped fiber laser based on full quantum theory[J]. JOSA B, 2013, 30(2): 275~281.

[16] 肖瑜. 高稳定性单频光纤激光器研究[D]. 广州: 华南理工大学, 2015.

[17] Xiao Y, Li C, Xu S H, et al. Simultaneously suppressing low-frequency and relaxation oscillation intensity noise in a DBR single-frequency phosphate fiber laser[J]. Chin. Phys. Lett., 2015, 32(6): 064205.

[18] Taccheo S, De Geronimo G, Laporta P, et al. Intensity noise reduction in a single-frequency ytterbium-codoped erbium laser[J]. Opt. Lett., 1996, 21(21): 1747~1749.

[19] 张飞, 朱军, 汪辉, 等. 光电反馈抑制掺铒光纤激光器的低频强度噪声[J]. 量子电子学报, 2012, 3: 010.

[20] Feng Z, Li C, Xu S, et al. Suppression of the low frequency intensity noise of a single-frequency Yb^{3+}-doped phosphate fiber laser at 1083 nm[J]. Laser Phys., 2014, 24(6): 065106.

[21] Collett M J, Gardiner C W. Squeezing of intracavity and traveling-wave light fields produced in parametric amplification[J]. Phys. Rev. A, 1984, 30(3): 1386.

[22] 郃朝阳, 侯飞雁, 王盟盟, 等. 光纤激光经过模清洁器后的强度噪声分析[J]. 物理学报, 2014, 63(19): 194203~194203.

[23] 陈艳丽, 张靖, 李永民, 等. 利用模清洁器降低单频 Nd: YVO_4 激光器的强度噪声[J]. 中国激光, 2001, (03):197~200.

[24] Willke B, Uehara N, Gustafson E K, et al. Spatial and temporal filtering of a 10-W Nd:YAG laser with a Fabry--Perot ring-cavity premode cleaner[J]. Opt. Lett., 1998, 23(21):1704~1706.

[25] Ralph T C, Huntington E H, Harb C C, et al. Understanding and controlling laser intensity noise[J]. Opt. Quantum Electron., 1999, 31(5): 583~598.

[26] Jin X, Chuang S L. Relative intensity noise characteristics of injection-locked semiconductor lasers[J]. Appl. Phys. Lett., 2000, 77(9): 1250~1252.

[27] Wei R M H, Liang X, Wei C, et al. Intensity Noise Suppression of an FP Laser by External Injection Locking[J]. J. of Semiconductors, 2008, 11: 023.

[28] Zhao M, Morthier G, Baets R. Analysis and optimization of intensity noise reduction in spectrum-sliced WDM systems using a saturated semiconductor optical amplifier[J]. IEEE Photonic. Tech. L., 2002, 14(3): 390~392.

[29] McCoy A D, Fu L B, Ibsen M, et al. Intensity noise suppression in fibre DFB laser using gain saturated SOA[J]. Electron. Lett., 2004, 40(2): 107~109.

[30] Danion G, Bondu F, Alouini M. GHz bandwidth noise eater hybrid optical amplifier: design guidelines[J]. Opt. Lett., 2014, 39(14): 4239~4242.

[31] Zhao Q, Xu S, Zhou K, et al. Broad-bandwidth near-shot-noise-limited intensity noise suppression of a single-frequency fiber laser[J]. Opt. Lett., 2016, 41(7): 1333~1335.

[32] 靖亮, 刘杰, 高静, 等. 基于光纤麦克尔逊干涉仪的激光稳频研究[J]. 时间频率学报, 2013(4): 193-198.

[33] Sheard B S, Gray M B, McClelland D E, et al. Laser frequency stabilization by locking to a LISA arm[J]. Phys. Lett. A, 2003, 320(1): 9~21.

[34] Cranch G A. Frequency noise reduction in erbium-doped fiber distributed-feedback lasers by electronic feedback[J]. Opt. Lett., 2002, 27(13): 1114~1116.

[35] Kéfélian F, Jiang H, Lemonde P, et al. Ultralow-frequency-noise stabilization of a laser by locking to an optical fiber-delay line[J]. Opt. Lett., 2009, 34(7): 914~916.

[36] Dong J, Hu Y, Huang J, et al. Subhertz linewidth laser by locking to a fiber delay line[J]. Appl. Opt., 2015, 54(5): 1152~1156.

[37] 陈家璧, 彭润玲. 激光原理及应用[M]. 北京: 电子工业出版社, 2004.

[38] Li C, Xu S, Huang X, et al. All-optical frequency and intensity noise suppression of single-frequency fiber laser[J]. Opt. Lett., 2015, 40(9): 1964~1967.

[39] Liang W, Ilchenko V S, Eliyahu D, et al. Ultralow noise miniature external cavity semiconductor laser[J]. Nat. Commun., 2015.

[40] Gorodetsky M L, Savchenkov A A, Ilchenko V S. Ultimate Q of optical microsphere resonators[J]. Opt. Lett., 1996, 21(7): 453~455.

[41] Braginsky V B, Gorodetsky M L, Ilchenko V S. Quality-factor and nonlinear properties of optical whispering-gallery modes[J]. Phys. Lett. A, 1989, 137(7): 393~397.

[42] Treussart F. Etude expérimentale de l'effet laser dans des microsphères de silice dopées avec des ions neodyme[D]. Paris: Université Pierre et Marie Curie-Paris VI, 1997.

[43] Siciliani de Cumis M, Borri S, Insero G, et al. Microcavity-Stabilized Quantum Cascade Laser[J]. Laser Photonics Rev, 2016, 10(1): 153~157.

第5章　单频光纤激光线宽控制与稳频技术

短腔 DBR 单频光纤激光器的线宽一般在千赫兹量级。在某些应用中要求激光具有更窄的线宽，如超精细光谱分辨中需要激光线宽达到赫兹量级。而在激光放大过程中，为了避免发生受激布里渊散射（Stimulated Brillouin Scattering, SBS），可以对激光的线宽进行一定的展宽以提高 SBS 的阈值。因此，需要根据实际应用情况对单频光纤激光器的线宽进行控制。

单频光纤激光的窄线宽特性意味着其具有良好的单色性和相干性，因此，在相干光通信、精密光谱学、精密测量学等领域中得到了广泛的应用。自由运转条件下的单频光纤激光器的输出激光频率存在波动，直接影响其进一步应用。例如，在精密测量中，利用光干涉原理，以激光波长为尺度测量长度、位移等物理量，激光频率的波动会给测量带来误差。这就要求对单频光纤激光的频率稳定，即稳频技术进行深入研究。

本章将介绍单频光纤激光的线宽控制技术和稳频技术。

5.1　单频光纤激光的线宽控制

在相干光通信、光晶格钟、高分辨率激光光谱仪、基础物理量的测量、量子保密通信等超高精尖端领域，期望以更窄线宽的激光作为光源。例如，时间精密测量中，可以利用稀土离子，如 Yb^{3+}，基于其 $^1S_0\leftrightarrow{}^3P_2$ 能级跃迁设计光晶格钟实现精确度为 10^{-18} s 的时间测量。而光晶格钟中需要以线宽极窄的激光源作为泵浦源，将稀土离子从基态激发到高能级。激光源的线宽对于整个系统时间测量的精确性起着决定性的作用[1]。

而在高功率激光放大中，则希望对激光线宽进行一定的展宽。光纤激光器凭借转换效率高、光束质量好、热管理方便等优点，成为了高能激光的研究热点。然而，光纤中的受激布里渊散射限制了光纤激光器功率的进一步提高。SBS 的阈值与信号光的线宽相关[2]，可以通过展宽激光线宽来提高 SBS 阈值，以实现更高功率的激光输出。

本节主要针对短腔 DBR 单频光纤激光器，介绍其线宽压窄、展宽的控制机理和方法。

5.1.1 线宽压窄技术

1. 基于慢光效应的线宽压窄技术

对于单频光纤激光器，其极限线宽可以由肖洛–汤斯（Schawlown-Townes）极限给出[3]：

$$\Delta\nu_{\mathrm{ST}} = \frac{N_2}{N_2 - N_1}\frac{2\pi h{\nu_0}^4}{Q^2 P} \tag{5.1.1}$$

式中，$\Delta\nu_{\mathrm{ST}}$ 为激光线宽，N_1 表示处于低能级的粒子数，N_2 表示处于高能级的粒子数，h 为普朗克常量，Q 表示谐振腔的品质因子，P 表示腔内功率。其中，谐振腔的品质因子 Q 又可以表示为[4]

$$Q = 2\pi\nu\tau_c \tag{5.1.2}$$

其中，ν 为激光频率，τ_c 为腔内光子寿命。当腔内光子寿命增加时，表明腔内光子密度提升，腔内激光功率变得更高，相应地就抑制了自发辐射引起的相位扰动对激光模式的影响，从而压窄输出激光的线宽。增加腔长，或者提高腔镜的反射率都是提升腔内光子寿命的可行方法。对短腔 DBR 光纤激光器，增加腔长的方法显然不适用，而单纯提高谐振腔腔镜的反射率则会导致激光输出功率的降低。

慢光效应是指光在介质中以非常低的群速度传播的现象。实现慢光效应的方法有很多，它们大多是基于在极窄的带宽内产生非常大的色散，利用高非线性材料中的非线性效应可以产生慢光。除此之外，通过波导设计，也可以产生慢光，如光子晶体、耦合谐振光波导，以及其他微型谐振腔结构等。

在激光谐振腔内，可以利用光纤光栅法布里–珀罗滤波器（FBG-FP）实现慢光效应。FBG-FP 滤波器除了具有选模作用外，对腔内光场也具有相当长的时延。在短直腔结构的光纤激光器中加入 FBG-FP 滤波器，利用其较长的时延特性，可以达到延长腔内光子寿命的目的。

基于慢光效应的短腔 DBR 光纤激光器的结构如图 5.1.1 所示。同一般短腔 DBR 结构的光纤激光器类似，该光纤激光器包含前后腔镜及增益磷酸盐光纤。后腔镜采用宽带高反射光纤光栅（WB-FBG）。前腔镜则用 FBG-FP 滤波器代替，滤波器由一对高反射光纤光栅构成（HR-FBG 1，HR-FBG 2）。利用光在滤波器两个高反光纤光栅间的多次反射，延长光在滤波器中走过的有效光程，从而增加腔内光子寿命。

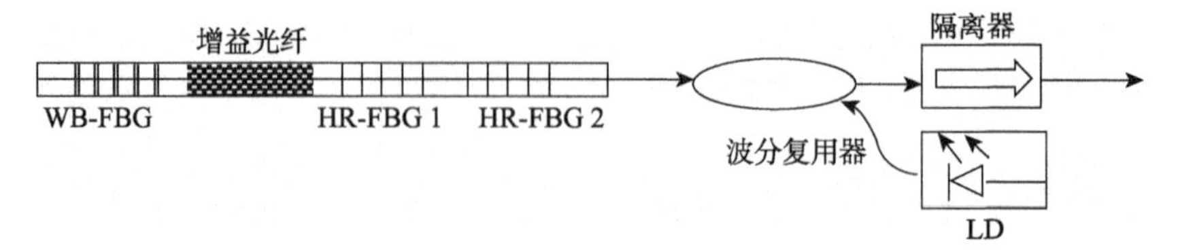

图 5.1.1 基于慢光效应的光纤激光器的实验原理图

相比于电致透明效应等慢光效应，FBG-FP 滤波器对光速的控制能力有限，但是，对于光纤激光器而言，FBG-FP 滤波器的全光纤结构插入损耗低，不会对激光的横模造成影响，是理想的光速控制器件。

如图 5.1.2，通过该 ASE 光谱图可以看到 FBG-FP 滤波器的透射谱有多个通带。通过温度控制，可以使其中一个靠近边缘的通带与高反射光纤光栅的反射峰重合。当注入泵浦光达到激光阈值后，会在该通带范围内出射激光。该慢光单频光纤激光器输出激光信号的线宽可达到 780 Hz，由延迟自外差法测得的线宽结果见图 5.1.3。

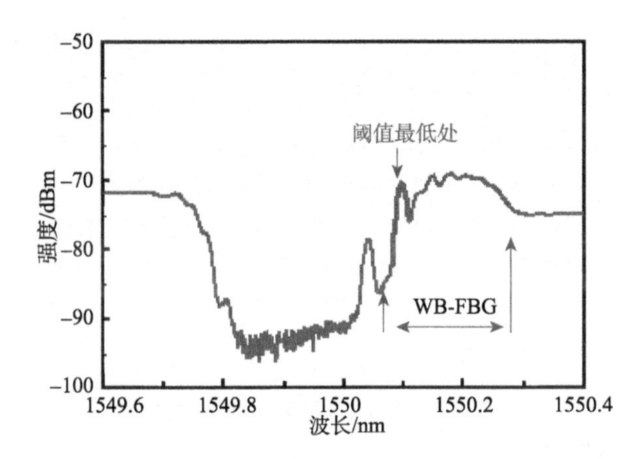

图 5.1.2　泵浦功率在激光阈值以下时测得的光谱图（后附彩图）

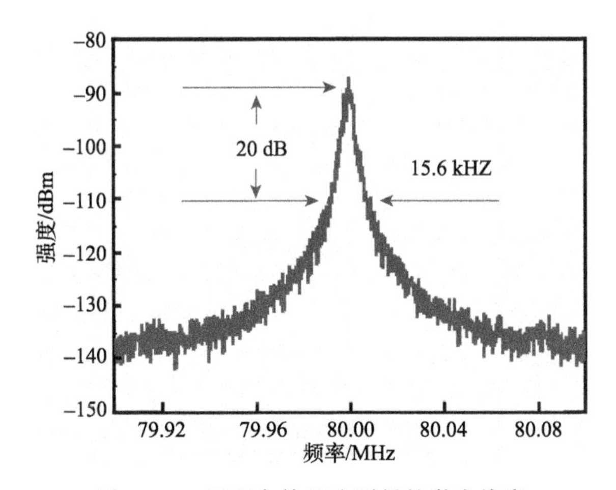

图 5.1.3　延迟自外差法测得的激光线宽

2. 虚拟折叠腔线宽压窄技术

法布里–珀罗腔中存在的空间烧孔效应会引起激光线宽的展宽。激光谐振腔内相向传播的光场互相叠加，会形成空间驻波干涉，驻波场的周期为对应激光波长的1/2。由于激光介质的增益饱和特性，增益介质提供的增益在驻波波腹处和波节处不一致。对某一波长的驻波，波腹处光强最大，增益处于饱和状态；而波节处光强为零，反转粒子数没有被消耗。不同波长的激光信号对应周期不同的驻波场，利用激光介质中不同位置处的增益。空间烧孔效应除了引入噪声，造成激光线宽的展宽外，还可能导致多个波长的激光起振，破坏激光器的单纵模运转。

空间烧孔效应产生的根本原因是谐振腔内相向传播的光场的相互叠加。控制谐振腔内光场的传播方向是消除空间烧孔效应的有效方法之一。利用这种方法的典型结构是环形腔光纤激光器。通过在腔内加入隔离器，使得光场在环形腔内沿同一个方向传播，这样的行波腔中不会产生驻波场，从根本上消除空间烧孔效应。但是这种方法不适用于结构紧凑的 DBR 或 DFB 线形短腔光纤激光器。

在线形短腔中，可以通过控制相向传播的光波的偏振态，使谐振腔内的光场均匀分布，从而消除由驻波场带来的增益利用不均。这种被称为扭转模技术的方法，最早由 Evtuhov 提出并应用在红宝石固体激光器中[5]。

图 5.1.4 为扭转模结构的原理图。谐振腔由两面腔镜、红宝石增益介质以及两个光轴互相垂直的 $\lambda/4$ 波片组成。可以认为，谐振腔内信号光的偏振模式同时包含左旋和右旋圆偏振光。向右传播的右旋圆偏振光在两次经过 $\lambda/4$ 波片和镜片的反射后，变为向左传播的右旋圆偏振光。类似的，向左传播的右旋圆偏振光反射后变为向右传播的右旋圆偏振光，对于左旋圆偏振光有同样的过程。腔内传播方向相反，但偏振态正交的光场叠加形成空间光强分布均匀的光场，因此，扭转模技术可以使腔内光场的强度与其空间位置无关，从而消除由空间烧孔效应造成的多模振荡。

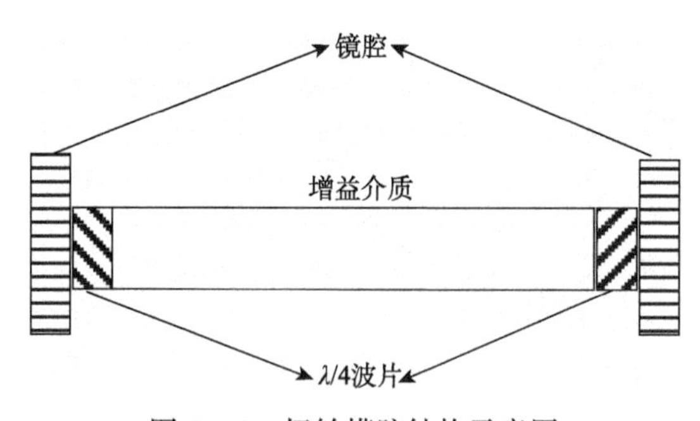

图 5.1.4　扭转模腔结构示意图

图 5.1.5 为光纤中扭转模结构的示意图，包括保偏窄带光纤光栅对（PM-FBG 1, PM-FBG 2）、$\lambda/4$ 波片（由保偏光纤代替）、增益光纤和宽带高反射率光纤光栅（WB-FBG）。并以高浓度铒镱共掺磷酸盐光纤作为增益介质。我们把这种结构称为虚拟折叠腔。

保偏光纤光栅对作为前腔镜进行选模并输出信号光，它由一对反射谱宽度和反射率相同保偏窄带光纤光栅组成，PM-FBG 1 的慢轴中心波长等于 PM-FBG 2 的快轴中心波长，两个保偏光栅以慢轴对准，使得光栅对能够反射两个相互正交的线偏振态光场；用一段保偏光纤与 PM-FBG2 以慢轴夹 45°角进行熔接，起到 $\lambda/4$ 波片的作用；保偏光纤的另一端熔接增益光纤；增益光纤的后端与作为后腔镜的 WB-FBG 熔接。

图 5.1.5 描述了虚拟折叠腔内光场偏振态演化的情况。对于腔内产生向右传播的右旋圆偏振光，WB-FBG 的作用类似于半波片，经过 WB-FBG 反射后，右行右旋圆偏振光变为左行左旋圆偏振光。左行左旋圆偏振光经过 $\lambda/4$ 波片后变为线偏振光，在保偏光纤光栅对上反射后再次通过 $\lambda/4$ 波片，变为右行左旋圆偏振光。右行左旋圆偏振光在腔内再次经历上述过程后又变为右行右旋圆偏振光，完成一次腔内振荡。对于左旋圆偏振光同理。

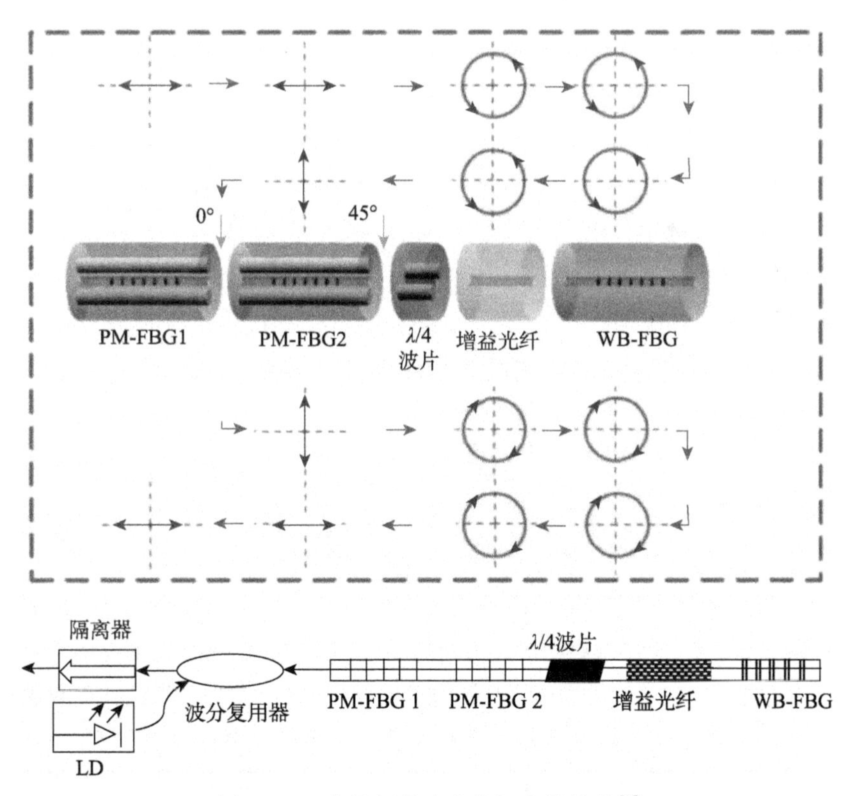

图 5.1.5　虚拟折叠腔中偏振态的演化[6]

谐振腔内同时存在着传播方向相反且偏振态相互正交的圆偏振光，叠加后的光场满足腔内能量分布均匀化的要求，可以消除由驻波形成的空间烧孔效应。另外，一次完整的振荡过程中，信号光在腔内往返两次，使得谐振腔的有效腔长是其物理腔长的两倍。这导致了腔内光子寿命的延长，同时，避免了由空间烧孔效应引入的技术噪声，使得激光信号的线宽得到了压窄，功率与频率稳定性也得到了改善。采用虚拟折叠腔结构可以将单频光纤激光器的线宽压窄到约 820 kHz。

3. 基于光纤散射效应的线宽压窄技术

激光在光纤的散射包括瑞利散射、布里渊散射和拉曼散射。通过光纤的瑞利散射和布里渊散射可以获得线宽小于 1 kHz 的激光。光纤的不均匀以及光纤中局部的热扰动都会引起瑞利散射，经过瑞利散射后的激光的中心频率不会发生变化，是一种弹性散射；而光纤中的布里渊散射与声子对光纤折射率的调制有关，经过布里渊散射后的激光会发生频移，是一种非弹性散射。图 5.1.6 为瑞利散射光纤激光器的原理图，利用一捆由光环形器接入的高非线性光纤为受激瑞利散射提供增益，受激瑞利散射激光进入环形腔内并振荡增强，最后激光从耦合器输出。

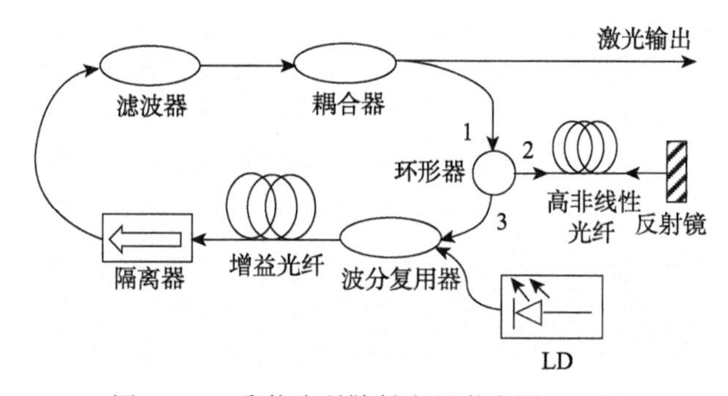

图 5.1.6　受激瑞利散射光纤激光器原理图

光纤中的瑞利散射增益带宽比相同体积的硅要小三个数量级[7]，这表明可以利用光纤的瑞利散射以及其窄增益带宽的特点来获得窄线宽的激光输出。2013 年，Zhu 等使用 110m 长的单模光纤作为受激瑞利散射的增益介质，并通过将单模光纤拉锥的方法抑制受激布里渊散射，最终获得了线宽为 200 Hz 激光输出[8]。

布里渊激光器方面，文献[9]报道了世界上第一个布里渊光纤激光器，该激光器输出功率为 20 mW，激光线宽为 20 MHz。1994 年，Boschung 等通过将一阶和二阶斯托克斯光拍频的方式测量布里渊激光器的线宽，这种方法测得的布里渊激光器线宽为 3 Hz，相比于原信号光实现了 5 个数量级的线宽压窄[10]。2015 年，Chen 等使用 45 cm 的商用光纤作为布里渊增益光纤，解决了布里渊激光器由于增益光纤比较长而出现的跳模问题，获得了线宽为 40 Hz 的布里渊激光[11]。

4. 基于自注入锁定的线宽压窄技术

本小节中我们将简要介绍单频光纤激光器中基于自注入锁定的线宽压窄技术。

自注入锁定情况下的单频光纤激光器二能级粒子速率方程如下[12]：

$$
\begin{aligned}
\frac{\mathrm{d}n}{\mathrm{d}t} &= \frac{\Gamma_{\mathrm{p}}}{h\nu_p A}[\sigma_{\mathrm{ap}}N-(\sigma_{\mathrm{ap}}+\sigma_{\mathrm{ep}})n]P_{\mathrm{p}}-\frac{n}{\tau'}+\frac{\Gamma_{\mathrm{s}}}{h\nu_{\mathrm{s}}A}[\sigma_{\mathrm{a}}N-(\sigma_{\mathrm{a}}+\sigma_{\mathrm{e}})n]P \\
\frac{\mathrm{d}P}{\mathrm{d}t} &= \frac{\mathrm{d}P_{\mathrm{OSC}}}{\mathrm{d}t}+\frac{\mathrm{d}P_{\mathrm{INJ}}}{\mathrm{d}t} \\
&= \Gamma_{\mathrm{s}}\nu_{\mathrm{g}}[(\sigma_{\mathrm{a}}+\sigma_{\mathrm{e}})n-\sigma_{\mathrm{a}}N]-\nu_{\mathrm{g}}(\alpha'+\alpha_{\mathrm{P}})P+R_s+2\kappa Pf\cos(\varphi_0+\delta\varphi)
\end{aligned}
\tag{5.1.3}
$$

式中，n 为上能级粒子数，N 为掺杂稀土离子数；P, P_{P} 分别为信号光功率和泵浦光功率；假设 Γ_{p}, Γ_{s} 重叠因子为 1，ν_{p}, ν_{s} 分别为泵浦光频率和信号光频率，τ' 为上能级粒子寿命；A 为增益光纤的模场面积；σ_{ap}, σ_{a} 分别为掺杂稀土离子对应泵浦光波长和信号光波长的吸收截面；σ_{ep}, σ_{e} 分别为掺杂稀土离子对应泵浦光波长和信号光波长的发射截面；ν_{g} 为信号光的群速度；α' 为衰减系数；α_{P} 为激光腔内增益，R_s 为自发辐射项。

根据文献[12]中的推导，由该方程，可以推出自注入锁定后线宽 δf 与自由运转时线宽 δf_0 的关系：

$$
\begin{aligned}
\delta f &= \frac{\delta f_0}{[1+\kappa\tau_e\sqrt{1+\alpha^2}\cos(w\tau_e+\arctan\alpha)]^2} \\
w\tau_e - w_0\tau_e &= -\kappa\tau_e(\sin(w\tau_e)+\alpha\cos(w\tau_e))
\end{aligned}
\tag{5.1.4}
$$

式中，α为随折射率的变化而变化的线宽展宽因子，w, w_0 分别为自注入锁定情况下和自由运转时所对应的激光频率，τ_e 为自注入结构中的外腔光子寿命。κ为表征外部反馈部分的参数，它包含一个修正参数β以更好地拟合光纤激光器中线宽压窄的过程：

$$
\kappa=\frac{\beta}{\tau_{\mathrm{s}}}\frac{1-R_l}{\sqrt{R_l}}\sqrt{R_e}
\tag{5.1.5}
$$

R_l, R_e 分别表示端面反射率和反馈回路反射率。由式（5.1.4）可以看出，自注入锁定激光器的线宽和外腔的延时时间 τ_e 有关，在一定条件下 τ_e 越大，自注入锁定后的激光线宽越窄，因此可以采用自注入锁定的方法来实现激光线宽的压缩。

光纤激光器自注入锁定装置原理图见图 5.1.7，在环形器的 3 端口熔接了一个分光比为 10：90 的耦合器，10%的激光通过环形器的 1 端口重新注入回腔内，同时通过 1 端口处的光纤延迟线来增加外腔光子寿命。

图 5.1.8 展示了激光器自由运转以及外腔总物理长度为 36 m, 101 m 时的激光线宽。通过改变光纤延迟线的长度，可以看出输出激光的线宽与外腔光子寿命呈反相关。自由运转状态下的激光器线宽为 1.5 kHz，外腔长度为 36 m 时线宽为 570 Hz，当外腔长度达到 101 m 时，测得激光线宽为 200 Hz，相比原激光器分别实现了 4.2 dB 和 8.7 dB 的线宽压缩。

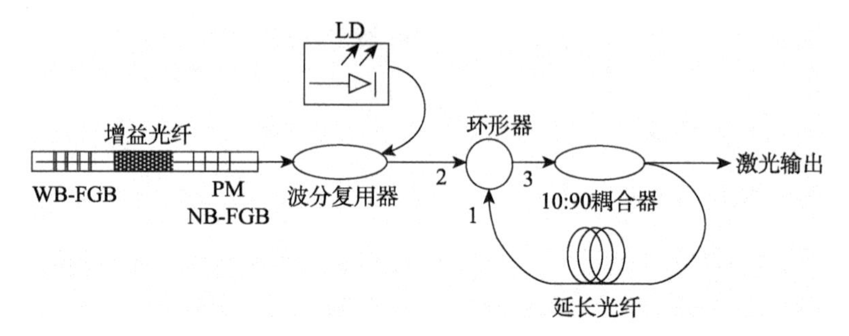

图 5.1.7　单频光纤激光器自注入锁定压窄线宽装置原理图

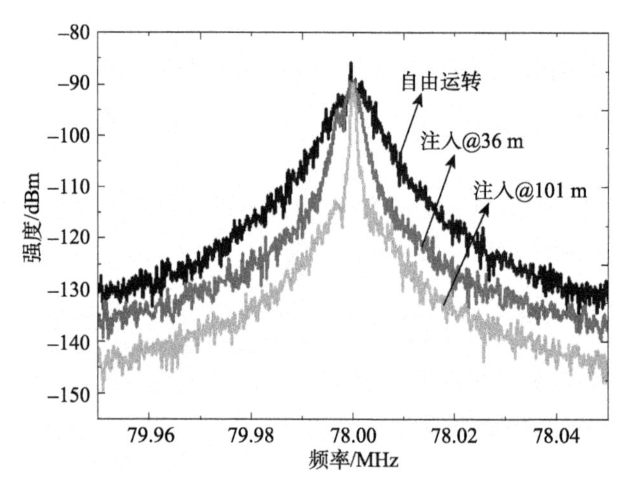

图 5.1.8　不同自注入延迟线长度下的激光线宽[13]

5.1.2　线宽展宽技术

对单频光纤激光器的输出激光进行频率调制可以使其线宽发生展宽。设激光光频率 f_0，在频率为 f_m 的调制信号的作用下的频率偏移量为 $\Delta\nu$，则经过频率调制后的激光光场为

$$E(t)=E_0\exp\left\{\mathrm{i}\left\{2\pi f_0 t-\left[\frac{\Delta\nu}{f_m}\cos\left(2\pi f_m t+\phi_0\right)\right]+\phi_t\right\}\right\} \tag{5.1.6}$$

该调频激光经过延迟自外差法线宽测试系统（详见第 2 章）后，在光电探测器上测得拍频信号可以表达为

$$\begin{aligned}I(t)=&I_1+I_2+2I_1I_2\left\{\mathrm{J}_0(C)+2\sum_{n=1}^{\infty}\mathrm{J}_{2n}(C)\cos\left[2\pi 2nf_m\left(t+\frac{\tau}{2}\right)+2n\phi_0\right]\right\}\cos\left[\psi(t)\right]\\&-2I_1I_2\left\{2\sum_{n=1}^{\infty}\mathrm{J}_{2n-1}(C)\sin\left[2\pi(2n-1)f_m\left(t+\frac{\tau}{2}\right)+(2n-1)\phi_0\right]\right\}\sin\left[\psi(t)\right]\end{aligned} \tag{5.1.7}$$

式中，ΔL 为测试系统的延时光纤长度，τ 为对应的延时时间。f_c 为延迟自外差系统中的声光调制器的频移。I_1, I_2 分别表示马赫–曾德尔干涉仪两臂的光强。$J_n(C)$为第一类 n 阶贝塞尔函数。C 为相位调制深度：

$$C = 2\frac{\Delta\nu}{f_m}\sin\left(\pi f_m \frac{n\Delta L}{c}\right) \tag{5.1.8}$$

最后，从频谱仪上测得的激光功率密度谱 $S(f)$为

$$S(f) = \sum_{q=-\infty}^{\infty} J_q(C)\delta(f - qf_m) * S_0(f) \tag{5.1.9}$$

$S_0(f)$为激光器频率调制前的功率密度谱。从式（5.1.8）可以看出，激光经过频率调制后的功率密度谱 $S(f)$为 $S_0(f)$和 δ 函数的卷积。其物理意义是把原功率密度谱 $S_0(f)$扩展到到调制频率 f_m 及其谐波频率处，并且各个载波信号的强度与 $J_q(C)$有关，对于第 q 阶信号，C 越大，其强度也越大。根据式（5.1.8）所述，当 $f_m = (m+\frac{1}{2})\frac{c}{n\Delta L}$ (m=0,1,2,⋯)时，相位调制深度 C 取最大值，$S(f)$也能取周期性的最大值；当 $f_m = m\frac{c}{n\Delta L}$ (m=0,1,2,⋯)时，$C = 0$，$S(f) = S_0(f)$，频率调制将不会对激光线宽产生影响。

图 5.1.9 是调频线宽展宽的装置示意图。在自注入锁定光路的反馈回路中接入一个光纤拉伸器，并外加一个正弦调制信号于光纤拉伸器上对激光器进行频率调制。图 5.1.10 所示为调制电压固定为 1 V_{pp} 时（即调制幅度不变时），通过改变调制频率对输出激光线宽进行展宽。此时频谱谱线不再是洛伦兹线形，定义线宽为中心频率对应的功率值下降 20 dB 处所对应频谱宽度，计算得出调制频率为 1 kHz, 2.1 kHz, 3 kHz 时所对应的线宽分别为 3.7 MHz, 5.43 MHz, 4.25 MHz。

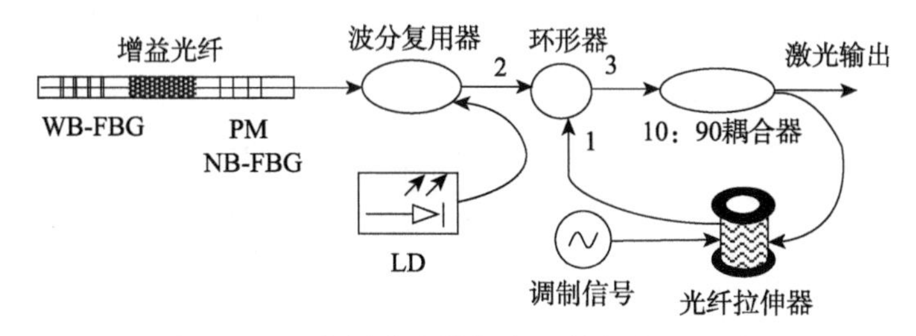

图 5.1.9　光纤激光器频率调制实验原理图

调制频率 2.1 kHz 时，线宽展宽到最大值，对应 $f_m = (m+\frac{1}{2})\frac{c}{n\Delta L}$ (m=0)。另外，根据前述理论，当调制频率为 $f_m = m\frac{c}{n\Delta L} = m\times 4.098$ kHz, (m=0,1,2,⋯)时将不会展宽，当调制信号频率为 4.098 kHz 及其整数倍时，激光线宽不会受到影响，且线形也不会发生变化。

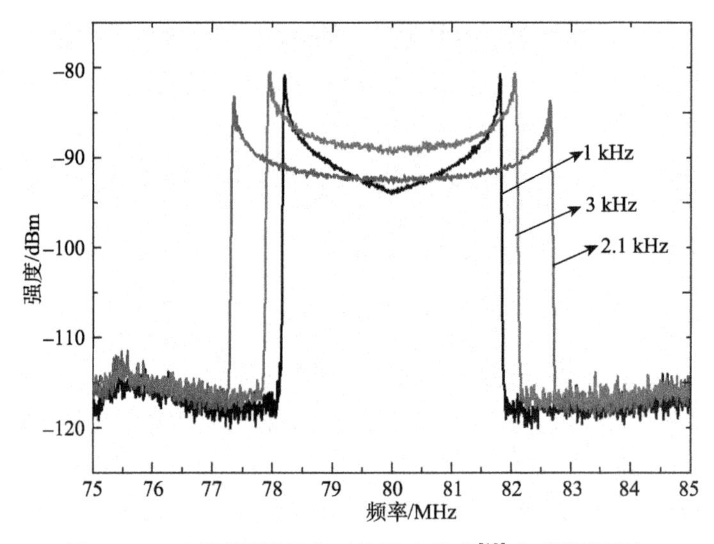

图 5.1.10　不同调制频率下的激光线宽[13]（后附彩图）

当调制信号用白噪声代替正弦信号时，对激光线宽的影响有所不同。使用任意波形发生器产生幅度为 400 mV_{pp}，带宽分别为 4 kHz, 10 kHz 的噪声信号作用在光纤拉伸器上。激光器的初始线宽值为 800 Hz，经过噪声注入后，激光线宽发生了明显的展宽。激光在 4 kHz 和 10 kHz 带宽噪声的作用下，线宽分别为 63.4 kHz, 98 kHz，展宽了 19 dB 和 20.9 dB，如图 5.1.11 所示。需要说明的是，在噪声强度一定时，存在一个线宽有效展宽的最大注入噪声带宽，当提高注入噪声带宽超过了这个最大的噪声带宽时，激光线宽将不再展宽。

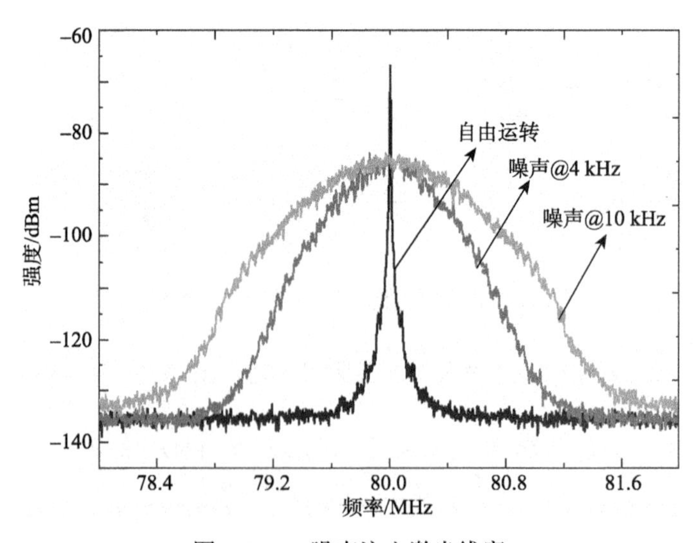

图 5.1.11　噪声注入激光线宽

5.2　单频光纤激光器的稳频技术

单频光纤激光的频率稳定性在光谱学、光信息存储和光纤水听器等应用中有着至关重要的影响。因此，如何获得高频率稳定性的单频光纤激光光源具有重要的实际意义。第 4 章中提到了单频光纤激光器频率噪声抑制的相关内容，主要是针对频率噪声在傅里叶域上的描述以及各个频段上的抑制；本节所述的稳频技术，则主要针对输出激光频率在时域上的抖动及其稳定控制，也可以理解为对低频段频率噪声的抑制。

激光稳频技术可以分为被动稳频技术和主动稳频技术两类。被动稳频技术是指，通过隔离外界环境干扰的方式，被动地降低环境对激光器的影响从而控制频率抖动，如采用隔音、防震、恒温等方式；主动稳频技术是指，通过主动反馈控制的方式，当激光频率偏离参考频率时，通过控制激光腔等方法使其恢复到标准频率上。被动稳频技术易于实现，但最精密严格的被动稳频措施也很难将激光的频率稳定度控制在 10^{-8} 量级以上。为了追求更好的频率稳定效果，必须在被动稳频技术的基础上结合主动稳频技术加以控制。

主动稳频系统原理如图 5.2.1 所示，其主要分为待稳激光器、鉴频系统、伺服系统、执行系统四大部分。当激光器输出频率偏离参考频率时，通过鉴频系统产生误差信号，经过伺服系统和执行系统对激光谐振腔进行控制或者对输出激光进行控制，使其快速恢复到参考频率。实现稳频的主要技术手段有 Pound-Drever-Hall（PDH）稳频、基于原子分子的吸收谱线的稳频技术、频率–电压转换稳频技术以及第 4 章中提到的非平衡干涉稳频技术等。

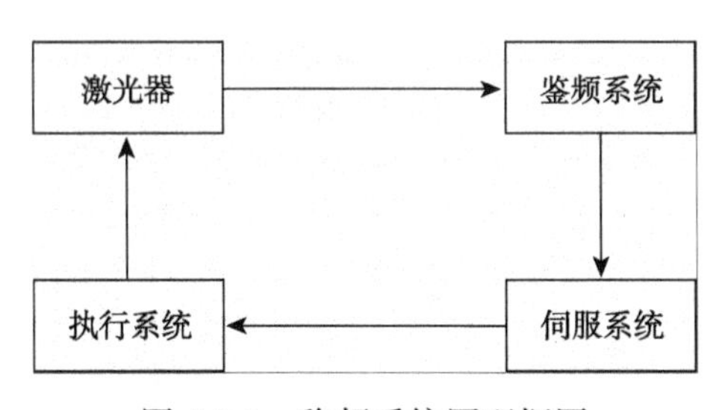

图 5.2.1　稳频系统原理框图

5.2.1　单频光纤激光器频率稳定方法

1. 基于 F-P 腔的 PDH 稳频技术

PDH 稳频是最常用的激光稳频技术之一，装置原理图如图 5.2.2 所示。首先，单频激光器输出的线偏振光经过电光调制器（EOM）进行相位调制，经过偏振分束器分光后，一部分光作为信号光输出，另一部分进入高精细度 F-P 腔以产生鉴频信号。接着，线偏振光经过 F-P 腔反射并两次通过 $\lambda/4$ 波片后，偏振方向与原偏振态正交，经过 PBS 反射之后进入光电探测器中。然后，得到的电信号经过移相电路之后与调制信号在双平衡混频器（DBM）中混频，最后，经过低通滤波器之后得到误差信号，误差信号通过比例–积分–微分电路（PID）之后控制激光器的输出频率，最终达到稳频的目的。

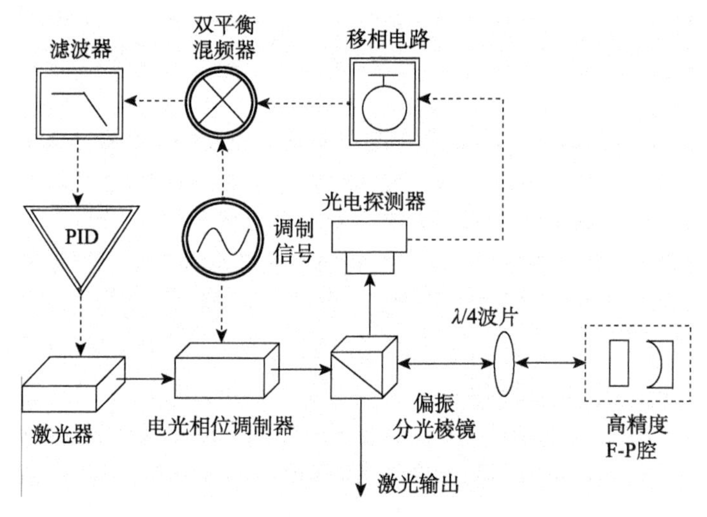

图 5.2.2　基于 F-P 腔的 PDH 稳频技术典型装置

图 5.2.3 所示为激光信号频率偏移量和误差信号的关系，系统中所用 EOM 调制频率为 50 MHz，高精度 F-P 腔的自由光谱范围为 1.5 GHz，精细度为 31400。可以

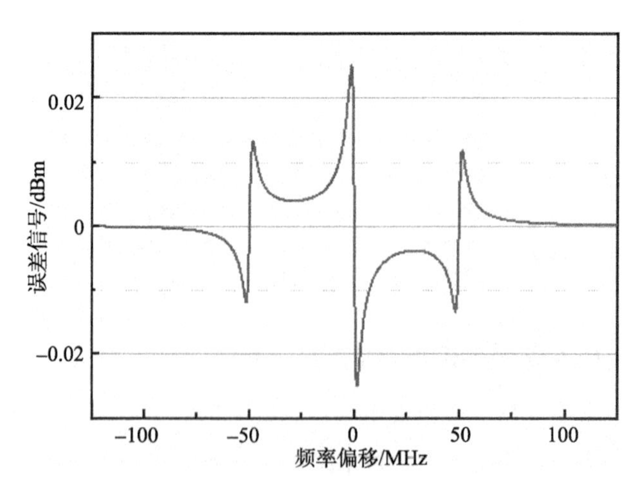

图 5.2.3　PDH 稳频典型误差信号[14]

看到，在参考频率 0 MHz 附近，微小的频率偏移量将对应很大的误差信号改变，可以对微小的频率抖动起到放大作用。

PDH 稳频技术最早可以追溯到 1946 年，麻省理工大学 Pound 等利用了一个高 Q 值的外部微波谐振腔，实现了微波输出频率的稳定[15]。由于光学谐振腔与微波谐振腔有很多类似之处，这为实现激光频率稳定提供了一种有效的借鉴方式。为了克服功率波动带来的测量误差，1983 年，Drever 与 Hall 等分别在染料激光器和气体激光器上利用激光相位调制晶体对其相位调制之后，将激光频率锁定在稳定光学谐振腔的共振频率上，实现了线宽小于 100 Hz 的激光输出[16]。后人以三人名字的首字母将此方法命名为 PDH 稳频法。2012 年，Kessler 等通过将 1.5 μm 波段激光锁定在超高精度单晶硅光学谐振腔上，获得了短期频率稳定度可达 10^{-16} 的激光器。国内方面，2010 年，上海华东师范大学马龙生等基于一个精细度 30000 的 F-P 腔并结合功率稳定技术对 1064 nm 的 Nd:YAG 固体激光器进行稳频，得到了线宽为 1 Hz 且频率抖动小于 0.3 Hz/s 的激光输出。

2. 基于原子分子的吸收谱线的稳频技术

基于原子分子的吸收谱线的稳频技术主要是以原子分子吸收谱线中心频率作为参考标准以使激光器获得更高的频率稳定性。主要方法有原子分子饱和吸收光谱稳频和原子光谱塞曼（Zeeman）效应稳频等。

饱和吸收光谱稳频典型装置如图 5.2.4 所示，利用 λ/2 波片和偏振分束器将输出激光分为泵浦光和探测光，探测光经过分束器分成信号光和参考光。信号光直接经过气室的非饱和区，参考光与泵浦光相向重叠于气室中，经过气室后信号光和参考光入射双平衡探测器。由于泵浦光被吸收导致气体分子饱和，参考光束经过气室时没有发生吸收，光强未发生改变；信号光由于被气体分子吸收导致其光强减弱，光强变化量与激光频率偏移分子吸收谱线的程度有关。通过双平衡探测器检测信号光光强与参考光光强就可以得到频率偏移的误差信号。

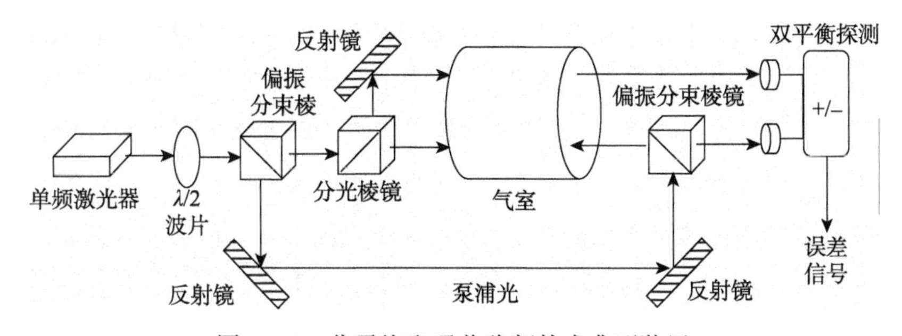

图 5.2.4　分子饱和吸收稳频技术典型装置

二向色性原子蒸气激光频率锁定利用原子的 Zeeman 效应来为稳频系统提供误

差信号，图 5.2.5 为其装置原理图，单频激光经过透镜之后进入起偏器变成线偏振光，并经过处于弱磁场中的气室。由于磁场的存在，原子吸收谱线将因为 Zeeman 效应而发生分裂，产生精细结构，构成原线偏振光的左旋分量和右旋分量的吸收谱线将分别移至更高和更低的频率。在穿过气室之后，激光的左旋和右旋分量会通过一片 $\lambda/4$ 波片和一个偏振分束器分开并射入到双平衡探测器中。双平衡探测器的差电流为频率锁定提供了一个误差信号，误差信号经过伺服系统和执行机构后控制激光的频率偏移。相比于饱和吸收光谱稳频技术，二向色性原子蒸气激光频率锁定技术的系统更简单，可靠性也更高。

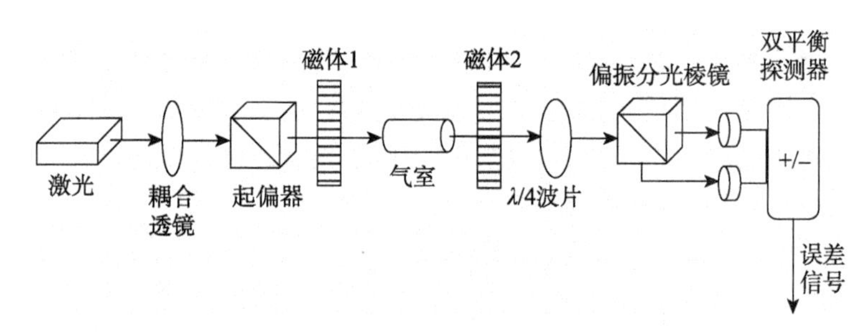

图 5.2.5　二向色性原子蒸气激光频率锁定稳频技术典型装置

最早在 1993 年，法国科学家 Chéron 利用 He 原子的 Zeeman 效应对 1083 nm 激光器进行稳频实验，获得了在 1 h 内漂移 10 MHz 量级的激光频率稳定性[17]。从此，研究人员开始对 Zeeman 效应稳频进行广泛研究，1998 年，Kristan 等利用 Zeeman 效应对半导体激光器进行稳频，并将此类方法总结定义为二向色性原子蒸气激光频率锁定稳频技术[18]。2003 年，韩国科学家 Jae 等报道了对 398.9 nm 的高功率半导体激光器进行稳频，获得的频率长期稳定性在 1 MHz 以内[19]。国内方面，2014 年，山西大学激光光谱研究所赵延霆等报道了利用 Cs 原子的 Zeeman 效应和饱和吸收光谱稳频，将激光频率波动从 6 MHz 降低到 0.5 MHz 以内[20]。

除了上面两种，还有许多基于原子分子吸收谱线的稳频技术，如偏振光谱稳频技术[21,22]、频率调制光谱技术（FMS）[23]、调制转移光谱（MTS）[24,25]、电致透明效应（EIT）[26,27]等，在这里不再赘述，有兴趣的读者可以查阅相关文献。

3. 偏频锁定稳频技术

偏频锁定稳频技术由光相位锁定演化而来，图 5.2.6 为其装置原理图。两台频率相近的激光器：稳定的参考激光器和需要稳频的目标激光器。当两束激光同时射入同一 PD 中相拍将产生一个频率差信号。这个信号经过放大之后通过频率–电压转换器产生电压信号，电压信号与参考信号作比较之后进入伺服系统调节目标激光器的输出波长，最终实现稳频。

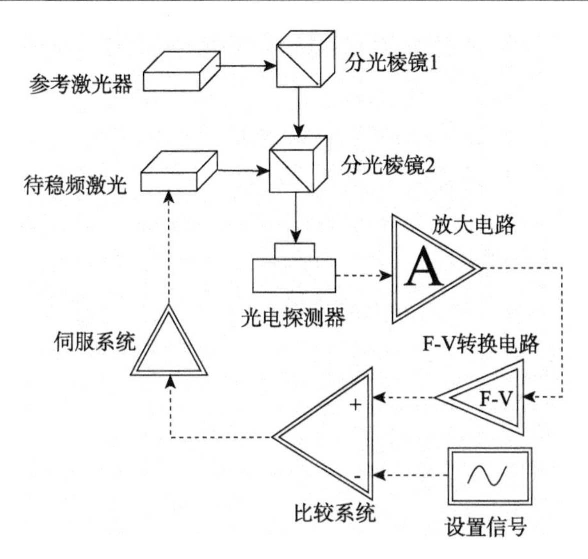

图 5.2.6　偏频锁定技术典型装置

1987 年，日本 Kuboki 最早提出了偏频锁定的概念，并将其成功应用在 AlGaAs 半导体激光器中[28]。1998 年，Stace 利用频率–电压转换器件实现偏频锁定方法，从而避免了传统复杂的光相位锁定电路[29]。2004 年，德国 Ritt 等将常用的频率–电压转换器替换为更为简单的双路滤波器，实现了误差信号的解调[30]。

5.2.2　DBR 短腔单频光纤激光器稳频实例

根据 5.1.1 小节中的叙述，虽然基于 F-P 腔的 PDH 稳频技术效果明显，但是其对高精细度 F-P 腔的制作工艺要求苛刻，F-P 腔在工作时需要真空环境，稳定的温控，同时还需要隔音隔振，装置复杂很难实用；偏频锁定技术需要提供额外的稳定参考激光，对于单一光纤激光器并不适用。利用原子分子吸收谱线作为频率参考，可靠性高，装置易于实现。所以，利用原子分子吸收谱线的稳频技术对于集成化短腔单频光纤激光器来说是最优选择。

对 1.5 μm 波段激光器进行频率锁定，采用的分子一般有 NH_3（1500~1540 nm）、$^{12}C_2H_2$（1510~1540 nm）和 $H^{13}C^{14}N$（1530~1560 nm）。对于 $H^{13}C^{14}N$ 分子，在 1530~1560 nm 区域内大概有 50 条已经被准确测量到的吸收谱线。其中，P10 和 P11 吸收线均位于 1550 nm 波长附近且吸收量较大，P11 吸收线的波长约为 1550.515 nm。下面将介绍两种基于 $H^{13}C^{14}N$ 分子的 P11 吸收线的稳频实例。

1. 边频锁定稳频

为了得到质量更佳的激光频率误差信号，部分利用原子分子吸收谱线的稳频方案中对激光器进行了频率调制。但是，这一扰动会影响高精度干涉测量以及光通信中光传输的效果。因此，利用在激光器输出外部加入频率（相位）调制器件实现无频率调制的单频激光输出，对通信技术等应用具有重要意义。

利用气室的强度吸收谱线实现边频锁定的装置图如图 5.2.7 所示。首先，单频激光器输出激光通过 90:10 耦合器使得 90%的光输出，剩余 10%的激光通过 50:50 耦合器分别经过 $H^{13}C^{14}N$ 气室吸收和可调节衰减器衰减。然后，分别将二者射入平衡探测器的两端得到激光频率误差信号。最后，误差信号经过比例–积分电路处理之后送入 PZT 驱动电路，控制 PZT 调节激光谐振腔腔长，实现激光器输出频率的稳定。

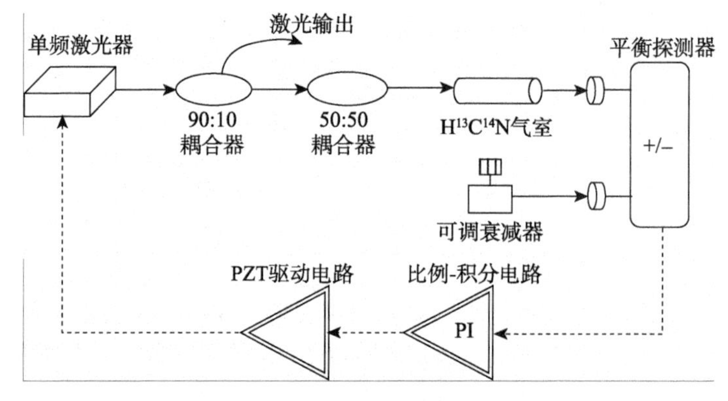

图 5.2.7　边频锁定典型装置图

利用气室的强度吸收谱线实现边频锁定的目的是将单频光纤激光器的输出频率稳定在吸收谱线一侧的斜率较大点（锁定点）。通过调节激光谐振腔温度和 PZT 的偏置电压使激光频率接近期望频率，通过调节衰减器控制参考光光强使得平衡探测器的输出电压为 0 V。如图 5.2.8，当单频激光器的输出频率在期望频率附近波动

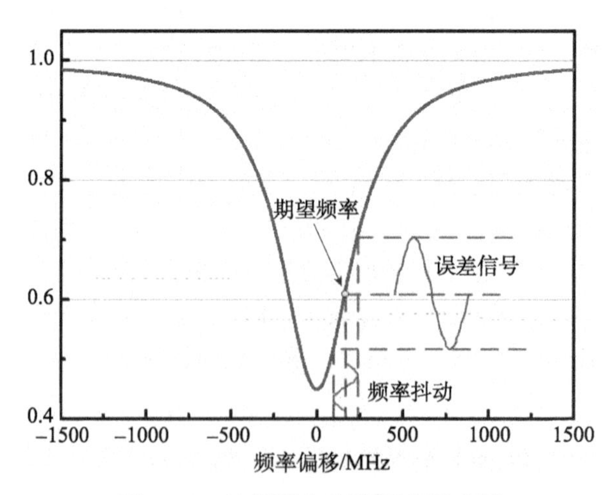

图 5.2.8　边频锁定实验原理示意图

时，平衡探测器将输出频率误差信号。利用该误差信号经过伺服系统处理后调节 PZT 以改变激光谐振腔腔长，从而将激光器输出频率锁定在期望频率附近。

2. 外频率调制稳频

边频锁定技术虽然所需器件较少，原理简单，同时较容易实现，但是其对激光器的输出功率波动非常敏感，误差信号容易受到干扰。下面介绍一种较为复杂但具有更高分辨率和更高稳定性的外频率调制技术。

外频率调制稳频的装置原理图如图 5.2.9 所示。首先，单频激光通过耦合器将一部分光经偏振控制器控后进入电光相位调制器中。经相位调制的激光通过 $H^{13}C^{14}N$ 气室吸收后入射光电探测器中转换为电信号，该信号与被移相的调制信号一起进入双平衡混频器中混频。得到的差频信号经低通滤波器滤波后得到激光频率误差信号。最终，误差信号经过比例–积分电路处理之后，控制 PZT 实现激光频率的稳定。

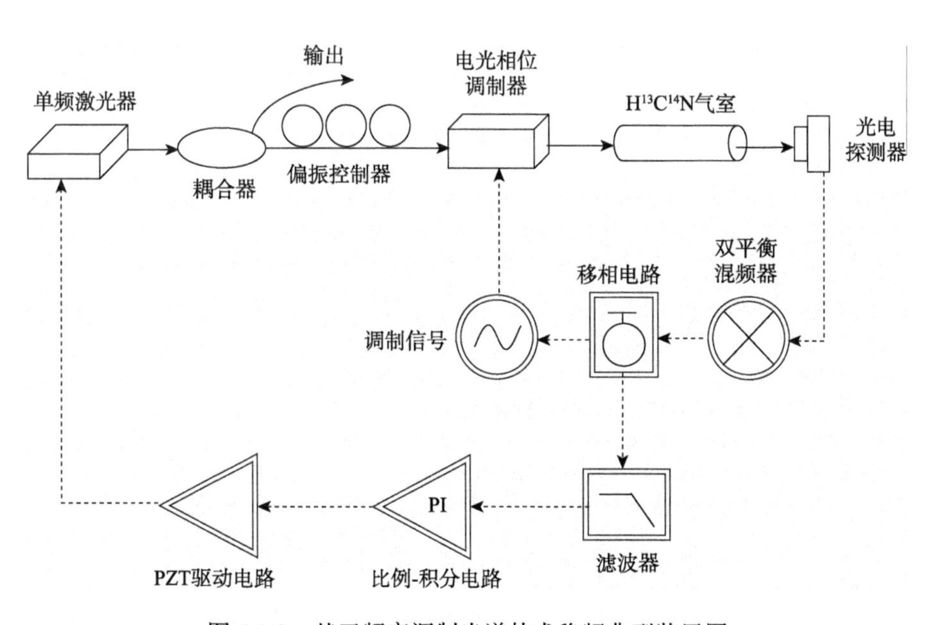

图 5.2.9　基于频率调制光谱技术稳频典型装置图

利用示波器测量稳频前后频率误差信号的电压大小，并将其换算成激光器输出频率波动量，结果如图 5.2.10 所示。从图中可知稳频前激光器的频率波动在±3 MHz 以上，经过稳频系统之后，激光器的输出频率波动稳定在±500 kHz 以内。

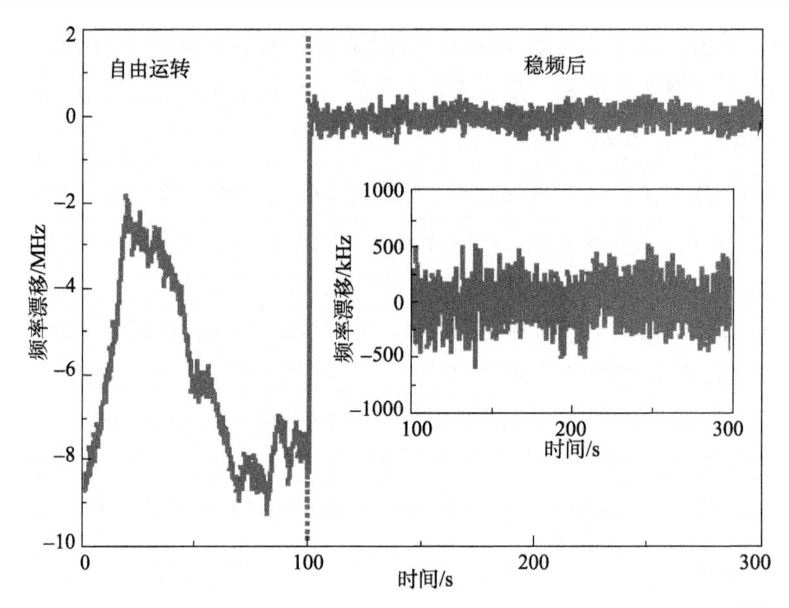

图 5.2.10　稳频前后频率波动对比，插图是稳频后频率波动放大图[14]

参 考 文 献

[1] Kessler T, Hagemann C, Grebing C, et al. A sub-40-mHz-linewidth laser based on a silicon single-crystal optical cavity[J]. Nat. Photonics, 2012, 6(10): 687~692.

[2] Jäger M, Caplette S, Verville P, et al, Fiber lasers and amplifiers with reduced optical nonlinearities employing large mode area fibers//Photonics North 2005[C]. International Society for Optics and Photonics, 2005, 59710N-59710N~9.

[3] Schawlow A L, Townes C H. Infrared and optical masers[J]. Phys. Rev., 1958, 112: 1940.

[4] 周炳昆，高以智，陈家骅. 激光原理[M]. 北京：国防工业出版社, 2004.

[5] Evtuhov V. Siegman A E. A twisted-mode technique for obtaining axially uniform energy density in a laser cavity[J]. Appl. Opt., 1965, 4(1): 142~143.

[6] 莫树培. 百赫兹单频光纤激光器的研究[D]. 广州：华南理工大学, 2014.

[7] Okusaga O, Cahill J, Docherty A, et al. Guided entropy mode Rayleigh scattering in optical fibers[J]. Opt. Lett., 2012, 37(4): 683~685.

[8] Zhu T, Chen F Y, Huang S H, et al. An ultra-narrow linewidth fiber laser based on Rayleigh backscattering in a tapered optical fiber[J]. Laser Phys. Lett., 2013, 10(5): 055110.

[9] Hill K O, Kawasaki B S, Johnson D C. CW Brillouin laser[J]. Appl. Phys. Lett., 1976, 28(10): 608~609.

[10] Boschung J, Thévenaz L, Robert P A. High-accuracy measurement of the linewidth of a Brillouin fibre ring laser[J]. Electron. Lett., 1994, 30(18): 1488~1489.

[11] Chen M, Meng Z, Zhang Y, et al. Ultranarrow-linewidth brillouin/erbium fiber laser based on 45-cm erbium-doped fiber[J]. IEEE Photonics. J., 2015, 7(1): 1~6.

[12] Huang X, Zhao Q, Lin W, et al. Linewidth suppression mechanism of self-injection locked

single-frequency fiber laser[J]. Opt. Express, 2016, 24(17): 18907~18916.
[13] 黄湘. 单频光纤激光器线宽控制机理及技术的研究[D]. 广州: 华南理工大学, 2016.
[14] 肖瑜. 高稳定性单频光纤激光器研究[D]. 广州: 华南理工大学, 2015.
[15] Pound R V. Electronic frequency stabilization of microwave oscillators[J]. Rev. Sci. Instrum., 1946, 17(11): 490~505.
[16] Drever R W P, Hall J L, Kowalski F V, et al. Laser phase and frequency stabilization using an optical resonator[J]. Appl. Phys. B, 1983, 31(2): 97~105.
[17] Chéron B, Gilles H, Hamel J, et al. Laser frequency stabilization using Zeeman effect[J]. J. de Physique III, 1994, 4(2): 401~406.
[18] Corwin K L, Lu Z T, Hand C F, et al. Frequency-stabilized diode laser with the Zeeman shift in an atomic vapor[J]. Appl. Opt., 1998, 37(15): 3295~3298.
[19] Kim J I, Park C Y, Yeom J Y, et al. Frequency-stabilized high-power violet laser diode with an ytterbium hollow-cathode lamp[J]. Opt. Lett., 2003, 28(4): 245~247.
[20] Su D Q, Meng T F, Ji Z H, et al. Application of sub-Doppler DAVLL to laser frequency stabilization in atomic cesium[J]. Appl. Opt., 2014, 53(30): 7011~7016.
[21] Pearman C P, Adams C S, Cox S G, et al. Polarization spectroscopy of a closed atomic transition: applications to laser frequency locking[J]. J. Phys. B, 2002, 35(24): 5141~5151.
[22] Wu T, Peng X, Gong W, et al. Observation and optimization of 4He atomic polarization spectroscopy[J]. Opt. Lett., 2013, 38(6): 986~988.
[23] Bjorklund G C. Frequency-modulation spectroscopy: a new method for measuring weak absorptions and dispersions[J]. Opt. Lett., 1980, 5(1): 15~17.
[24] Shirley J H. Modulation transfer processes in optical heterodyne saturation spectroscopy[J]. Opt. Lett., 1982, 7(11): 537~539.
[25] McCarron D J, King S A, Cornish S L. Modulation transfer spectroscopy in atomic rubidium[J]. Meas. Sci. Technol., 2008, 9(10): 105601.
[26] Boller K J, Imamolu A, Harris S E. Observation of electromagnetically induced transparency[J]. IEEE Photon. Technol. Lett., 1991, 66(20): 2593~2596.
[27] Fleischhauer M, Imamoglu A, Marangos J P. Electromagnetically induced transparency: 2005 Optics in coherent media[J]. Rev. Mod. Phys., 2005, 77(2): 633~673.
[28] Kuboki K. Ohtsu M. Frequency offset locking of AlGaAs semiconductor lasers[J]. IEEE J. Quantum Elect., 1987, 23(4): 388~394.
[29] Stace T, Luiten A N, Kovacich R P. Laser offset-frequency locking using a frequency-to-voltage converter[J]. Meas. Sci. Technol., 1998, 9(9): 1635~1637.
[30] Ritt G, Cennini G, Geckeler C, et al. Laser frequency offset locking using a side of filter technique[J]. Appl. Phys. B, 2004, 79(3): 363~365.

第 6 章　单频光纤激光的放大

单频光纤激光器具有结构简单、体积小、重量轻、散热性好、环境影响小、免维护等优点。在很多应用领域，通常要求单频光纤激光具有大功率或高能量输出，如非线形频率转换、相干合束、激光雷达等。甚至，一些更为特殊的应用领域[1, 2]，对输出激光的工作波长、偏振态、线宽、光束质量、运转状态等性能指标也提出了一定的要求。然而，基于单一振荡器（或谐振腔）形式的单频光纤激光器，无论是 DBR 短腔多组分玻璃光纤激光，还是 DFB 或 DBR 石英基质光纤激光，虽然可以在 1.0 μm、1.5 μm、2.0 μm 等波段实现稳定地单一纵模（单频）激光运转，但是一般都使用单模纤芯泵浦方式，强烈受制于单模泵浦源可提供的低泵浦功率和腔内热效应等因素，其输出功率被限制在百毫瓦量级水平[3, 4]。其他诸如环形谐振腔、Sagnac 环形镜结构、复合腔等方式[5~7]，不仅腔长较长、结构较复杂、容易出现跳模、稳定性较差，而且同样存在输出功率严重不足的问题。

从上述的分析可知，依赖单一振荡器或谐振腔直接输出大功率单频光纤激光存在困难。为了获得大功率单频光纤激光输出，可以将小功率单频激光器作为种子源，使用主振荡功率放大（master oscillator power amplifier，MOPA）技术方案进行单频激光的功率放大。目前，大功率单频光纤激光一般以半导体激光器（LD）或非平面环形腔（NPRO）为种子源，采用分立式体光学元器件的结构[8~10]，使用稀土离子掺杂石英光纤进行功率放大。由于种子源自身输出功率低（仅几个毫瓦）、信噪比低，导致往往需要较多的光纤放大器进行级联。此外，体光学元器件耦合效率低、易受环境干扰，使得装置结构较复杂、控制较难、转换效率较低，且非全光纤化。而且，输出激光线宽、噪声、稳定性在一定程度上受到种子源自身的极大制约[3, 4, 11]。因此，以小功率、窄线宽光纤激光器作为种子源，采用全光纤 MOPA 技术方案，并且优化放大器级数，是获取高性能单频激光输出的有效途径。

6.1　单频光纤激光放大技术

6.1.1　MOPA 光纤激光器基本原理

当前，采用种子源主振荡功率放大（MOPA）结构，是实现大功率单频光纤激光输出的一种理想选择[12~14]。基于 MOPA 技术方案，即将小功率、窄线宽、低噪声等性能优异的单频光纤激光器用作种子源，将其注入到光纤放大器中进行功率放大，最终实现大功率单频激光输出。其优点在于：激光放大系统的输出光谱特性、工作波长、偏振态、线宽大小等特性仅由种子源激光器决定，而光束质量、输出功率或能量大小则依赖于光纤放大器[15~18]。

基于 MOPA 结构的全光纤大功率单频激光器，一般使用多级光纤放大器级联，即多级预放大级（预放大器）和一级主放大级（功率放大器）组成，图 6.1.1 为典型的 MOPA 光纤激光器结构示意图。其中，功率放大器作为 MOPA 系统的核心部分，通常由泵浦源、增益光纤、耦合系统（如合束器）或光隔离器（ISO）等组成，它直接决定了输出激光的光束质量和功率水平。功率放大器通常采用多模包层泵浦方式，即泵浦光通过耦合系统进入双包层有源光纤的内包层，泵浦光在穿越纤芯的过程中被稀土掺杂离子有效吸收，形成粒子数反转以提供增益。信号光则被注入到双包层有源光纤的纤芯，沿光纤传输，并被有效放大，从而实现对种子源的大功率（能量）放大输出。

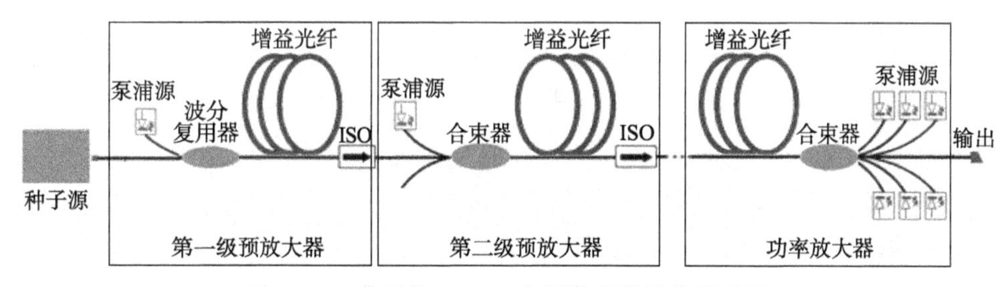

图 6.1.1　典型的 MOPA 光纤激光器结构示意图

光纤放大器属于行波放大器，与激光器相比而言，其主要区别在于：少了谐振腔结构，而多了信号激光的输入。信号激光是一次通过放大器的增益介质，在破坏阈值相同的前提下，可以大大提高其输出功率。当需要很大功率输出时，使用多个光纤放大器逐级级联增强信号功率，即缩短了每一级增益光纤的使用长度，可以有效地降低非线形效应的影响。

6.1.2　MOPA 光纤激光器结构

1. 双包层光纤技术

1988 年，Snitzer 等首先提出了双包层光纤和多模包层泵浦的概念，至今，国际上发展了许多新型的双包层有源光纤，成为目前光纤激光器获得大功率输出的主要方式[19, 20]。双包层光纤技术克服了单包层有源光纤和单模纤芯泵浦结构的不足，使得 MOPA 光纤激光器的输出功率得到极大提升(单横模单纤连续输出功率已超过 10 kW 量级)。此外，相比于其他固体激光器的增益介质，双包层有源光纤具有损伤阈值高、表面积/体积比大（散热性能非常好）等明显优势。

双包层有源光纤一般由掺杂纤芯（成分：玻璃）、内包层（成分：玻璃）、外包层（成分：氟化聚合物）和涂覆层（成分：丙烯酸脂聚合物）等几个部分构成。其与传统单包层有源光纤的关键区别在于：在纤芯外面构建了一个可以传输多模泵浦光的内包层。一方面，细小的纤芯作为产生激光和传输激光的波导，保障了信号激光的单横模输出；另一方面，较大的内包层截面有利于多模泵浦光耦合和传输。值得注意的是，内包层由横向尺寸和数值孔径都比纤芯大得多、折射率比纤芯略小的玻璃构成，一般其直径大于 125 μm，甚至达到 400 μm 或更大。这种结构极大地降低了对泵浦光模式质量的要求和提高了泵浦光的入纤功率。

双包层有源光纤引入内包层结构之后，为了有效提高对泵浦光的吸收效率，科研人员一直致力于内包层的优化设计。早期的内包层形状多为对称性很高的圆形，这样使得内包层中大量泵浦光成为螺旋光而无法被吸收，泵浦光的吸收效率较低。随后，许多研究者先后设计了梅花形、星形、矩形、六边形、D 型等结构的内包层[21~24]。结果表明：非圆形结构的内包层对泵浦光的吸收效率远大于圆形内包层，如，矩形内包层对泵浦光的理论吸收效率可达到 100%。

2. *包层泵浦耦合技术*

近 30 年来，光纤激光器和放大器在泵浦方式上取得了很大进展，在传统端面泵浦技术的基础上发展出许多新型的泵浦耦合技术，下面介绍几种典型的包层泵浦耦合方式。

（1）透镜组端面耦合。这是最早采用的泵浦耦合方式，技术发展成熟。其原理是将输出的大发散角泵浦光经过准直透镜组进行校正，并聚焦到双包层光纤端面上。在基于体光学元器件进行空间耦合的实验装置中使用较广泛，但这种泵浦方式的缺点是需要占用光纤端面，使得其在全光纤化、集成化方面存在问题，其稳定性也较差[25]。

（2）V 型槽侧面泵浦耦合。该泵浦耦合方式于 1995 年由 Ripin 和 Goldberg 等提出[26]。其原理：去掉一小段双包层光纤的涂覆层，然后在其内包层的一侧加工 V 型槽，泵浦光从另一侧入射，经微透镜聚焦到 V 型槽的斜面上，再通过这个面的全内反射作用，使泵浦光进入内包层。其耦合效率很高，当时耦合效率就达到了 89%。但对 V 型槽加工工艺要求很高，且透镜聚焦光束也对泵浦耦合效率有着明显影响。

（3）嵌入棱镜式侧面泵浦耦合。实际上这是 V 型槽侧面泵浦耦合的改进方式，与前者不同的做法是在内包层上加工出一个槽后，又嵌入了一个微棱镜，泵浦光不是在槽的对面入射，而是在同侧通过棱镜的内表面全反射耦合进入内包层，该方式于 2003 年由 Koplow 等提出[27]。其主要改进之处在于：泵浦光耦合进入内包层中是通过微棱镜的反射，不需要微透镜组聚焦和精确对准 V 型槽，因此泵浦耦合效率对泵浦源位置的敏感程度得以大大降低。

（4）熔融光纤束耦合器。该技术是把多根剥去保护层的多模光纤与去掉外包层的双包层光纤缠绕在一起，加热至熔融的同时拉制成锥形，泵浦光通过多模光纤耦合进入双包层光纤中，该技术于 1999 年由 Giovanni 和 Stentz 等提出。图 6.1.2 为典型的 7×1 多模泵浦合束器结构示意图[28]，在其锥区需将多模光纤的包层去除至纤芯，同时双包层的外包层也要去除露出内包层，且使之能够融合在一起，其生产工艺较复杂[29, 30]，但目前发展较快，且制作工艺日臻成熟、完善，也是实现光纤激光器全光纤化结构的关键器件之一。

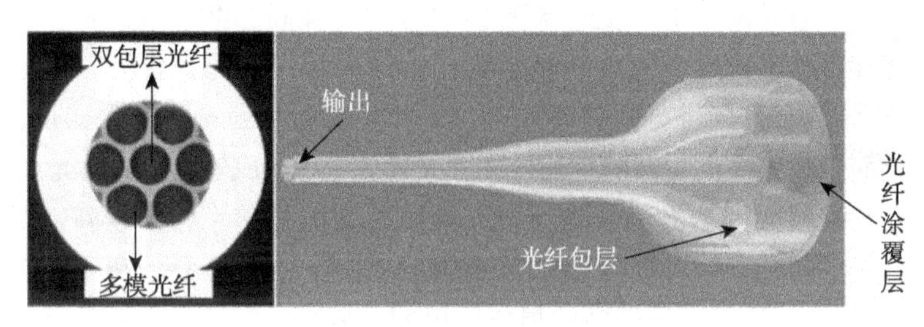

图 6.1.2　熔融 7×1 多模泵浦合束器结构示意图[30]

6.1.3　大功率 MOPA 单频激光系统的限制因素

随着光纤激光系统在工业加工和军事等领域应用前景的不断发展，对其输出功率的要求越来越高[31~33]。目前，单根双包层光纤的连续激光输出功率已达万瓦级，而采用 MOPA 结构的单频激光输出功率也已接近千瓦级。但真正意义上的全光纤单频激光输出功率的进一步提升主要受到了非线形效应，以及伴随的其他影响因素的限制。

（1）非线形效应。在大功率 MOPA 单频激光器中，由于双包层光纤相对有限的纤芯尺寸、较长的作用长度以及线宽较窄，容易受到非线形效应的影响。对于连续单频光纤激光器而言，存在的主要非线形效应有受激布里渊散射（SBS）[34,35]、受激拉曼散射（SRS）和光克尔效应等。

SBS 和 SRS 都是入射泵浦光经过光纤时被分子振动调制导致的，都具有增益特性，使得输出激光的转换效率和亮度降低。其中，SBS 的频移量约 10 GHz，比 SRS 小三个数量级，SBS 的阈值功率与泵浦光的谱宽有关[36]。研究表明：两者都表现出一定的阈值特征，且 SBS 的阈值功率相比于 SRS 的更低，两者的阈值功率可以分别表示为[37, 38]

$$P_{\mathrm{th}}^{\mathrm{SBS}}=\frac{21}{g_{\mathrm{B}}}\times\frac{\Delta\nu_{\mathrm{B}}}{\Delta\nu_{\mathrm{B}}+\Delta\nu_{\mathrm{S}}}\times\frac{A_{\mathrm{eff}}}{L_{\mathrm{eff}}} \tag{6.1.1}$$

$$P_{\text{th}}^{\text{SRS}}=\frac{16}{g_{\text{R}}}\times\frac{A_{\text{eff}}}{L_{\text{eff}}} \tag{6.1.2}$$

式中，g_B和g_R分别为SBS与SRS的增益因子；A_{eff}为纤芯有效模场面积；L_{eff}为有效作用长度；$\Delta\nu_B$为布里渊增益带宽；$\Delta\nu_S$为信号激光带宽。可以看出，SBS的阈值功率与信号激光带宽有关，对窄线宽单频激光放大时的影响更为明显[39]。当信号激光线宽>0.5 GHz时，SBS的阈值功率提高，SRS则表现更明显。此外，两者的阈值功率都随着$A_{\text{eff}}/L_{\text{eff}}$增加而增大。因此，抑制SBS和SRS最简单有效的方法，就是增加增益光纤的有效模场面积和减小光纤使用长度。

（2）热透镜效应。尽管光纤激光器相对于传统固态激光器而言，增益光纤具有较大的表面积/体积比，散热性能较好。但在大功率工作条件下，由于量子亏损使得增益光纤表面及自身温度较高[40~43]，光纤材料的折射率会发生变化，产生热透镜效应，进而影响光纤激光器的泵浦效率和转换效率，造成输出激光的光束质量下降。

（3）光纤端面损伤。一般光纤激光器输出端的光功率密度较高，尽管纯石英块体材料的损伤阈值非常高，但在双包层有源光纤中，由于稀土离子掺杂造成浓度和均匀性的变化，使得光纤端面的损伤阈值明显降低。当前，大功率连续光纤激光器中石英光纤端面所能承受的最高光功率密度不到25 W/μm^2[44, 45]。图6.1.3给出了纤芯直径为35 μm的掺镱双包层光纤激光器的功率扩展限制因素[46]，其损伤阈值约为12.5 kW，仅仅略微高于目前单模光纤激光器实现的最高输出功率水平。

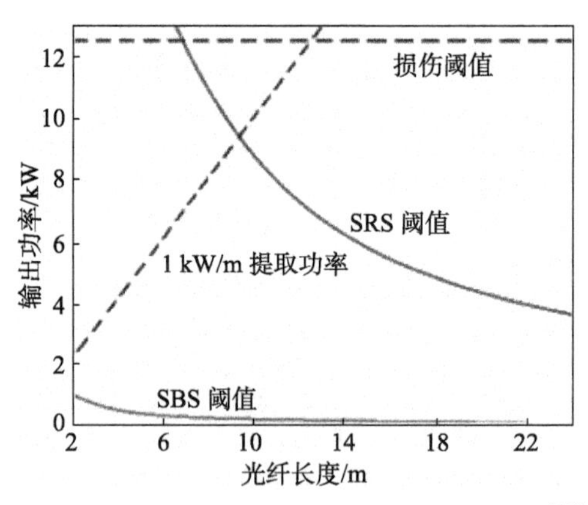

图 6.1.3 光纤激光器的功率扩展限制因素[46]

（4）泵浦耦合方式。泵浦耦合功率和耦合效率是决定大功率MOPA单频激光输出功率的基础性因素。基于分立式透镜组的端面耦合系统，能够耐受高温，但大功率工作条件下的稳定性与泵浦耦合效率较差。全光纤结构的泵浦耦合系统——（N+1）×1多模泵浦合束器具有较低的信号插损和较高的泵浦耦合效率，但其耐受高温性能较差，且每个泵浦端口（单臂）所能够承受的泵浦光功率密度终究有限，这也将成为限制全光纤 MOPA 单频激光输出功率提升的因素。

因此，窄线宽 MOPA 单频激光输出功率还是主要受限于 SBS 效应，当前进一步提升 MOPA 单频激光输出功率的关键问题就是如何抑制 SBS 效应。提高 SBS 阈值的方式主要有①增大双包层光纤的模场面积（大芯径）以降低信号激光的功率密度，即使用短长度（典型：1~3 m）大模场面积光纤；②在沿双包层光纤轴向施加温度或应力分布等，以降低 SBS 的有效增益系数；③使用窄线宽或多波长种子源，信号功率分布在多个频率成分上，使得每个频率成分的谱功率密度降低；④使用特殊结构的光纤来抑制 SBS。

6.2　连续单频光纤激光的放大

6.2.1　1.0 μm 波段连续单频光纤激光的放大

1.0 μm 波段单频激光在工业、军事、科研等领域有着重要的应用前景。如，波长范围 1010~1025 nm 的单频激光可用于光晶格钟（OLC）、深空探测、量子计算和基础物理研究等方面[47~50]，OLC 基于镱（Yb）原子的 $^1S_0 \leftrightarrow {}^3P_1$ 跃迁和汞（Hg）原子的 $^1S_0 \leftrightarrow {}^3P_1$ 跃迁，其不确定度可以达到 10^{-16} 量级，远比微波原子钟准确和精密。此外，往长波段方向的 1083 nm 单频激光可用于非线形频率转换、原子与分子光谱学[51~53]等方面，用来研究氦原子（He）多重谱线，可以提高精细结构常量的测量精度。对于研究较多的 1064 nm 大功率单频激光，可用于相干和光谱合束、激光测距、引力波探测、激光雷达[54~58]等方面。

然而，这些应用场合通常要求 1.0 μm 波段单频激光具有全光纤化、低噪声、kHz 线宽、线偏振或大功率等输出特性。为了获得上述输出性能，往往需要使用 MOPA 技术方案，即主要使用由掺 Yb^{3+} 增益光纤和泵浦源组成的光纤放大器对 1.0 μm 波段连续单频光纤激光进行功率放大。

1. 掺镱光纤特性

1）镱离子（Yb^{3+}）能级系统结构

Yb^{3+} 能级结构十分简单，仅有两个多重态展开的主要能级，即基态 $^2F_{7/2}$ 和激发态 $^2F_{5/2}$。由于基质材料中电场分布不均匀，当 Yb^{3+} 掺入到石英等材料中，会引起声子加宽和斯托克斯（Stokes）效应。其基态 $^2F_{7/2}$ 变成 3 个子能级，其中有 2 个子能级被分开，分别为 a, b 能级；其激发态 $^2F_{5/2}$ 变成 3 个子能级，其中只有一个 e 能级被分开。图 6.2.1 所示为 Yb^{3+} 能级系统结构。由于 Yb^{3+} 两能级相距较远，间隔在 10000 cm^{-1} 左右，难以发生交叉弛豫和浓度猝灭现象，在泵浦波长和激射波长处不存在激发态吸收现象。

从图 6.2.1 中可以看出，Yb^{3+}能级参与跃迁有两种方式：一种是三能级跃迁，与短波段辐射对应的能级 a-d-e，即电子从 $^2F_{5/2}$ 的 e, d 能级跃迁到 $^2F_{7/2}$ 的 a 能级，跃迁过程中辐射出波长 975 nm 光子；另一种是四能级跃迁，与长波段辐射对应的能级 a-b-d-e，即电子从 $^2F_{5/2}$ 的 e, d 能级跃迁到 $^2F_{7/2}$ 的 c, b 能级，然后再弛豫跃迁至 a 能级，跃迁过程中辐射出波长范围 1010~1200 nm 光子。掺 Yb^{3+}光纤放大器或激光器是长波段辐射，属于四能级跃迁。

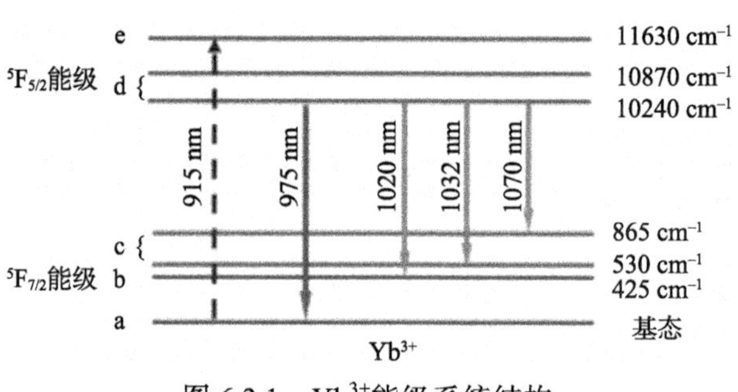

图 6.2.1 Yb^{3+}能级系统结构

Yb^{3+}的四能级跃迁过程，如图 6.2.2 所示。其具体的跃迁过程如下：泵浦光将 E_0 基态粒子泵浦到 E_3 激发态能级，然后粒子在 E_3 能级通过无辐射跃迁到 E_2 亚稳态能级，而粒子在 E_2 能级上的寿命较长，使得其粒子数产生积累，形成与激光 E_1 下能级之间的粒子数反转，E_2 能级粒子向 E_1 能级辐射跃迁，再从 E_1 能级无辐射跃迁至 E_0 基态能级。

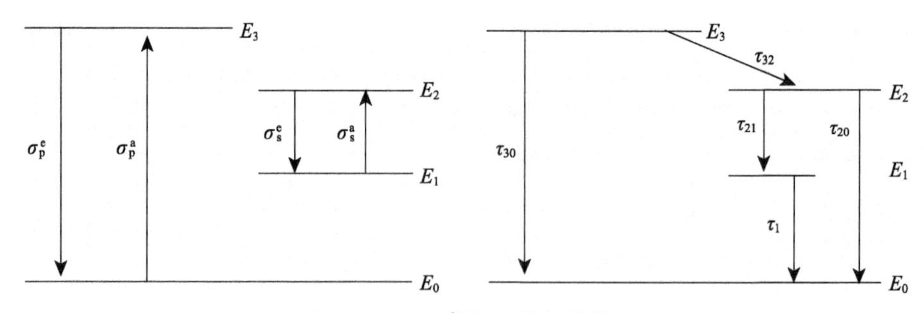

图 6.2.2 Yb^{3+}的四能级结构

2）镱离子（Yb^{3+}）光谱特征

Yb^{3+}的能级系统结构通过其光谱特征得以明显体现。Yb^{3+}在基质材料中的吸收截面和发射截面，直接影响了掺 Yb^{3+}光纤放大器或激光器的荧光输出。图 6.2.3（a）所示为 Yb^{3+}掺杂石英玻璃基质的吸收截面和发射截面。可以看出，Yb^{3+}的吸收谱线在 850~1050 nm 范围内有两个吸收强峰，分别为 915 nm 和 976 nm。在 975 nm 和 1036 nm

处有两个发射强峰，短波长跃迁属于三能级系统，长波长跃迁属于四能级系统。

Yb^{3+}的吸收截面和发射截面强烈依赖于基质材料或其玻璃组分，如，当改变石英光纤中锗的含量，荧光寿命变小，吸收截面和发射截面增大，即发射谱在 950~1050 nm 波段内发生明显改变。图 6.2.3（b）为 Yb^{3+}掺杂磷酸盐玻璃基质的吸收截面和发射截面。从图中可以看出，其谱形与石英玻璃基质相比，发生了明显的变化，且 Yb^{3+}掺杂磷酸盐玻璃的吸收截面和发射截面更大。

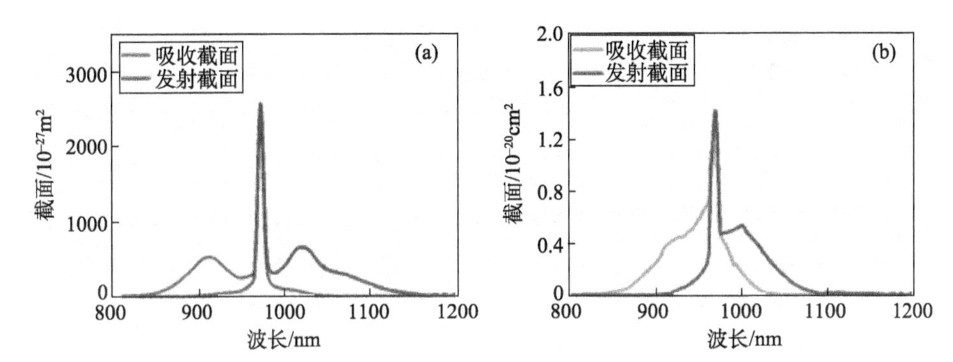

图 6.2.3　不同基质中 Yb^{3+}的吸收和发射截面（后附彩图）

（a）石英玻璃中；（b）磷酸盐玻璃中

2. 掺镱光纤放大理论模型

掺 Yb^{3+}光纤放大器在信号放大的同时，自发辐射也不断得到放大，形成放大自发辐射光（ASE），其影响着放大信号激光的输出性能。掺 Yb^{3+}光纤放大器的粒子速率方程表示如下[59]：

$$\frac{\mathrm{d}N_2(z,t)}{\mathrm{d}t}=\frac{\Gamma_\mathrm{p}\lambda_\mathrm{p}}{hcA}\left[\sigma_\mathrm{a}(\lambda_\mathrm{p})N_1(z,t)-\sigma_\mathrm{e}(\lambda_\mathrm{p})N_2(z,t)\right]\left[P_\mathrm{p}^+(z,t)+P_\mathrm{p}^-(z,t)\right]-\frac{N_2(z,t)}{\tau}$$

$$+\frac{\Gamma}{hcA}\sum_{k=1}^{K}\lambda_k\left[\sigma_\mathrm{a}(\lambda_k)N_1(z,t)-\sigma_\mathrm{e}(\lambda_k)N_2(z,t)\right]\left[P_\mathrm{s}^+(z,t,\lambda_k)+P_\mathrm{s}^-(z,t,\lambda_k)\right] \quad (6.2.1)$$

$$N=N_1(z,t)+N_2(z,t) \quad (6.2.2)$$

由于掺 Yb^{3+}光纤的发射截面相对较宽，无法用某一固定波长的发射截面值进行准确地计算，因此，将 ASE 光谱分成不同的通道 K，每一个通道的中心波长和宽度（带宽）分别记作 $\lambda_k(k=1,2,\cdots,K)$、$\Delta\lambda$。其中，信号光带宽 $\Delta\lambda_\mathrm{s}$ 为 0~2 nm，可取 $\Delta\lambda=\Delta\lambda_\mathrm{s}$。这样，信号光和 ASE 光的功率传输方程就具有相同的形式。则泵浦光、放大信号光和 ASE 光沿光纤长度方向的功率传输方程可表示如下：

$$\pm\frac{\partial P_\mathrm{p}^\pm(z,t)}{\partial z}+\frac{1}{v_\mathrm{p}}\frac{\partial P_\mathrm{p}^\pm(z,t)}{\partial t}=-\Gamma_\mathrm{p}\left[\sigma_\mathrm{a}(\lambda_\mathrm{p})N_1(z,t)-\sigma_\mathrm{e}(\lambda_\mathrm{p})N_2(z,t)\right]P_\mathrm{p}^\pm(z,t)-\alpha(\lambda_\mathrm{p})P_\mathrm{p}^\pm(z,t) \quad (6.2.3)$$

$$
\begin{aligned}
\pm\frac{\partial P_{s}^{\pm}(z,t,\lambda_k)}{\partial z}+\frac{1}{v_k}\frac{\partial P_{s}^{\pm}(z,t,\lambda_k)}{\partial t}=&\ \Gamma_{s}\left[\sigma_{e}(\lambda_k)N_2(z,t)-\sigma_{a}(\lambda_k)N_1(z,t)\right]P_{s}^{\pm}(z,t,\lambda_k)\\
&-\alpha(\lambda_k)P_{s}^{\pm}(z,t,\lambda_k)+2\sigma_{e}(\lambda_k)N_2(z,t)\frac{hc^2}{\lambda_k^{\ 3}}\Delta\lambda\\
&+S_{R}(\lambda_k)P_{s}^{\pm}(z,t,\lambda_k),k=1,2,\cdots K
\end{aligned}
\quad (6.2.4)
$$

式中，N 为 Yb^{3+}掺杂浓度，z 为沿光纤轴向的位置坐标 ($z\in[0,L]$)，L 为光纤长度，$N_1(z,t)$ 和 $N_2(z,t)$ 分别为 t 时刻 z 位置处的下能级和上能级 Yb^{3+}粒子数密度。$P_{p}^{\pm}(z,t)$ 为 t 时刻 z 位置处的正向、反向泵浦功率；$P_{s}^{\pm}(z,t,\lambda_k)$ 为 t 时刻 z 位置处中心波长为 λ_k 通道内正向、反向信号光功率。Γ_{p} 和 Γ_{s} 分别为泵浦光和信号光的功率填充因子。$\sigma_{a}(\lambda_{p})$ 和 $\sigma_{e}(\lambda_{p})$ 分别为泵浦光的吸收截面和发射截面；$\sigma_{a}(\lambda_k)$ 和 $\sigma_{e}(\lambda_k)$ 分别为波长 λ_k 信号光的吸收截面和发射截面。v_{p} 和 v_k 分别为泵浦光和信号光的群速度。h 为普朗克常量；c 为真空中的光速；A 为光纤的纤芯面积。τ 为上能级 Yb^{3+}粒子寿命。S_{R} 为瑞利散射系数；$\alpha(\lambda_{p})$ 和 $\alpha(\lambda_k)$ 分别为泵浦光和信号光的衰减系数。

求解上述方程组，还需要确定方程的边界条件。

前向泵浦时，其满足如下边界条件：

$$P_{p}^{+}(0)=P_{p}^{in},P_{p}^{-}(L)=0,P_{s}^{+}(0,\lambda_s)=P_{s}^{in},P_{s}^{+}(0,\lambda_k)=0,P_{s}^{-}(L,\lambda_k)=0 \quad (6.2.5)$$

后向泵浦时，其满足如下边界条件：

$$P_{p}^{-}(L)=P_{p}^{in},P_{p}^{+}(0)=0,P_{s}^{+}(0,\lambda_s)=P_{s}^{in},P_{s}^{+}(0,\lambda_k)=0,P_{s}^{-}(L,\lambda_k)=0 \quad (6.2.6)$$

双向泵浦时，其满足如下边界条件：

$$P_{p}^{-}(L)=P_{p}^{in1},P_{p}^{+}(0)=P_{p}^{in2},P_{s}^{+}(0,\lambda_s)=P_{s}^{in},P_{s}^{+}(0,\lambda_k)=0,P_{s}^{-}(L,\lambda_k)=0 \quad (6.2.7)$$

式中，P_{p}^{in} 表示注入的泵浦功率；P_{s}^{in} 表示注入的信号功率；P_{p}^{in1} 和 P_{p}^{in2} 分别表示双向泵浦时，前向和后向注入的泵浦功率。

3. 波长小于 1030 nm MOPA 单频激光器的实验研究

蓝光到深紫外波段光源在拉曼光谱学、工业微加工、激光冷却与捕获、光数据存储、海底成像、度量衡学等领域有着潜在的应用前景。尽管半导体激光器能够工作在蓝光到深紫外波段，但存在输出功率较低、光束质量较差、光谱线宽较宽等不足，限制了其进一步应用。高性能的蓝光到深紫外激光器，可以通过波长范围小于 1.0 μm 的高功率线偏振单频光纤激光器进行二倍频或四倍频转换而获得。

然而，一般 980 nm 掺 Yb^{3+}石英光纤激光器或放大器的光谱线宽较宽和随机偏振输出，导致倍频转换效率相对较低。因此，发展高光束质量、kHz 线宽、低相对强度噪声的 976 nm 线偏振单频光纤激光器，对于倍频过程而言具有重要意义。与掺 Yb^{3+}石英光纤相比而言，高增益掺 Yb^{3+}磷酸盐光纤的吸收截面和发射截面在短波段明显不同，可以有效解决单频激光在小于 1 μm 波段的放大问题。

2013 年，美国亚利桑那大学 Zhu 等[60]利用厘米量级高掺杂 Yb^{3+}磷酸盐玻璃保偏光纤（YPF）进行了 976 nm 单频光纤激光的功率放大研究。MOPA 单频光纤激光器的装置结构如图 6.2.4 所示，包括一个 976 nm 单偏振单频光纤激光器（种子源）和一级短长度掺 Yb^{3+}磷酸盐保偏光纤放大器，其中 YPF 纤芯中 Yb^{3+}掺杂浓度为 6 wt.%。种子源的输出端与保偏波分复用器（WDM）的信号端相连，保偏 YPF 的两端分别与两个保偏 WDM 的公共端相连，另一个保偏 WDM 用于分离放大的信号光和残留的泵浦光。

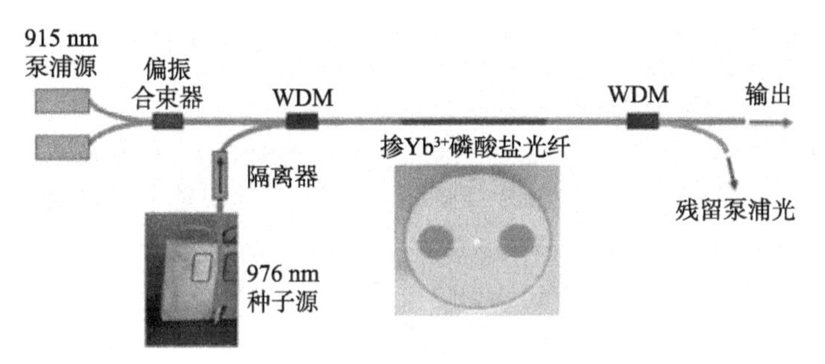

图 6.2.4　976 nm MOPA 单频光纤激光器实验装置[60]

研究者从实验上对 976 nm MOPA 单频激光器中 YPF 的使用长度进行了优化。图 6.2.5 所示为不同 YPF 长度下，MOPA 激光器的输出功率与泵浦功率的关系曲线。可以看出，2 cm 长度 MOPA 激光器的阈值最低，而 6 cm 长度的阈值最高，其意味着需要更高的泵浦功率实现粒子数反转。在信号功率 10 mW 条件下，对于 2 cm、4 cm、6 cm 三种长度 MOPA 激光器的斜率效率分别为 47.5%、52.5%、51.2%。在 739 mW 泵浦功率下，4 cm 长度 MOPA 激光器获得了最大输出功率为 350 mW 的单频激光

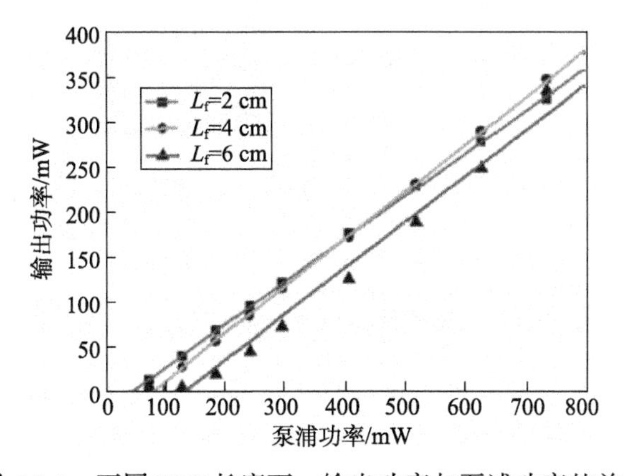

图 6.2.5　不同 YPF 长度下，输出功率与泵浦功率的关系

输出。测得 MOPA 激光器的输出信噪比（SNR）大于 50 dB；其偏振消光比（PER）大于 20 dB，表明输出激光具有良好的单偏振特性。此外，研究者采用延迟自外差法测得 MOPA 激光器的输出激光线宽约为 3 kHz，与种子源的激光线宽基本一致。

为了研究处在可见光和紫外（UV）波段的原子跃迁过程，迫切需求 kHz 线宽、低噪声和大功率（瓦级）1014 nm 单频光纤激光。尽管使用晶体材料或半导体材料的激光器，如 Yb:YAG 激光器和外腔半导体激光器，能够工作在 1014 nm，但存在输出功率较低、光谱线宽较宽、信噪比较低等诸多问题。单频激光系统往往使用 MOPA 结构以进一步同时获得大功率和窄线宽等输出性能。然而，掺 Yb^{3+}石英光纤的吸收截面在短波段增加明显，导致其工作在低于 1030 nm 波段比较困难[61~63]。有研究报道，采取对激光波长或长波段 ASE 光进行再吸收处理，以及将掺 Yb^{3+}石英光纤置于液氮中冷却以便减小吸收等措施，实现了波长 1014 nm、最高功率 10 W 的 MOPA 激光输出[64~66]。但在这些装置中，由于强烈的 ASE 和在短波段的低增益，导致输出激光性能较差，如信噪比较低（典型值：< 30 dB）、转换效率也低（典型值：20%~40%）、需要的放大器级数较多。

2014 年，华南理工大学 Yang 等[67]利用自制的高掺杂 Yb^{3+}磷酸盐玻璃光纤进行了 1014 nm 单频光纤激光的功率放大研究。1014 nm MOPA 单频光纤激光器的装置结构如图 6.2.6 所示，包括一个 1014 nm 单频激光器（种子源）和一级短长度掺 Yb^{3+}磷酸盐光纤放大器（YPFA）。种子源基于一段长 1.4 cm 的掺 Yb^{3+}磷酸盐光纤（YPF）所构成的短腔 DBR 结构，其最高输出功率为 40 mW。YPFA 中使用长度分别为 2.1 cm、4.0 cm、6.2 cm 的 YPF 作为增益介质，图 6.2.6 中插入图为使用 CCD 成像系统测量的 YPF 横截面图片。YPF 的两端分别与两个波分复用器（WDM 1、WDM 2）的公共端熔接在一起，其中 WDM 2 用于分离放大的信号光和残留的泵浦光。

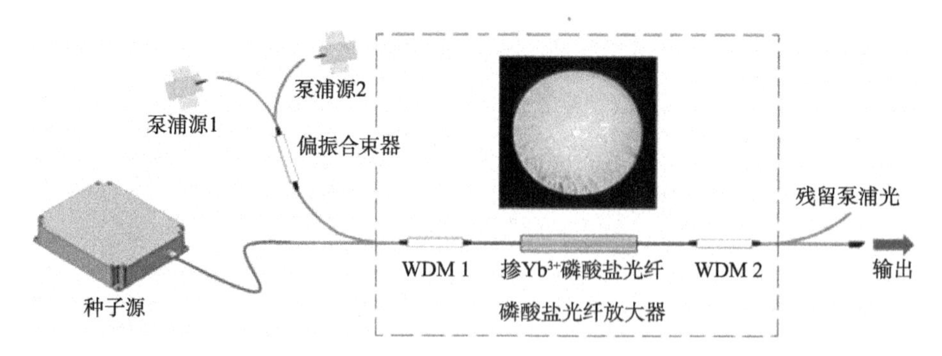

图 6.2.6　1014 nm MOPA 单频光纤激光器实验装置。插入图为 YPF 横截面图片[67]

研究者基于掺 Yb^{3+}光纤放大理论[68,69]和 YPF 具体光学参数，从理论和实验上对 1014 nm MOPA 单频激光器中 YPF 的使用长度进行了优化。图 6.2.7（a）所示为 MOPA 激光器的输出功率与泵浦功率关系的模拟和实验结果。对于 2.0 cm、4.0 cm、

6.0 cm 三种长度 MOPA 激光器的理论斜率效率分别为 66.7%, 88.5%, 84.5%。在信号功率 21.4 mW 条件下，实验中具体使用了 2.1 cm, 4.0 cm, 6.2 cm 三种长度 YPF，其相应 MOPA 激光器的斜率效率分别为 67.6%, 81.1%, 71.6%，实验结果与模拟结果基本吻合。从图中可以发现，4.0 cm 长度 MOPA 激光器具有最高的光–光转换效率和输出功率。

在泵浦功率 1140 mW 条件下，使用光谱仪测量了不同光纤长度 MOPA 激光器的输出光谱。图 6.2.7（b）所示为当信号功率为 21.4 mW 时，MOPA 激光器输出光谱的实验结果和前向 ASE 功率与波长关系的模拟结果。从实验输出光谱和模拟结果均可以看出，4.0 cm 长度 MOPA 激光器的信噪比（SNR）相对最高，模拟的谱形与实验光谱图基本一致。

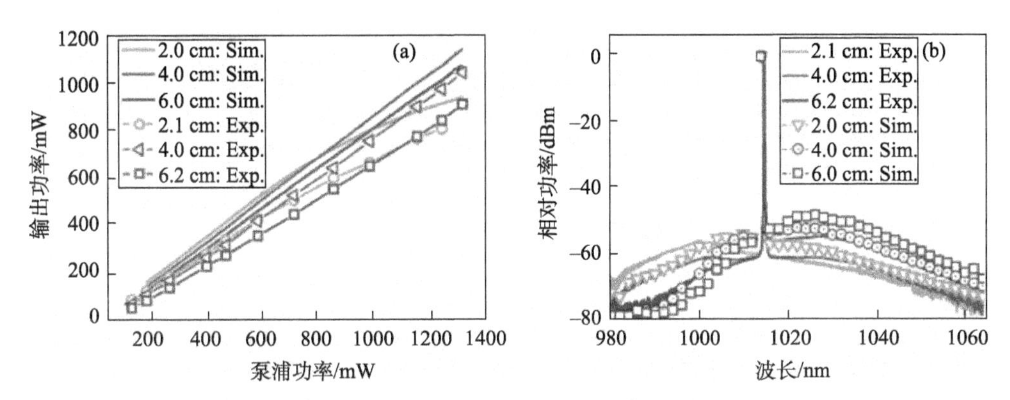

图 6.2.7　（a）输出功率与泵浦功率关系的模拟（实线）和实验结果（点线）；（b）输出光谱的实验结果（实线）和前向 ASE 功率与波长关系的模拟结果（点线）（后附彩图）

研究者重点测量了 4.0 cm 长度 MOPA 激光器的输出激光特性。图 6.2.8 所示为不同信号功率下，输出功率与泵浦功率的关系。当信号功率为 38.8 mW 和泵浦功

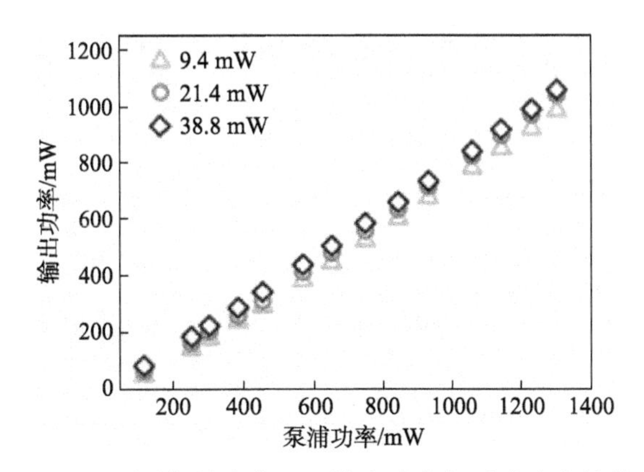

图 6.2.8　不同信号功率下，输出功率与泵浦功率的关系

率为 1300 mW 时，获得最高输出功率 1059 mW 和最高光–光转换效率 81.4%。再者，使用光谱分析仪测得的 MOPA 激光器的输出信噪比仍然达到了 62 dB。此外，研究者基于 10 km 单模光纤延迟线，采用自外差法测得 4.0 cm MOPA 激光器的输出激光线宽约为 2.0 kHz，相比于种子源的激光线宽（1.9 kHz），两种激光器的线宽和谱型基本一致，在放大过程中没有观察到明显的线宽展宽。

2014 年，中科院上海光学精密机械研究所 Hu 等[70]使用掺 Yb^{3+}双包层保偏光纤进行了 1014.8 nm 单频激光功率放大，对增益光纤长度、光纤几何结构、光纤基质材料等进行了仔细研究，实验装置原理如图 6.2.9 所示。MOPA 激光器由一只波长 1014.8 nm 外腔半导体单频激光器（种子源）和两级掺 Yb^{3+}保偏光纤放大器组成。功放级所用的增益光纤为长 1.4 m 的保偏双包层石英光纤，其纤芯和内包层直径分别为 10 μm、125 μm。

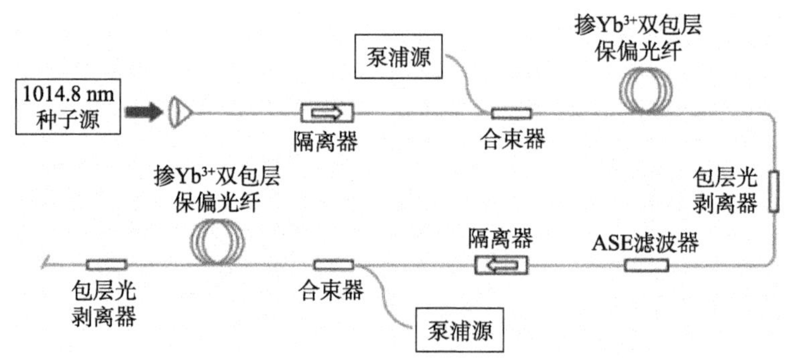

图 6.2.9　大功率 1014.8 nm MOPA 单频光纤放大器实验装置[70]

图 6.2.10 为不同信号功率下，MOPA 激光器的输出功率和前向 ASE 与泵浦功率的关系曲线。使用两级光纤放大器级联结构，在信号功率为 3.1 W 条件下，获得了最大功率为 19.3 W 的线偏振单频激光输出，效率为 33.5%。输出功率的继续提升

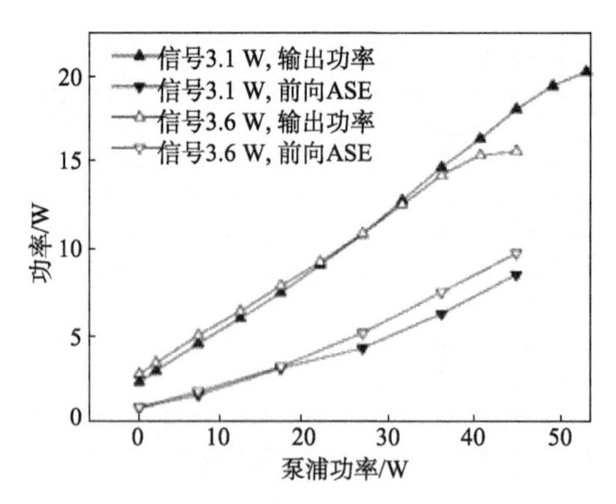

图 6.2.10　不同信号功率下，输出功率和前向 ASE 与泵浦功率的关系曲线

受到了SBS效应的限制。采用自外差法测得MOPA激光器的输出激光线宽约为24 kHz，在放大过程中同样没有观察到明显的线宽展宽。

4. 波长 1064 nm 线偏振 MOPA 单频激光器的实验研究

1064 nm 大功率单频光纤激光有着非常广泛的应用潜力，如激光测距、相干和光谱合束、引力波探测、激光雷达[55, 56, 71]。尤其是，为了获得高转换效率和紧凑结构，往往要求单频激光器具有全光纤化、千赫兹线宽、线偏振、低噪声、大功率输出（数瓦级乃至更高）等性能，如非线形频率转换、光参量振荡、光参量放大等应用领域[54, 72~74]。

由于受限于受激布里渊散射（SBS）效应，基于 MOPA 结构单频光纤激光器的输出功率多年来一直停留在 500 W 量级水平[75,76]，且这些研究多采用一些体光学元器件和 Nd:YAG 非平面环形振荡腔或 DFB 半导体激光器作为种子源，自由空间结构造成激光系统体积较大、重量较重、对声场和震动非常敏感、激光线宽较宽（受限于种子源的线宽）。再者，对于稳定性良好的全光纤化 MOPA 单频激光器的研究，使用掺 Yb^{3+}大模场面积光纤（LMAF）和复杂的多个放大器分别实现了 194 W 和 310 W 的激光输出[55, 77]。这些非保偏光纤放大系统中输出激光特性会劣化，其输出偏振态和激光线宽不确定，且 SBS 效应的产生将严重限制单频激光输出功率规模。常用的 SBS 抑制措施，如采用沿光纤产生温度梯度和应力梯度等，可以有效提高 SBS 阈值，但应力的引入对于保偏 MOPA 系统而言是不合理的。当然，最简单与行之有效的方法是直接使用短长度大芯径的高掺杂 Yb^{3+}增益光纤。

2016 年，华南理工大学 Yang 等[57]进行了全光纤线偏振 MOPA 单频激光器的研究，实现了工作波长 1064 nm、功率 52 W 的低噪声窄线宽单频光纤激光输出。图 6.2.11 所示为线偏振 MOPA（LP-MOPA）单频激光器的装置结构，主要包括线偏振（LP）单频激光器（种子源）和两级掺 Yb^{3+}双包层保偏光纤放大器。种子源是基于掺 Yb^{3+}磷酸盐光纤的短腔 DBR 谐振腔，其输出功率最高为 53 mW，偏振消光比（PER）大于 30 dB。此外，采用光电反馈方案将负反馈电路作用于泵浦电流，对种子源的强度噪声进行了一定程度的抑制。

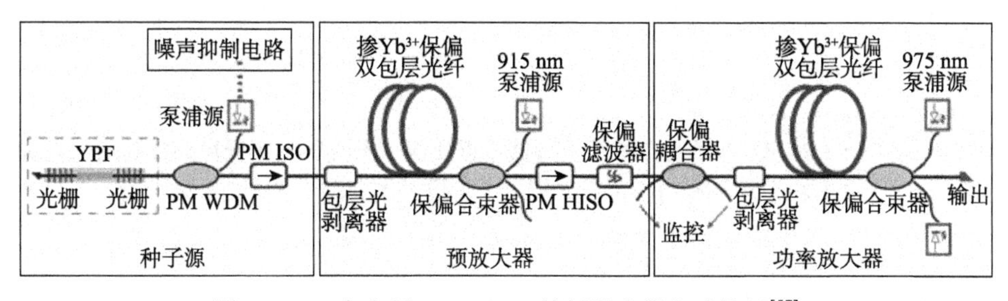

图 6.2.11　全光纤 LP-MOPA 单频激光器实验装置[57]

种子源的输出功率首先经预放大器放大至 4.2 W，该级由一段长 5 m 的掺 Yb^{3+} 保偏双包层光纤作为增益介质。一个保偏高功率隔离器（PM HISO）用于阻止两放大器之间有害返回光。功率放大器主要由一段长 2.5 m 的掺 Yb^{3+} 保偏双包层光纤组成，其纤芯直径为 12 μm、数值孔径 *NA* 为 0.10、内包层直径为 125 μm，在 975 nm 泵浦波长处的包层吸收系数达到 12 dB/m。

为了实现 LP-MOPA 激光器的窄线宽输出，研究者对种子源的相对强度噪声进行了抑制与功率放大。使用 20 km 光纤延迟线，采用延迟自外差法测量了噪声抑制前后激光器的线宽，如图 6.2.12（a）所示。从插入图可以看出，噪声抑制前后对种子源的输出激光线宽没有明显影响，均小于 2 kHz（全高半宽，FWHM）。噪声抑制之后，LP-MOPA 激光器的线宽与种子源的线宽大小基本一致，没有明显变化。没有抑制时，LP-MOPA 激光器的线宽与种子源的激光线宽（2 kHz）相比较，展宽至 3 kHz，归因于放大中弛豫振荡的强度波动引起自相位调制所导致的[11]。再者，使用频谱分析仪测量了噪声抑制前后种子源的相对强度噪声（RIN），在频率 1.1 MHz 处的弛豫振荡主峰被抑制了 15 dB，至 RIN 小于−125 dB/Hz。在最高输出功率下，当频率超过 2 MHz，LP-MOPA 激光器的 RIN 稳定在低于−130 dB/Hz 水平。

图 6.2.12（b）所示为 LP-MOPA 激光器输出功率和泵浦功率关系的模拟和实验结果。当泵浦功率为 64.5 W 时，实验输出功率达到最高为 52.1 W，其光–光转换效率约为 81%。模拟得到的输出功率和光–光转换效率分别为 60 W、86%。图 6.2.12（b）中插入图为后向传输功率与激光输出功率的关系曲线。从图中可以发现，后向传输功率呈现线形地增加，表明激光系统仍然处于 SBS 阈值之下。根据前面讲过的 SBS 阈值公式，评估的 SBS 阈值约为 45 W，其略低于实验中最高输出功率。

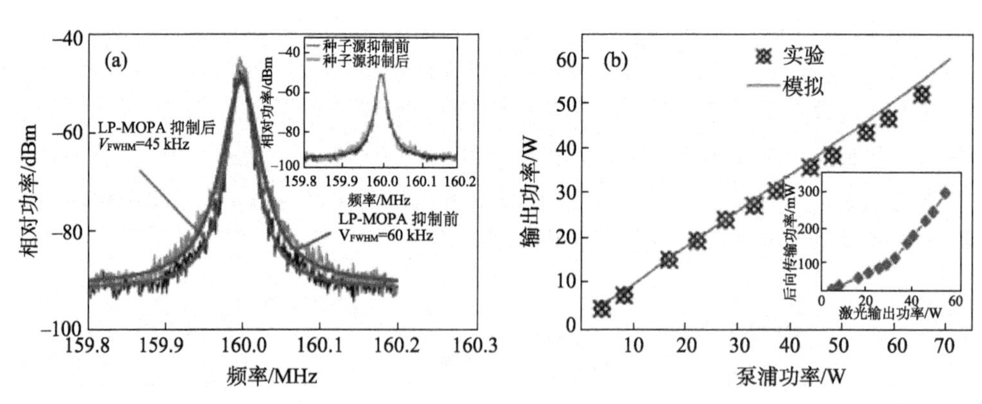

图 6.2.12　（a）LP-MOPA 激光器的线宽测量结果，插入图为种子源噪声抑制前后的线宽测量结果；（b）输出功率和泵浦功率关系的模拟（实线）和实验（点线）结果，插入图为后向传输功率与激光输出功率的关系（后附彩图）

此外，研究者利用基于 100 m 光程差构造的非平衡迈克耳孙干涉仪，测量了激光器的相位噪声，测量结果如图 6.2.13 所示。从图中可以看出，在 100 Hz~1 kHz 频率区域内，由于声场和环境振动等因素对两种激光器具有同样的贡献，使得两者的相位噪声水平相当。当频率超过 1 kHz，LP-MOPA 激光器的相位噪声小于 5 μrad/Hz$^{1/2}$，但比种子源的相位噪声高出了约 4 μrad/Hz$^{1/2}$，其原因可能是由于泵浦功率的波动导致的。

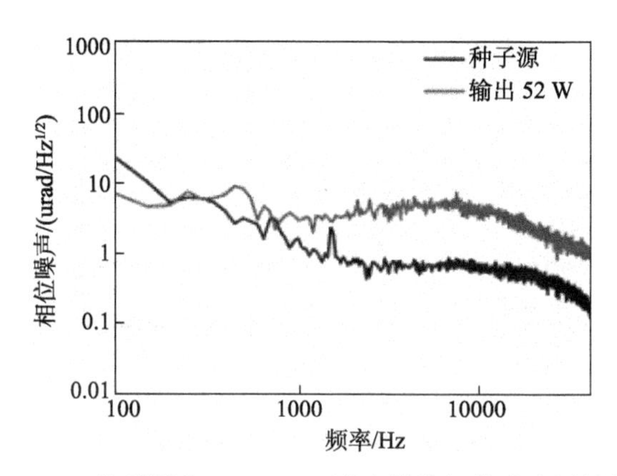

图 6.2.13　种子源和 LP-MOPA 激光器的相位噪声测量结果

对于 1064 nm 单频激光功率放大，具有代表性的研究工作：2007 年，美国康宁公司的 Gray 等[54]采用体光学元器件和大芯径双包层光纤构成的 MOPA 结构，实现了波长 1064 nm、功率 502 W 单频光纤激光输出。放大部分采用两级掺 Yb^{3+}光纤放大器级联结构，将工作波长 1064 nm、功率 100 mW、线宽小于 3 kHz 的光纤激光器作为种子源，预放大器使用一段长 4 m、芯径 20 μm 的掺 Yb^{3+}保偏双包层光纤将信号光提升到 5 W，并且将增益光纤盘绕弯曲成约 70 mm 的直径以滤除高阶模式，获得预放大级输出信号的光束质量因子为 1.06。

功率放大器包含一段 8.5 m 长的掺 Yb^{3+}保偏双包层光纤，其纤芯直径为 39 μm，内包层（六边形）直径为 420 μm，数值孔径（*NA*）为 0.05；双包层光纤在 976 nm 波长处的泵浦吸收系数为 3.2 dB/m，其实验原理如图 6.2.14 所示。实验过程中对后向输出功率、光谱等进行了仔细监控，以评估受激布里渊散射（SBS）效应。

功率放大级在泵浦功率 800 W 条件下，获得了最大功率 502 W 的光纤激光输出。研究者用光束质量分析仪测得输出激光的光束质量因子为 1.4，表明输出光束具有较好的模式质量。图 6.2.15（a）所示为后向输出功率与激光器输出功率的关系。后向输出功率没有出现明显的突变点，表明 MOPA 激光系统功率水平仍处于 SBS 阈值之下。在输出功率分别为 100 W 和 500 W 条件下，用光谱分析仪测量了后向输出光谱，其结果如图 6.2.15（b）所示。对于输出功率 100 W 时，光谱区域主要由瑞利散射信号峰占据，其峰值超过反斯托克斯布里渊散射和斯托克斯布里渊散射峰值 20 dB 以上。对于输出功率 500 W 时，斯托克斯布里渊散射峰在强度上基本与瑞利散射信号峰相当，表明 MOPA 激光系统功率水平接近 SBS 阈值。再者，研究者根据布里渊增益系数值（0.9×10^{-11}m/W），评估得到，此时 MOPA 激光系统的 SBS 阈值约为 542 W，略高于实际输出功率值。

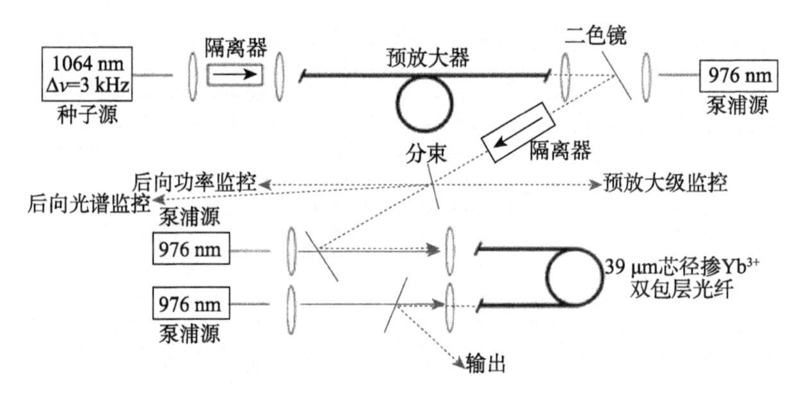

图 6.2.14 基于高 SBS 阈值双包层光纤的两级放大器系统实验装置[54]

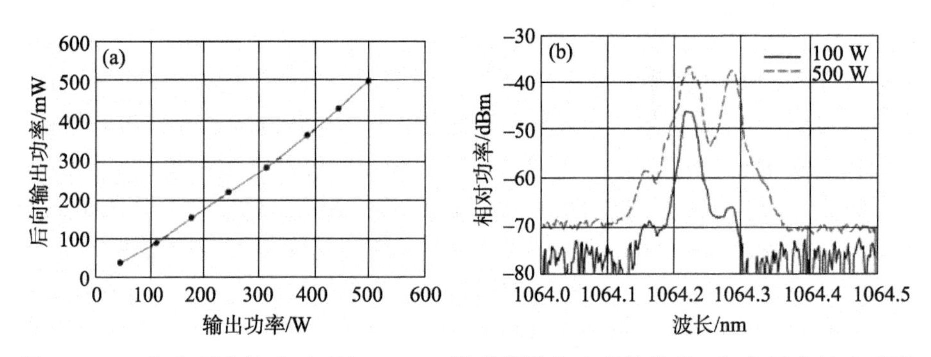

图 6.2.15 （a）后向输出功率与 MOPA 激光器输出功率的关系；（b）后向输出光谱

5. 波长 1083 nm 保偏 MOPA 单频激光器的实验研究

窄线宽单频激光在相干光通信、光纤传感、高精度光谱学等领域有着潜在的应用价值。尤其是 1083 nm 单频激光可应用于非线形频率转换、原子与分子光谱学[51~53, 78, 79]。如 1083 nm 单频激光用于研究氦原子（He）多重谱线，可提高精细结构常量的测量精度[80, 81]。此外，使用氦原子这种自然产生的亚稳状态，操作在 1083 nm 波长的共振荧光多普勒测风/测温激光雷达，可有效探测 300~1000 km 上中性大气[82, 83]。这些应用场合要求 1083 nm 激光器具有窄线宽、低噪声、瓦级、保偏输出性能。

实现 1083 nm 单频激光有以下的几种方式。灯泵 $La_xNd_{1-x}MgAl_{11}O_{19}$（LNA）固体激光器可以产生 2 GHz 谱宽、数瓦输出功率[84]。DBR 半导体激光器可以产生几百千赫兹线宽、数毫瓦输出功率[85, 86]。1083 nm 掺镱光纤激光器基于环形腔结构，利用可饱和吸收体和偏振相关器件可实现几兆赫兹线宽输出[87]；基于线形腔结构，利用环形镜滤波器和偏振控制器能够产生几千赫兹线宽、数毫瓦输出功率[88]。通常情况下，需要使用基于掺镱光纤放大器的 MOPA 结构以进一步增加单频激光的输出功率。

尽管上述 1083 nm 半导体激光器或光纤激光器的输出功率可以放大到几百毫瓦，乃至数十瓦，但由于 ASE 噪声严重，导致输出激光的信噪比较低、线宽较宽、单纵模运转的不稳定。值得注意的是，工作波长 1083 nm 处于掺 Yb^{3+}光纤增益谱的边缘，一般可利用的增益值小于 14 dB，对 1083 nm 种子源进行功率放大存在一定困难，往往需要采取 ASE 抑制或滤除等措施。

2014 年，华南理工大学 Yang 等[89]利用纤芯泵浦掺 Yb^{3+}单包层保偏光纤进行了 1083 nm 单频光纤激光的功率放大研究。图 6.2.16 所示为 1083 nm 保偏 MOPA 单频激光器的装置结构，包括一个 1083 nm 短腔 DBR 线偏振单频光纤激光器（种子源）和一个一级掺 Yb^{3+}单包层保偏光纤放大器。种子源的输出功率最高为 110 mW，其线宽小于 3 kHz，偏振消光比大于 30 dB。放大器的增益介质为一段长 2.5 m 的 Yb^{3+}高掺杂保偏单包层光纤。用两只功率 750 mW、单模 976 nm 半导体激光器（泵浦源 1、泵浦源 2）双向抽运掺 Yb^{3+}增益光纤。

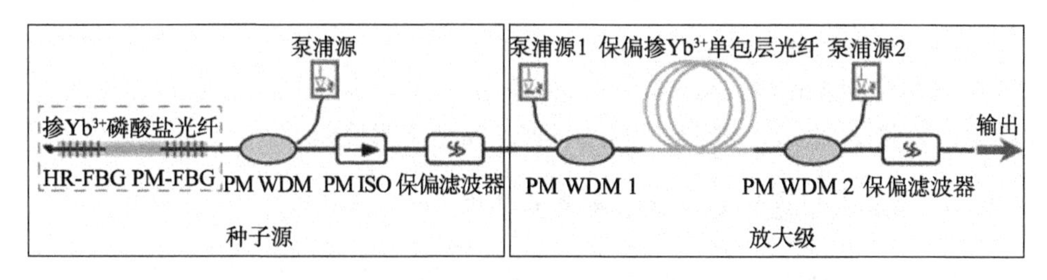

图 6.2.16　1083 nm PM-MOPA 单频激光器实验装置[89]

通常，限制 1083 nm 掺 Yb^{3+}光纤放大过程中功率或增益的主要因素是，在 1030 nm 波长处大量 ASE 的产生，极大地提取了泵浦功率，因而需要对 ASE 进行抑制以提高信噪比。研究者使用保偏滤波器直接滤除种子源的 ASE 光，使其信噪比从 60 dB 提高到了 75 dB，种子源的输出光谱如图 6.2.17（a）中插入图所示。然后，将种子源的信号功率从 30 mW 提高到 110 mW，用光谱分析仪测量了 MOPA 激光器在泵浦功率 1300 mW 下的输出光谱，如图 6.2.17（a）所示。从图中可以看出，通过提高信号功率可以将MOPA激光器的ASE功率水平进行有效抑制，抑制比超过 15 dB。图 6.2.17（b）所示为不同信号功率下，MOPA 激光器的输出功率与泵浦功率的关系曲线。在最大信号功率 110 mW 和泵浦功率 1500 mW 条件下，获得了最高输出功率 1.03 W 和增益 9.7 dB，其最高光–光转换效率值为 68.7%。

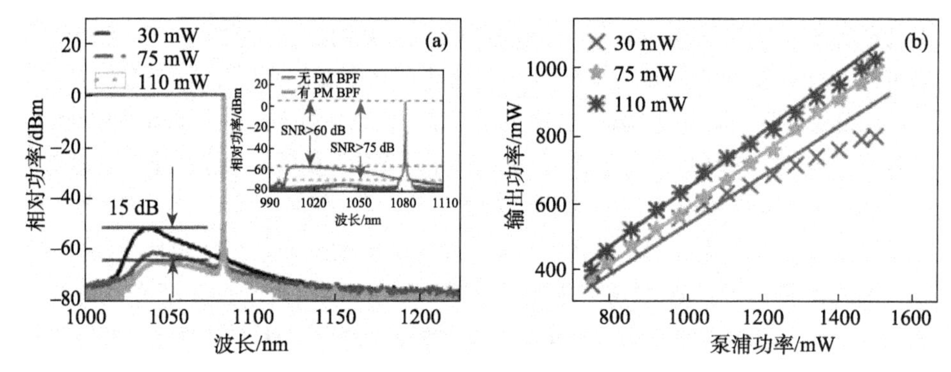

图 6.2.17 （a）不同信号功率下，MOPA 激光器的输出光谱；（b）不同信号功率下，输出功率与泵浦功率的关系（后附彩图）

此外，研究者使用 20 km 光纤延迟线，采用延迟自外差法测量了上述 MOPA 激光器的线宽。结果表明：其激光线宽小于 3.5 kHz（全高半宽，FWHM），与种子源的线宽大小基本一致。使用偏振分析仪测得 MOPA 激光器的平均偏振度约为 99.5%，相应的偏振消光比大于 25 dB。

2012 年，国防科技大学 Xu 等[87]利用多级 MOPA 结构，进行了 1083 nm 单频光纤激光的功率放大研究。将自制的工作波长 1083 nm、功率 2.8 mW、线宽 12 MHz 的环形腔单频光纤激光器作为种子源，使用四个光纤放大器级联，获得了最大功率 90.4 W 的单频激光输出，其光–光转换效率为 72.5%，偏振消光比为 13 dB。在功率规模方面，将 1083 nm MOPA 单频激光器的输出功率推向了更高的水平。

6.2.2 1.5 μm 波段连续单频光纤激光的放大

1.5 μm 波段大功率窄线宽单频光纤激光在光电传感、相干激光雷达、分布式光纤传感器、微波光子以及太赫兹源等领域有非常广泛的应用前景。基于单一振荡器或谐振腔的单频光纤激光，如短腔磷酸盐光纤 DBR 结构，能够获得目前最高几百毫瓦的单频激光输出[90, 91]，但是，同样受制于谐振腔腔长和热效应等问题，难以进一步提高其输出功率。为了获得较大功率 1.5 μm 波段单频激光输出，必须借助于种子源主振荡功率放大（MOPA）技术方案，即主要使用由铒镱（Er^{3+}/Yb^{3+}）共掺光纤和泵浦源组成的光纤放大器对 1.5 μm 波段连续单频光纤激光进行功率放大。

1. 铒镱共掺光纤特性

1）铒镱共掺光纤特点

在掺铒光纤激光系统中，一方面，Er^{3+}高掺杂光纤不足以提供足够的泵浦吸收，使得其输出功率、斜率效率低下；另一方面，Er^{3+}高掺杂光纤固有的离子聚集效应，既降低了量子效率，又容易引起了自脉冲效应。为了提高泵浦吸收效率和获得大功率输出，铒镱共掺光纤是一种理想的选择。Er^{3+}/Yb^{3+}共掺光纤含有敏化离子 Yb^{3+}，其具有较宽的吸收带，在 800~1080 nm 波长范围内都有很强的吸收，跨越着几个泵浦源波长区域[59]。Er^{3+}/Yb^{3+}共掺光纤在 500~1700 nm 波长范围内的吸收与发射特性曲线，如图 6.2.18 所示。

在 Er^{3+}/Yb^{3+}共掺光纤中，Yb^{3+}并不直接发生能级跃迁而产生激光，仅作为一个能量传递的工具，通过交叉弛豫方式将高能级上的粒子转移到与 Er^{3+}能量相近的能级上去，使 Er^{3+}相关能级上的粒子数急剧增加。此外，要实现受激辐射光放大，Er^{3+}、Yb^{3+}必须达到一定的掺杂浓度水平，要有足够的 Er^{3+}，才能使增益大于损耗。同时，Er^{3+}、Yb^{3+}之间还必须有一个最佳的掺杂浓度比，使得 Yb^{3+}能够均匀地包围 Er^{3+}而形成 Yb^{3+}-Er^{3+}离子对，只有这样，Yb^{3+}才能够把泵浦能量通过离子对高效地转移给 Er^{3+}，使其达到粒子数反转状态。

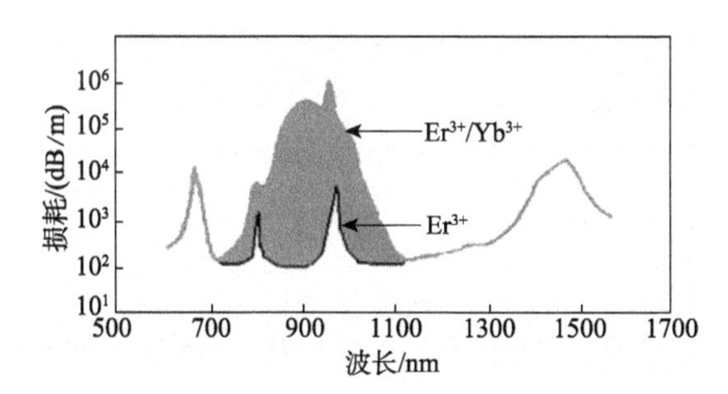

图 6.2.18　Er^{3+}/Yb^{3+}共掺光纤的吸收与发射光谱

2）铒镱共掺光纤能级结构

当激光工作时，Er^{3+}的状态变化属于三能级系统；但描述 Er^{3+}的粒子跃迁时，有时也将 Er^{3+}能量上转换时的高能级考虑进去，涉及了 $^4I_{15/2}$、$^4I_{13/2}$、$^4I_{11/2}$、$^4I_{9/2}$ 四个能级。Yb^{3+}的能级结构比较简单，用简单的二能级系统描述即可，即 Yb^{3+}的 $_2F_{7/2}$、$^2F_{5/2}$ 能级。

铒镱共掺系统的能级传递关系模型，如图 6.2.19 所示。首先，Yb^{3+}吸收泵浦能量，从基级 $^2F_{7/2}$（基态）受激跃迁到 $^2F_{5/2}$ 能级（激发态）；然后，$^2F_{5/2}$ 激发态的能量通过交叉弛豫过程（敏化作用）将能量传递给 Er^{3+}的 $^4I_{15/2}$ 基态，使 Er^{3+}受激跃迁到 $^4I_{11/2}$ 激发态，而 Yb^{3+}从 $^2F_{5/2}$ 激发态返回到 $^2F_{7/2}$ 基态；最后，处于 $^4I_{11/2}$ 激发态的 Er^{3+}经过无辐射跃迁过程，快速地弛豫到 $^4I_{13/2}$ 亚稳态，一旦处于 $^4I_{13/2}$ 亚稳态的粒子数达到反转条件时，将通过受激辐射产生 1.5 μm 波段激光。该模型忽略 Er^{3+}对泵浦光的受激吸收过程，也忽略从 Er^{3+}激发态到 Yb^{3+}基态的反向能量传递过程。

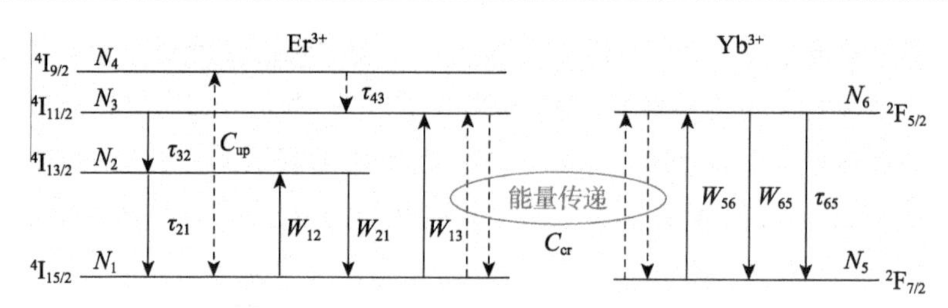

图 6.2.19　Er^{3+}/Yb^{3+}共掺系统的能级跃迁

2. 铒镱共掺光纤放大理论模型

粒子速率方程描述激活离子在能级间跃迁过程，功率传输方程描述光场在增益介质中演变过程。从两者出发，建立了铒镱共掺光纤放大理论模型。其可以分析掺杂光纤长度、输入信号功率、输入信号波长、泵浦功率、泵浦波长等不同参数对激光输出特性的具体影响情况。

假设Er^{3+}, Yb^{3+}在纤芯中均匀分布，掺杂浓度分别为N_{Er}和N_{Yb}。Er^{3+}的$^4I_{15/2}$, $^4I_{13/2}$, $^4I_{11/2}$, $^4I_{9/2}$能级的粒子数密度分别为$N_1(z,t)$, $N_2(z,t)$, $N_3(z,t)$, $N_4(z,t)$。将Yb^{3+}的$^2F_{7/2}$和$^2F_{5/2}$定义为第5和第6能级，其能级的粒子数密度分别为$N_5(z,t)$、$N_6(z,t)$。则Er^{3+}/Yb^{3+}共掺光纤放大器的粒子速率方程组可以描述为[92, 93]

$$\frac{\partial N_1}{\partial t}=-W_{12}N_1-W_{13}N_1+\frac{N_2}{\tau_{Er}}+W_{21}N_2+C_{up}N_2^{\ 2}-C_{14}N_1N_4+C_{up}N_3^{\ 2}-C_{cr}N_1N_6 \tag{6.2.8}$$

$$\frac{\partial N_2}{\partial t}=W_{12}N_1-W_{21}N_2-\frac{N_2}{\tau_{Er}}+A_{32}N_3-2C_{up}N_2^{\ 2}+2C_{14}N_1N_4 \tag{6.2.9}$$

$$\frac{\partial N_3}{\partial t}=W_{13}N_1-A_{32}N_3+A_{43}N_4-2C_{up}N_3^{\ 2}+C_{cr}N_1N_6 \tag{6.2.10}$$

$$\frac{\partial N_4}{\partial t}=C_{up}N_2^2-C_{14}N_1N_4-A_{43}N_4+C_{up}N_3^2 \tag{6.2.11}$$

$$\frac{\partial N_6}{\partial t}=W_{56}N_5-\frac{N_6}{\tau_{Yb}}-W_{65}N_6-C_{cr}N_1N_6 \tag{6.2.12}$$

式中，W_{12} , W_{13} , W_{21} , W_{56} , W_{65} 分别表示$^4I_{15/2}$和$^4I_{13/2}$能级之间的受激吸收跃迁概率、$^4I_{15/2}$和$^4I_{11/2}$能级之间的受激吸收跃迁概率、$^4I_{13/2}$和$^4I_{15/2}$能级之间的受激辐射跃迁概率、$^2F_{7/2}$和$^2F_{5/2}$能级之间的受激吸收跃迁概率、$^2F_{5/2}$和$^2F_{7/2}$能级之间的受激辐射跃迁概率。τ_{Er}和τ_{Yb}分别表示$^4I_{13/2}$和$^2F_{5/2}$能级上的自发辐射寿命。A_{32}和A_{43}分别表示$^4I_{11/2}$和$^4I_{13/2}$能级、$^4I_{9/2}$和$^4I_{11/2}$能级之间的无辐射跃迁概率。C_{up}表示$^4I_{13/2}$亚稳态能级和$^4I_{11/2}$激发态能级的上转换系数，用于描述铒离子出现成对上转换现象的概率；C_{14}表示$^4I_{15/2}$和$^4I_{9/2}$到$^4I_{13/2}$能级的交叉弛豫系数；C_{cr}表示$^2F_{5/2}$和$^4I_{15/2}$能级之间的能量传递系数。

信号光、泵浦光受激吸收或受激辐射跃迁概率W_{ij}，表示Er^{3+}或Yb^{3+}第i和j

能级之间的受激吸收或受激辐射跃迁概率。可以由下列式子给出：

$$W_{12}=\frac{\Gamma_s\sigma_{12}(\lambda_s)\lambda_s}{hcA_{core}}P_s(z,\lambda_s)+\frac{\Gamma_s}{hcA_{core}}\int\sigma_{12}(\lambda)[P^+_{ASE}(z,\lambda_s)+P^-_{ASE}(z,\lambda_s)]*\lambda d\lambda \tag{6.2.13}$$

$$W_{21}=\frac{\Gamma_s\sigma_{21}(\lambda_s)\lambda_s}{hcA_{core}}P_s(z,\lambda_s)+\frac{\Gamma_s}{hcA_{core}}\int\sigma_{21}(\lambda)[P^+_{ASE}(z,\lambda_s)+P^-_{ASE}(z,\lambda_s)]*\lambda d\lambda \tag{6.2.14}$$

$$W_{13}=\frac{\Gamma_p\sigma_{13}(\lambda_p)\lambda_p}{hcA_{core}}P_p(z,\lambda_p) \tag{6.2.15}$$

$$W_{56}=\frac{\Gamma_p\sigma_{56}(\lambda_p)\lambda_p}{hcA_{core}}P_p(z,\lambda_p) \tag{6.2.16}$$

$$W_{65}=\frac{\Gamma_p\sigma_{65}(\lambda_p)\lambda_p}{hcA_{core}}P_p(z,\lambda_p) \tag{6.2.17}$$

式中，$\sigma_{56}(\lambda)$、$\sigma_{65}(\lambda)$分别表示 Yb^{3+}对泵浦光的受激吸收和发射截面，$\sigma_{13}(\lambda)$为 Er^{3+}对泵浦光的吸收截面，$\sigma_{12}(\lambda),\sigma_{21}(\lambda)$分别表示 Er^{3+}对信号光的受激吸收和发射截面。h 表示普朗克常量，c 表示光速，A_{core} 表示光纤纤芯截面积。$P^+_{ASE}(z,\lambda_s)$，$P^-_{ASE}(z,\lambda_s)$分别表示在波长 λ 下，沿 z 方向在波长间隔 $\Delta\lambda$ 内的前向和后向 ASE 光功率，即波长在 1400 nm < λ <1650 nm 的 $^4I_{13/2}$-$^4I_{15/2}$ 能级和波长在 850 nm < λ <1100 nm 的 $^2I_{5/2}$ -$^2I_{7/2}$ 能级的 ASE 光功率。$P_s(z,\lambda_s)$表示信号光功率分布，$P_p(z,\lambda_p)$表示泵浦光功率分布，λ_s,λ_p 分别为信号光和泵浦光波长。

其中，Yb^{3+}亚稳态能级的粒子数相对于基态能级的粒子数较少，可以忽略来自于 Yb^{3+}的 1.0 μm 波段 ASE，仅仅考虑来自于 Er^{3+}的 1.5 μm 波段 ASE。Γ_p,Γ_s 分别表示泵浦光和信号光的能量填充系数，即与掺杂纤芯的重叠因子。对于双包层光纤，Γ_p 可以近似等于其纤芯面积与内包层面积之比。对于 Γ_s，可以由下列公式计算得到：

$$\Gamma_s=1-\exp(-2a^2/\omega_s^2) \tag{6.2.18}$$

式中，a 为双包层光纤的纤芯半径，ω_s 为信号光功率的模场半径。

假设 Er^{3+}和 Yb^{3+}离子浓度在纤芯中和沿光纤长度方向不变，为一常量，N^t_{Er} 和 N^t_{Yb} 为 Yb^{3+}和 Yb^{3+}掺杂密度，则有

$$N^t_{Er}=N_1(r,z)+N_2(r,z)+N_3(r,z)+N_4(r,z) \tag{6.2.19}$$

$$N^t_{Yb}=N_5(r,z)+N_6(r,z) \tag{6.2.20}$$

求解上述粒子数方程组，还需要知道沿光纤轴向各点的能量分布，而泵浦光、放大信号光和自发辐射光（ASE）沿光纤长度的功率传输方程组，可以由下列式子给出：

$$\pm\frac{dP^\pm_p(z,\lambda_p)}{dz}=\mp\Gamma_p(\lambda_p)[\sigma_{56}(\lambda_p)N_5(r,z)+\sigma_{13}(\lambda_p)N_1(r,z)$$
$$-\sigma_{65}(\lambda_p)N_6(r,z)]P^\pm_p(z)\mp\alpha(\lambda_p)P^\pm_p(z,\lambda_p) \tag{6.2.21}$$

$$\pm\frac{\mathrm{d}P_{\mathrm{s}}^{\pm}(z,\lambda_{\mathrm{s}})}{\mathrm{d}z}=\pm\Gamma_{\mathrm{s}}(\lambda_{\mathrm{s}})[\sigma_{21}N_2(r,z)-\sigma_{12}N_1(r,z)]P_{\mathrm{s}}^{\pm}(z,\lambda_{\mathrm{s}})\mp\alpha(\lambda_{\mathrm{s}})P_{\mathrm{s}}^{\pm}(z,\lambda_{\mathrm{s}}) \quad (6.2.22)$$

$$\pm\frac{\mathrm{d}P_{\mathrm{ASE}}^{\pm}(z,\lambda_k)}{\mathrm{d}z}=\pm\Gamma_{\mathrm{s}}(\lambda_k)[\sigma_{21}N_2(r,z)-\sigma_{21}N_1(r,z)]P_{\mathrm{ASE}}^{\pm}(z,\lambda_k)\mp\alpha(\lambda_k)P_{\mathrm{ASE}}^{\pm}(z,\lambda_k) \quad (6.2.23)$$

式中，$P_{\mathrm{p}}^{+}(z,\lambda_{\mathrm{p}}), P_{\mathrm{p}}^{-}(z,\lambda_{\mathrm{p}})$ 分别为光纤内沿正反两个方向传输的泵浦光功率分布函数；$P_{\mathrm{s}}^{+}(z,\lambda_{\mathrm{s}}), P_{\mathrm{s}}^{-}(z,\lambda_{\mathrm{s}})$ 分别为光纤内沿正反两个方向传输的激光功率分布函数。$\alpha(\lambda_{\mathrm{p}}), \alpha(\lambda_{\mathrm{s}})$ 分别表示泵浦光和信号光的传输损耗系数。

此外，对于上转换系数 C_{up} 和能量传递系数 C_{cr}，两者很难直接测量得到，一般是通过比较其增益与相关离子浓度的函数关系近似估算出来的。依据偶极子相互作用假设，可以由下列式子给出：

$$C_{\mathrm{up}}=\frac{4\pi}{3}\frac{R_0^6}{R_{\mathrm{Er/Er}}^3\tau_{21}} \quad (6.2.24)$$

$$C_{\mathrm{cr}}=\frac{4\pi}{3}\frac{R_0^6}{R_{\mathrm{Er/Yb}}^3\tau_{65}} \quad (6.2.25)$$

式中，$R_{\mathrm{Er/Yb}}$ 为均匀分布的 Er^{3+} 和 Yb^{3+} 之间的平均距离，$R_{\mathrm{Er/Er}}$ 为均匀分布的 Er^{3+} 之间的平均距离，R_0^6 为临界相互作用距离。要测量不同浓度条件下离子之间的平均距离十分复杂，在实际求解 C_{up} 和 C_{cr} 过程中，一般采用经验值来代替，该经验值可以由下列式子给出：

$$C_{\mathrm{up}}=3.5\times10^{-24}+(N_{\mathrm{Er}}-4.4\times10^{25})\times2.4107\times10^{-49} \quad (6.2.26)$$

$$C_{\mathrm{cr}}=1.0\times10^{-22}+(N_{\mathrm{Yb}}-1.0\times10^{25})\times4.0000\times10^{-49} \quad (6.2.27)$$

求解上述方程组，还需要确定方程的边界条件，分别如下所述。

前向泵浦时，其满足如下边界条件：

$$P_{\mathrm{p}}^{+}(0)=P_{\mathrm{p}}^{\mathrm{in}}, P_{\mathrm{p}}^{-}(L)=0, P_{\mathrm{s}}^{+}(0)=P_{\mathrm{s}}^{\mathrm{in}}, P_{\mathrm{s}}^{-}(L)=P_{\mathrm{s}}^{\mathrm{out}} \quad (6.2.28)$$

后向泵浦时，其满足如下边界条件：

$$P_{\mathrm{p}}^{-}(L)=P_{\mathrm{p}}^{\mathrm{in}}, P_{\mathrm{p}}^{+}(0)=0, P_{\mathrm{s}}^{+}(0)=P_{\mathrm{s}}^{\mathrm{in}}, P_{\mathrm{s}}^{-}(L)=P_{\mathrm{s}}^{\mathrm{out}} \quad (6.2.29)$$

双向泵浦时，其满足如下边界条件：

$$P_{\mathrm{p}}^{-}(L)=P_{\mathrm{p}}^{\mathrm{in1}}, P_{\mathrm{p}}^{+}(0)=P_{\mathrm{p}}^{\mathrm{in2}}, P_{\mathrm{s}}^{+}(0)=P_{\mathrm{s}}^{\mathrm{in}}, P_{\mathrm{s}}^{-}(L)=P_{\mathrm{s}}^{\mathrm{out}} \quad (6.2.30)$$

式中，L 表示增益光纤长度；$P_{\mathrm{p}}^{\mathrm{in}}$ 表示注入的泵浦功率；$P_{\mathrm{s}}^{\mathrm{in}}$ 表示注入的信号功率；$P_{\mathrm{p}}^{\mathrm{in1}}$，$P_{\mathrm{p}}^{\mathrm{in2}}$ 分别表示双向泵浦时，前向注入的泵浦功率和后向注入的泵浦功率。

利用上述速率方程和功率传输方程组，结合具体的边界条件，可以对 $\mathrm{Er}^{3+}/\mathrm{Yb}^{3+}$ 共掺光纤放大激光的输出功率、泵浦阈值、斜率效率等进行相应分析。

3. 纤芯泵浦 1.5 μm 波段 MOPA 单频激光器的实验研究

1.5 μm 波段单频光纤激光可以应用于相干光通信、高分辨率遥感、光频域反射仪、激光雷达等领域[94~97]。然而，线形腔 DFB 或 DBR 结构单频激光器使用长度几厘米的掺 Er^{3+}石英光纤，其输出功率仅毫瓦量级。基于单一谐振腔形式直接输出，即使是报道的 1.5 μm 波段磷酸盐单频光纤激光,其输出功率也只停留在 300 mW 级别[90, 91]。

对于 MOPA 结构的单频激光器，早期研究者多采用单模纤芯泵浦方式。Ball 等[3]率先采用这种纤芯泵浦结构,获得了功率 60 mW、相对强度噪声小于−110 dB/Hz 的单频激光输出；随后，Pan 等[4]获得了 166 mW、边模抑制比大于 52 dB 的 1.5 μm 波段单频激光输出。采用包层泵浦大模场磷酸盐光纤或微结构光纤，可以实现数瓦量级的输出功率[8~10]，但这些装置使用体光学元器件，且结构较复杂，往往需要几级单向工作的光纤放大器，导致 ASE 噪声较高、斜率效率较低。此外，一些应用场合要求激光器具有双向泵浦结构（即双向工作），如，光时域反射仪[98]要求光路中不带光隔离器、被动锁模环形腔激光器[99, 100]和 Sagnac 干涉仪等。

与传统的掺 Er^{3+}光纤放大器（EDFA）相比，双向泵浦 Er^{3+}/Yb^{3+}共掺磷酸盐光纤放大器的结构较紧凑、成本较低，在器件的集成化、小型化、多功能化方面具有极大优势。2013 年,华南理工大学 Yang 等[101]进行了 1535 nm 双向工作纤芯泵浦 MOPA 单频激光器的研究。图 6.2.20 中插入图为纤芯泵浦 MOPA 单频激光器的光路示意图，包括一个 1535 nm DBR 短腔单频激光器（种子源）和一级双向工作 Er^{3+}/Yb^{3+}共掺磷酸盐光纤放大器（Bi-EYPFA），其中 Bi-EYPFA 的装置结构如图 6.2.20 所示。将一段长 4 cm 的 EYPF 作为增益介质，且 EYPF 的两端分别熔接两个超小尺寸的 980/1550 nm 波分复用器（WDM 1 和 WDM 2），整个放大器装置的有效总长度仅为 12 cm，其结构非常简单、紧凑。由于实验装置中不带光隔离器，使得 Bi-EYPFA 能够双向工作。

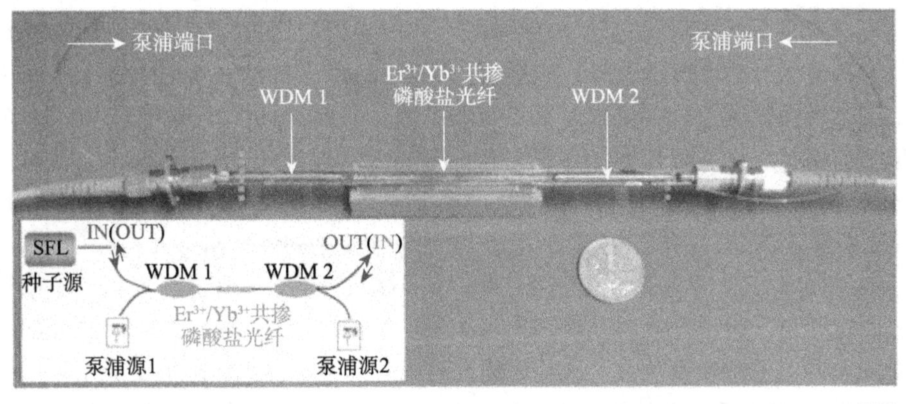

图 6.2.20　超紧凑 Bi-EYPFA 装置结构。插入图为 MOPA 单频激光器光路示意图[101]

图 6.2.21（a）所示为不同种子光功率下，MOPA 激光器的输出功率与泵浦功率的关系曲线。在种子源输入功率为 14.7 dBm 和泵浦功率为 1420 mW 条件下，获得 MOPA 单频激光最大输出功率为 611 mW，其相应的光–光转换效率和单位长度输出功率分别达 42.9%和 150 mW/cm。研究者将 50 km 单模光纤作为延迟线，采用延迟自外差法测量了输出激光线宽，图 6.2.21（b）所示为 MOPA 激光器和种子源的线宽测量结果。当强度下降到低于峰值 20 dB 处，两种激光器的频谱宽度均为 38 kHz 左右，表明两种激光器的线宽都约为 1.9 kHz（全高半宽，FWHM）。结果表明：经过 EYPFA 放大后，单频光纤激光的线宽没有出现明显的展宽。

此外，分别测量了 MOPA 激光器和种子源的输出光谱。测得 MOPA 激光器的信噪比约为 65 dB，相比于种子源的信噪比（70 dB）而言，由于 ASE 噪声导致其略有劣化。

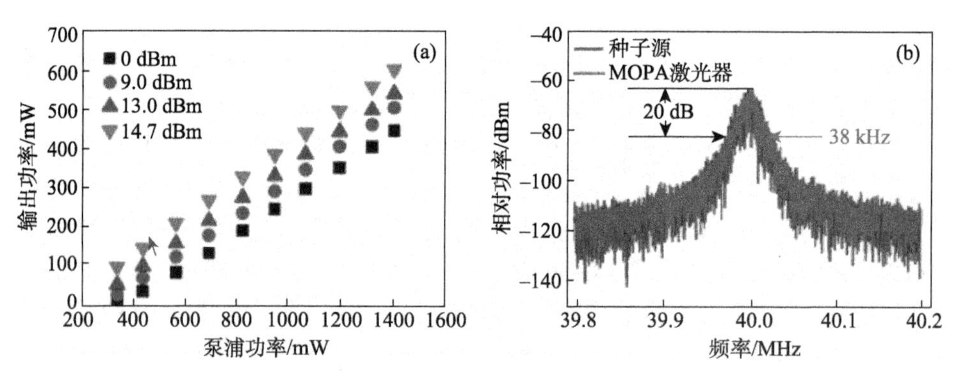

图 6.2.21　（a）不同种子光功率下，输出功率和增益与泵浦功率的关系；（b）MOPA 激光器和种子源激光器的线宽测量结果（后附彩图）

4. 包层泵浦 1.5 μm 波段 MOPA 单频激光器的实验研究

1.5 μm 波段大功率单频光纤激光具有广泛的应用前景，如多普勒激光雷达、相干和光谱合束、原子钟、原子冷却和捕获[2, 54, 102]等领域。尤其是 1560 nm 光纤激光，能够直接倍频产生 780 nm 激光，对应着原子钟铷原子 D_2 线的跃迁频率。为了获得高的频率转换效率，往往要求光纤激光器（基频光源）具有低噪声、千赫兹线宽、瓦级功率和线偏振等输出特性[103, 104]。随着多模半导体激光器和掺杂双包层光纤制作工艺的不断发展，目前报道的大功率线偏振单频激光器均采用包层泵浦方式，使用一些体光学偏振器件，组成自由空间线形腔[105, 106]或者复杂的多级 MOPA 结构[12, 14, 107, 108]。

典型的 MOPA 单频激光器是将 DFB 半导体激光器或微片式激光器（功率几毫瓦、线宽几十千赫兹至兆赫兹）用作种子源，使用多级 MOPA 结构（二级到四级光纤放大器）进行功率放大。这导致装置结构较复杂、消光比较低、成本较高；激光线宽受到种子源自身的制约；甚至，过高的 ASE 引起自激或者对泵浦源的破坏[109, 110]。早在 2003 年，Alam 等使用两级光纤放大器，实现了功率 14 W、工作波长 1549 nm、线宽小于 30 kHz 的连续单频激光输出[111]。随后，Alegria 等将功率 10 mW、线宽 13 kHz 的 DFB 半导体激光器作为种子源，使用三级光纤放大器，实现了功率 83 W、工作波长 1550 nm 的单频激光输出[8]。然而，在 MOPA 单频激光系统实际应用中，使用尽量较少的放大级数和全光纤化结构更具有优势。同时，为了尽可能地获得大功率单频激光输出，必须提高非线形效应阈值[112, 113]、降低热效应、抑制 ASE 噪声和自激。

2013 年，华南理工大学 Yang 等[114]进行了 1.5 μm 波段全光纤线偏振（LP-MOPA）单频激光器的研究，实现了波长 1560 nm、功率 10.9 W 单频光纤激光输出。图 6.2.22 所示为一级全光纤线偏振（LP-MOPA）单频激光的装置结构示意图，由一个 1560 nm DBR 短腔线偏振单频激光器（种子源）和一个全光纤一级保偏光纤放大器组成。种子源激光器的线宽小于 2.0 kHz，消光比大于 26 dB，信噪比大于 75 dB，其输出功率 0~20 dBm 可调。放大级的增益介质为一段长 7 m 的 Er^{3+}/Yb^{3+}共掺保偏双包层光纤（PM-EYDF），其纤芯直径和内包层直径分别为 10 μm、128 μm，在 915 nm 波长处的吸收系数为 2.1 dB/m。使用一个(6+1)×1 保偏合束器将信号光与泵浦光耦合进入 PM-EYDF，多余的一个泵浦端口用于监控后向输出功率与光谱。由 5 只波长为 915 nm 的多模半导体激光器（泵浦源）进行后向泵浦抽运，提供的最大总泵浦功率约为 37 W。

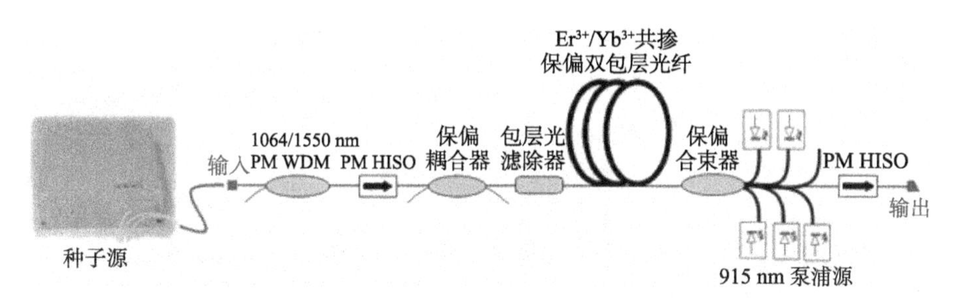

图 6.2.22　一级全光纤 LP-MOPA 激光的装置结构示意图[114]

图 6.2.23（a）所示为不同种子光功率下，MOPA 激光器输出功率和增益与泵浦功率的关系。在泵浦功率为 37 W 和种子光功率为 10 dBm 时，增益达到最大值为 30.0 dB。然而，相应的输出功率和光–光转换效率分别仅为 10.0 W 和 27.3%。当种子光功率继续增加到 20 dBm 时，增益下降到最低值为 20.5 dB。但另一方面，输出功率和光–光转换效率却分别达到最大为 10.9 W 和 29.5%，MOPA 激光器的最高输出功率仅仅受到注入泵浦功率的限制。前面已经讲过，限制 MOPA 激光器输出功率的主要因素之一是受激布里渊散射（SBS）效应。由于沿 PM-EYDF 产生的温

度梯度分布[112, 113]，致使有效热布里渊增益的扩大和总布里渊增益的减少，有效抑制了 SBS 效应。根据布里渊增益系数参考值（0.9×10^{-11}m / W），评估 MOPA 激光系统的 SBS 阈值约为 26 W。

功率放大后的线宽特性同样引起了很多研究者的关注。Cowle 等[115]在掺 Er^{3+} 光纤放大器中观察到了信号光的谱线展宽现象。Höfer 等[11]以单块非平面环形腔激光器作为种子源，使用双包层光纤进行功率放大，也观察到了输出激光线宽从 1.12 kHz 展宽到 1.56 kHz。有研究发现，光纤放大器对激光线宽影响的一个因素是放大器中相位噪声导致的，但其引起的线宽展宽极为不明显；另一个因素是放大器将种子源中的弛豫振荡或自脉冲放大，导致产生自相位调制从而引起激光线宽的展宽。

研究者使用 50 km 光纤延迟线，采用延迟自外差法测量了激光器的线宽，其信号频谱测量结果如图 6.2.23（b）所示。测得 LP-MOPA 激光器的线宽为 3.5 kHz，相比于种子源的激光线宽（2.0 kHz）而言，LP-MOPA 激光器的线宽出现了展宽，分析认为，其原因是弛豫振荡的强度波动引起自相位调制导致的[11]。此外，使用偏振分析仪测得 LP-MOPA 激光器的平均偏振度（DOP）大于 99.2%，其对应的偏振消光比（PER）大于 24 dB。

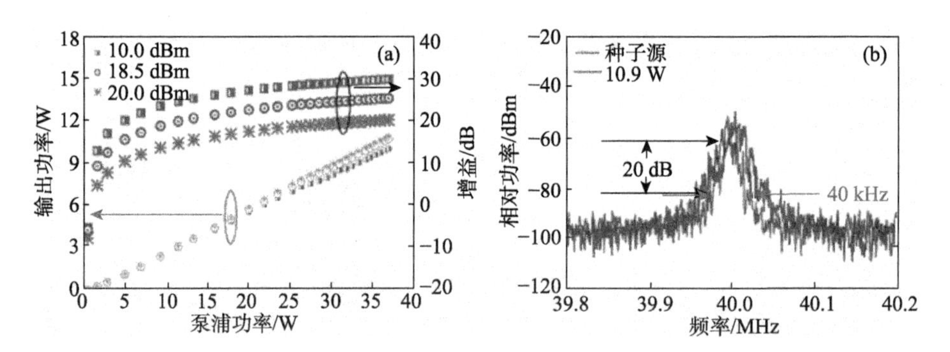

图 6.2.23 （a）不同种子光功率下，输出功率和增益与泵浦功率的关系；（b）种子源激光器和 LP-MOPA 激光器的线宽测量结果（后附彩图）

2015 年，天津大学 Bai 等[116]进行了 1.5 μm 波段全光纤 MOPA 单频激光器的研究，实现了波长 1550 nm、功率 56.4 W 单频光纤激光输出。图 6.2.24 为全光纤 MOPA 单频激光器的装置结构示意图，由一个商用 1550 nm 单频光纤激光器（种子源）和全光纤三级保偏光纤放大器组成。种子源激光器的线宽为 700 Hz，其输出功率为 30 mW。功率放大级的增益介质为一段长 4 m 的 Er^{3+}/Yb^{3+}共掺保偏双包层光纤（PM-EYDF），其纤芯直径和内包层直径分别为 25 μm、300 μm，在 976 nm 波长处的吸收系数为 4.4 dB/m。使用一个(6+1)×1 保偏合束器将信号光与泵浦光耦合进入 PM-EYDF，输出端用一个二色镜分离 1.0 μm 波段 ASE 和 1.5 μm 信号光。

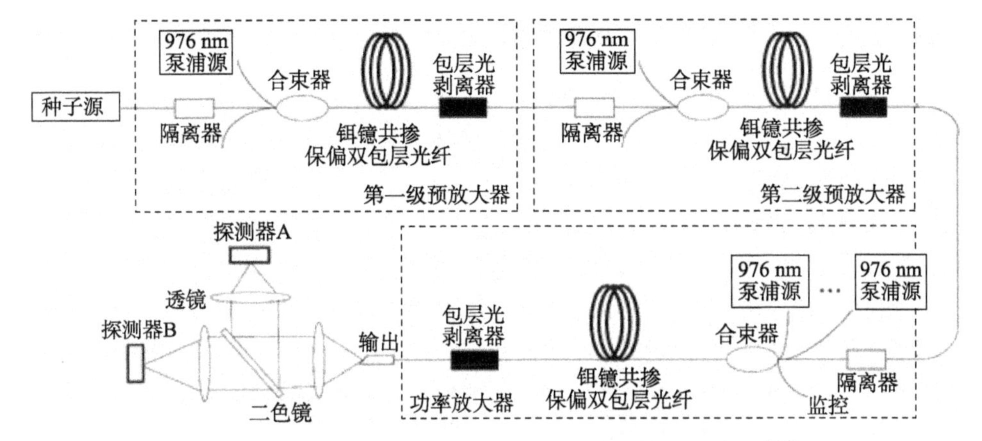

图 6.2.24　三级全光纤 MOPA 激光的装置结构示意图[116]

图 6.2.25（a）所示为不同信号功率下，MOPA 激光器输出功率和后向功率与泵浦功率的关系。在泵浦功率为 150 W 和信号功率为 8 W 时，获得最大输出功率为 56.4 W，光–光转换效率为 37.6%。在同样泵浦功率水平下，信号功率为 5 W 和 3 W 时，分别对应输出功率为 47.9 W 和 45.1 W。后向功率同时包含着 1.0 μm 波段和 1.5 μm 波段 ASE，当信号功率从 3 W 增加到 8 W，后向功率从 7.5 mW 降低至 5.9 mW，后向功率呈线形增加，表明激光系统仍然处于 SBS 阈值之下。

此外，对每级放大器在不同功率水平下的激光线宽变化进行了研究。研究者同样使用 50 km 光纤延迟线，采用延迟自外差法分别测量了不同输出功率下的激光线宽，其测量结果如图 6.2.25（b）所示。第一级预放大器输出 2.6 W 时，其激光线宽为 1.42 kHz；第二级预放大器输出 8 W 时，其激光线宽为 1.91 kHz；功率放大器输出 56.4 W 时，其激光线宽为 4.21 kHz。激光线宽展宽的原因在于：随着泵浦功率的增加，非相干成分的提高，如，增益光纤中 ASE 功率的增加，或信号对 ASE 功率的比值的降低。

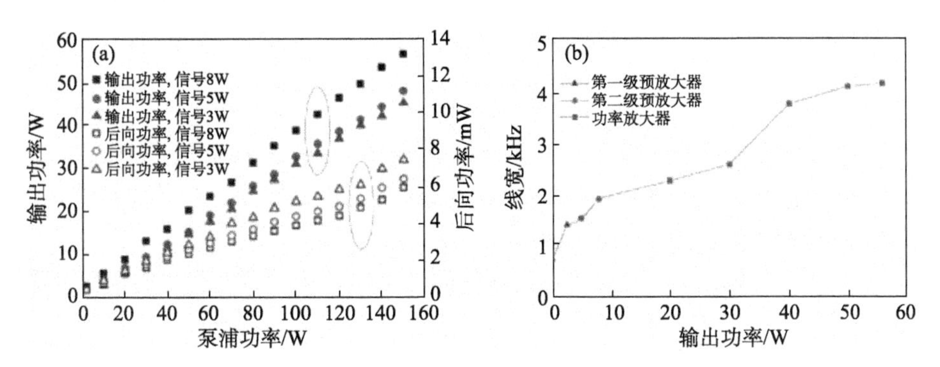

图 6.2.25　（a）不同种子光功率下，MOPA 激光器输出功率和后向功率与泵浦功率的关系；（b）每级放大器输出的激光线宽测量结果（后附彩图）

6.2.3　2.0 μm 波段连续单频光纤激光的放大

2.0 μm 波段连续单频光纤激光器其工作波长集中在 1.7~2.1 μm 范围，具有光谱线宽窄、相干长度长、噪声低、结构紧凑等优点，在高分辨率光谱学、激光雷达、非线形光学和无创医学等领域有着广泛的应用价值[117~123]，近年来成为了激光器领域的研究热点。此外，2.0 μm 波段单频光纤激光器的非线形效应阈值相比于 1.0 μm 波段单频激光器的要高，在窄线宽高功率或高能量输出方面也具有一定优势[124, 125]。

当前研究报道较多的 2.0 μm 波段单频光纤激光器主要是利用掺铥石英光纤作为增益介质的分布反馈（DFB）和分布布拉格反射（DBR）短线形腔结构[126~132]，虽然可以实现稳定地单纵模运转，且得到千赫兹量级的单频激光输出，但输出功率通常仅为几个毫瓦，转换效率较低[133~136]。此外，利用高掺杂铥锗酸盐玻璃光纤可将传统线形腔中增益介质的长度缩减至厘米量级，腔内相邻纵模间隔达几个吉赫兹（GHz），可直接从腔内实现百毫瓦的窄线宽单频激光输出[137, 138]。

虽然基于单一振荡器或谐振腔形式直接输出单频激光已经很好地满足了实际的应用需求。然而，一些特定的应用场合，如激光雷达、激光手术、材料加工等，都需要较高的单频激光输出功率，甚至伴随着，对线宽、偏振态、噪声也提出了相应要求。进一步提高 2.0 μm 波段单频光纤激光的输出功率规模，一般采用种子源主振荡功率放大（MOPA）技术方案[139~141]，将小功率 2.0 μm 波段单频激光器用作主振荡种子源，使用多级掺铥光纤放大器结构进行功率放大，可以获得数百瓦乃至上千瓦的高功率单频光纤激光输出[11, 124, 125]。

1. 掺铥光纤放大理论模型

描述掺 Tm^{3+}锗酸盐玻璃光纤中光放大物理过程的理论模型，由描述 Tm^{3+}能量状态变化的粒子速率方程和光纤中光功率变化的功率传输方程组成[142, 143]。这里以 1.6 μm 激光器对 Tm^{3+}进行同带泵浦为例，可简单地把此激光系统当作一个二能级系统来处理。因此，反映 Tm^{3+}能量状态变化的粒子速率方程可由下列式子给出：

$$\frac{\mathrm{d}n_1}{\mathrm{d}t} = -(R_{12} + W_{12})n_1 + (W_{21} + A_{21})n_2 \tag{6.2.31}$$

$$n_1 + n_2 = n \tag{6.2.32}$$

式中，n_1 为下能级粒子数密度，n_2 为上能级粒子数密度，n 为光纤中总的 Tm^{3+}粒子数密度。W_{12} 为受激吸收跃迁概率，W_{21} 为受激辐射跃迁概率，R_{12} 为泵浦光将 Tm^{3+}由激光下能级抽运至激光上能级的抽运速率。

光纤中光功率延光纤轴向的变化是光强变化在光纤空间范围内的积分，可用下式表示：

$$\frac{\mathrm{d}P}{\mathrm{d}z} = \int_0^{2\pi}\int_0^{\infty} \frac{\mathrm{d}I(r,\theta,z)}{\mathrm{d}z} r\mathrm{d}r\mathrm{d}\theta \tag{6.2.33}$$

式中，P 表示光功率，I 表示光强，r 为光纤横截面上以纤芯为起点的径向坐标，θ 为角坐标，z 表示延光纤轴向的坐标。根据光功率增益的定义：

$$g=\frac{\mathrm{d}I(r,\theta,z)}{I(r,\theta,z)\mathrm{d}z} \tag{6.2.34}$$

$$\frac{\mathrm{d}P}{\mathrm{d}z}=\int_0^{2\pi}\int_0^{\infty}g\cdot I(r,\theta,z)r\mathrm{d}r\mathrm{d}\theta \tag{6.2.35}$$

$$g=\sigma_{\mathrm{e}}n_2(r,\theta,z)-\sigma_{\mathrm{a}}n_1(r,\theta,z) \tag{6.2.36}$$

式中，$\sigma_{\mathrm{a}},\sigma_{\mathrm{e}}$ 分别为 Tm^{3+} 的吸收截面和发射截面。

则有

$$\frac{\mathrm{d}P}{\mathrm{d}z}=\int_0^{2\pi}\int_0^{b}[\sigma_{\mathrm{e}}n_2(r,\theta,z)-\sigma_{\mathrm{a}}n_1(r,\theta,z)]I(r,\theta,z)r\mathrm{d}r\mathrm{d}\theta \tag{6.2.37}$$

由于掺杂的 Tm^{3+} 被限制在以光纤纤芯为中心，半径为 b 的范围内，b 小于或等于纤芯半径 a。即，当 $r>b$ 时，$n_1=n_2=0$。若稀土离子是均匀地分布在纤芯中，则 n_1, n_2 与 r,θ 无关。则有

$$\begin{aligned}\frac{\mathrm{d}P}{\mathrm{d}z}&=[\sigma_{\mathrm{e}}n_2(z)-\sigma_{\mathrm{a}}n_1(z)]\int_0^{2\pi}\int_0^{b}I(r,\theta,z)r\mathrm{d}r\mathrm{d}\theta\\&=[\sigma_{\mathrm{e}}n_2(z)-\sigma_{\mathrm{a}}n_1(z)]\cdot P\cdot\frac{1}{P}\int_0^{2\pi}\int_0^{b}I(r,\theta,z)r\mathrm{d}r\mathrm{d}\theta\\&=[\sigma_{\mathrm{e}}n_2(z)-\sigma_{\mathrm{a}}n_1(z)]\cdot P\cdot\frac{\int_0^{2\pi}\int_0^{b}I(r,\theta,z)r\mathrm{d}r\mathrm{d}\theta}{\int_0^{2\pi}\int_0^{\infty}I(r,\theta,z)r\mathrm{d}r\mathrm{d}\theta}\\&=[\sigma_{\mathrm{e}}n_2(z)-\sigma_{\mathrm{a}}n_1(z)]\cdot P\cdot\Gamma\end{aligned} \tag{6.2.38}$$

$$\Gamma=\frac{\int_0^{2\pi}\int_0^{b}I(r,\theta,z)r\mathrm{d}r\mathrm{d}\theta}{\int_0^{2\pi}\int_0^{\infty}I(r,\theta,z)r\mathrm{d}r\mathrm{d}\theta} \tag{6.2.39}$$

式中，Γ 为光场与稀土离子的重叠因子，且 $\Gamma\leqslant 1$。考虑到光纤中的传输损耗 α，最终有

$$\frac{\mathrm{d}P}{\mathrm{d}z}=[\sigma_{\mathrm{e}}n_2(z)-\sigma_{\mathrm{a}}n_1(z)]\cdot P\cdot\Gamma-\alpha\cdot P \tag{6.2.40}$$

再结合 W_{12}, W_{21}, R_{12} 与功率 P 的关系：

$$W_{12}=\frac{\sigma_{\mathrm{as}}P_{\mathrm{s}}}{h\nu_{\mathrm{s}}A_{\mathrm{eff}}} \tag{6.2.41}$$

$$W_{21}=\frac{\sigma_{\mathrm{es}}P_{\mathrm{s}}}{h\nu_{\mathrm{s}}A_{\mathrm{eff}}} \tag{6.2.42}$$

$$R_{12} = \frac{\sigma_{ap} P_p}{h\nu_p A_{eff}} \tag{6.2.43}$$

式中，σ_{as}, σ_{ap}分别为信号光和泵浦光波长处的吸收截面，σ_{es}为信号光处的发射截面，ν_s, ν_p分别为信号光与泵浦光的频率，A_{eff}为纤芯中掺杂稀土离子的横截面积，h为普朗克常量。

2. 2.0 μm 波段 MOPA 单频激光器的实验研究

早在 2007 年，美国 IPG 公司 Gapontsev 等[132]就已将波长 1932 nm、功率 20 mW 的 DFB 单频光纤激光器作为种子源，采用 MOPA 结构进行了单频激光的功率放大实验。放大部分由两级掺铥光纤放大器组成，每一级均由波长 1567 nm 光纤激光器提供抽运泵浦。研究者对 2 m 长掺铥石英光纤进行了泵浦，实现了功率 20 W 的单频激光输出，进一步输出功率规模的提升仅受到泵浦源功率的限制，如图 6.2.26 所示。

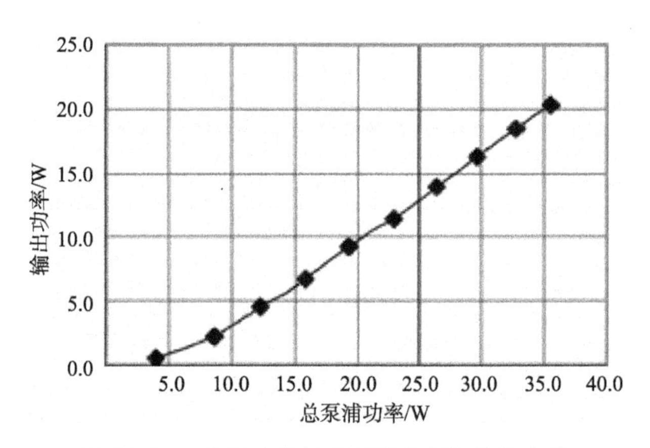

图 6.2.26　输出功率与总泵浦功率的关系曲线

近年来最具有代表性的研究工作是在 2009 年，美国诺斯罗普格鲁曼公司的 Goodno 等[125]采用多级 MOPA 结构，实现了最大功率 608 W、2.0 μm 波段单频光纤激光输出，超过了之前其他波段单频光纤放大器报道的结果。放大部分采用四级掺铥光纤放大器级联结构，将工作波长 2040 nm、功率 3 mW、线宽小于 5 MHz 的 DFB 半导体单频激光器作为种子源，使用三个全光纤保偏预放大器将信号光提升到 16 W。功率放大器包含一段 3.1 m 长的非保偏双包层掺铥石英光纤，其纤芯直径为 25 μm，包层直径为 400 μm，数值孔径（NA）为 0.08，实验装置原理如图 6.2.27 所示。实验中通过将增益光纤盘绕弯曲成约 10 cm 的直径以滤除高阶模式，随后测得输出激光的光束质量因子为 1.05±0.03。

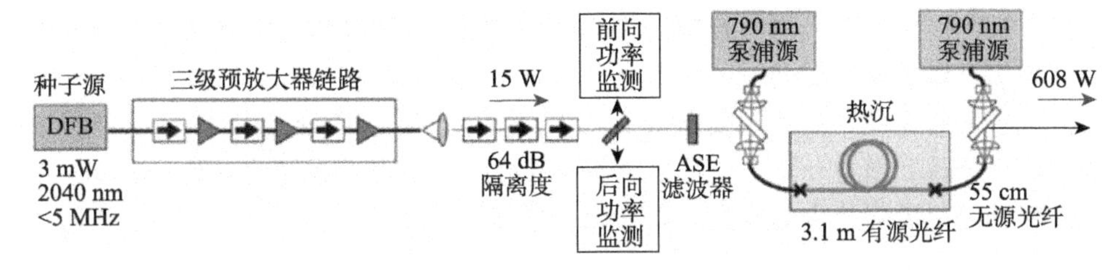

图 6.2.27　四级单频掺铥光纤放大器实验装置图[125]

与国外相比，国内科研院所在 2.0 μm 波段 MOPA 连续单频激光器的研究方面起步较晚。2013 年，国防科学技术大学 Wang 等[144]采用 MOPA 结构，将波长 1.97 μm、功率 40 mW、线宽 100 kHz 的短腔单频光纤激光器作为种子源，使用三级掺铥光纤放大器进行了功率放大。在 220 W 泵浦功率下获得了最大输出功率 102 W 的单频激光，其斜率效率为 50%。研究者估算了激光系统的受激布里渊散射（SBS）阈值为 460 W，远高于实际输出功率水平。

2014 年，北京工业大学 Liu 等[124]进行了全光纤单频单偏振掺铥 MOPA 激光器的研究，实现了功率 210 W、波长 2000.9 nm 的线偏振单频激光输出。MOPA 激光器由一只功率为 3.5 mW、线宽小于 2 MHz 的 DFB 半导体单频激光器和四级掺铥保偏光纤放大器组成。其中前面三级放大器将信号光功率放大至 75 W，功率放大级所用的增益光纤为保偏双包层掺铥石英光纤，其纤芯和包层直径分别为 25 μm、400 μm，数值孔径为 0.09，实验装置原理如图 6.2.28 所示。实验中测得光束质量因子为 1.6，偏振消光比大于 17 dB。

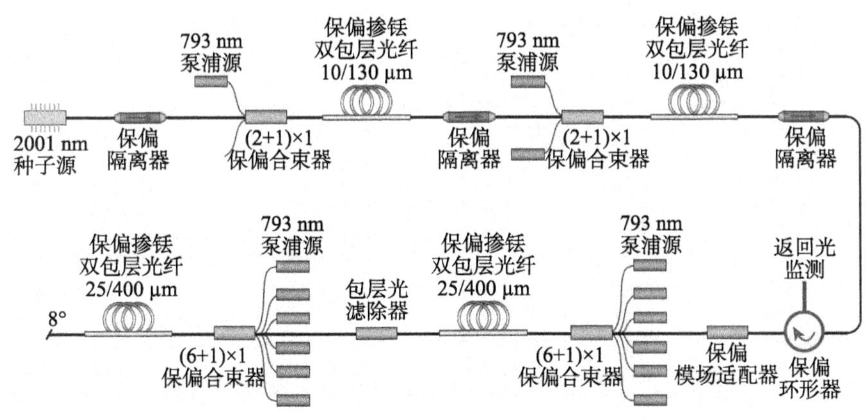

图 6.2.28　高功率单频掺铥全光纤 MOPA 激光器实验装置图[124]

相比于 MOPA 结构中传统掺铥石英增益光纤几米甚至十几米的使用长度，具有高增益短长度的掺铥锗酸盐玻璃光纤可以明显地减小非线性效应[145~147]，是发展高功率单频 MOPA 激光的一种潜力方案。2016 年，华南理工大学 Yang 等[146]报道了高功率全光纤结构的单频掺铥锗酸盐玻璃光纤（TGF）MOPA 激光器，实验装置如图 6.2.29 所示。激光器由自制的 1950 nm DBR 短腔单频光纤激光器（种子源）和两级掺铥锗酸盐玻璃光纤放大器组成。通过理论模拟和实验结果相互结合，对主放大级中增益光纤的使用长度进行了优化，最终选取了 31 cm 长的掺铥双包层锗酸盐玻璃光纤作为增益介质。TGF 的一端与（6+1）×1 合束器的输出端口熔接，并用低折射率胶涂覆熔接点的表面，以形成外包层。

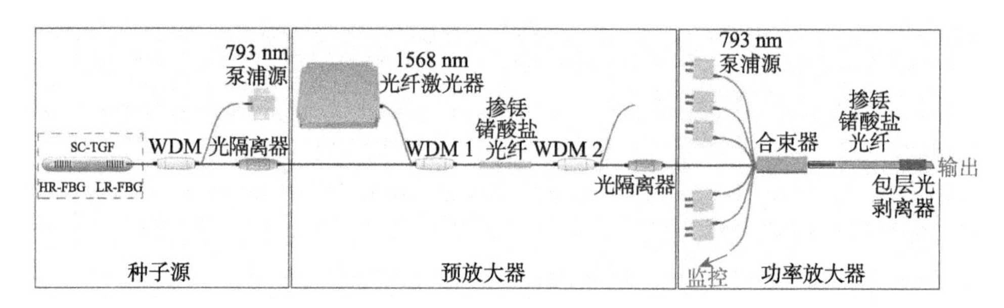

图 6.2.29　单频掺铥锗酸盐玻璃光纤 MOPA 激光器实验装置图[146]

图 6.2.30（a）所示为不同信号光条件下，激光器的输出功率与泵浦功率的关系曲线。当输入信号光为 350 mW 时，获得最大输出功率为 11.7 W，其光光转换效率为 20.4%。基于 SBS 效应的理论公式，研究者估算了功率放大器的 SBS 阈值约为 980 W，远高于目前输出功率值。因此，只要提供足够的泵浦功率和有效的移除 MOPA 激光系统中的热效应，就可以进一步提升单频光纤激光的输出功率。图 6.2.30（b）给出了激光器的相对强度噪声（RIN）曲线，在 0.62 MHz 频率处可以看到明显的弛豫振荡峰，其峰值为−95 dB/Hz；在频率大于 2 MHz 时，RIN 稳定在−130 dB/Hz 以下水平。

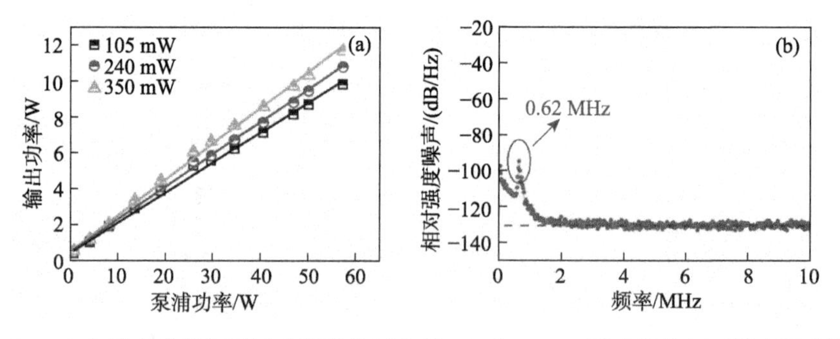

图 6.2.30　（a）输出功率与泵浦功率的关系曲线；（b）MOPA 激光器的相对强度噪声测试谱

6.3　脉冲单频光纤激光的放大

6.3.1　1.0 μm 波段脉冲单频光纤激光的放大

单频纳秒脉冲光纤激光器具有极窄的光谱线宽，可以广泛应用于非线性频率转换、激光雷达、激光测距和相干合成等领域[148~151]。尤其是 1 μm 波段的单频纳秒脉冲激光可以倍频产生绿光输出，高能量单频纳秒脉冲绿光可以作为激光雷达的光源，在测量水温、水流速度等应用中能够提供长距离、高精度的测量。

基于主振荡功率放大（MOPA）结构的全光纤脉冲激光器具有结构紧凑、工作稳定等优点，通过将高品质、低功率的脉冲种子激光进行放大，可以得到高光束质量、高功率或高能量的激光输出，还能够通过调整种子激光器方便地改变激光参数。其中脉冲种子激光器的产生一般通过信号调制和调 Q 等方式实现，但输出的功率较低（毫瓦量级）。目前纳秒级单频脉冲激光平均功率输出水平在百瓦量级[152, 153]，由于其峰值功率很高，非线性效应将对其产生较大的影响。对于进一步提升功率规模，主要受限于非线性效应（SBS、SRS、自聚焦效应等）、热效应和光学损伤等因素。

1. 1.0 μm 波段脉冲单频光纤激光输出特性

相干合成和非线形频率转换等应用领域对脉冲激光的频率等特性有特殊要求，研究人员对此展开了相关研究。2011 年，中科院上海光学精密机械研究所 Zhu 等[154]以线宽几千赫兹的 NPRO（Non-PlanarRing Oscillator）激光器作为种子源，采用两个声光调制器（AOM）作为腔外调制器件对连续单频激光进行调制，其中第一个 AOM 放在种子光之后，将重复频率调制到 10 kHz 以减少自发辐射放大（ASE），第二个 AOM 放在二级放大和三级放大之间，再将重复频率调制到 100 Hz，采用全光纤 MOPA 放大对种子光进行放大。系统由单频脉冲种子源、三级预放大器和一级功率放大器组成，其实验装置如图 6.3.1 所示。其中主放大级采用 1.8 m 长的 25/250 μm 双包层掺镱光纤，最终获得了中心波长 1064 nm、脉冲宽度为 500 ns、重复频率为 100 Hz、单脉冲能量 100 μJ、光束质量 M^2=1.1 近衍射极限的单频脉冲激光输出，放大过程中没有产生 SBS 效应。

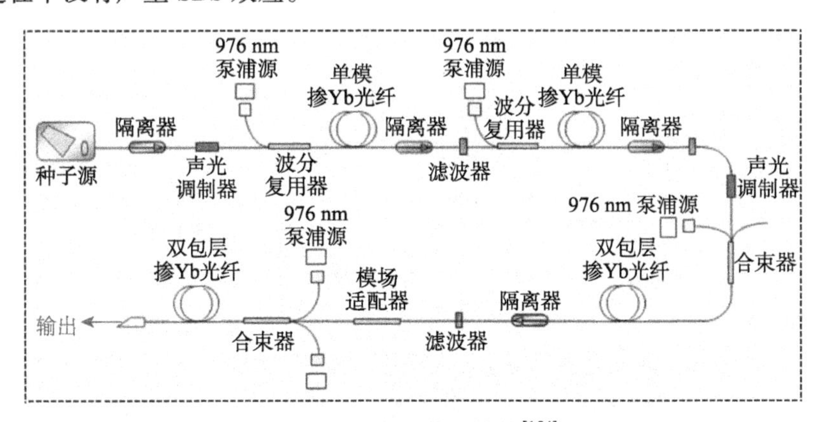

图 6.3.1　实验装置结构[154]

2012 年，国防科技大学 Su 等[155]对调制脉冲宽度 10 ns 左右的脉冲单频光纤激光器进行了研究，其实验装置如图 6.3.2 所示，系统由单频脉冲种子源、三级预放大器和一级功率放大器组成。以线宽 20 kHz、中心波长 1064 nm、输出功率 50 mW 的短线形腔连续单频激光器作为种子源，采用腔外 EOM 和 AWG 对连续种子光进行直接调制，其调制脉冲宽度为 8 ns。接着采用全光纤 MOPA 放大结构对种子光进行放大，其中主放大级采用 5 m 长的 30/250 μm 双包层掺镱大模场光纤。

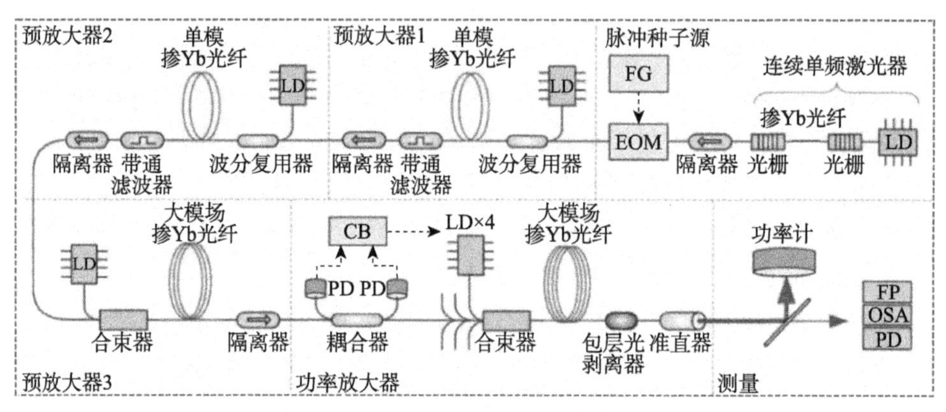

图 6.3.2　实验装置结构[155]

采用上述实验装置结构，最后得到了在重复频率为 10 MHz 下，平均功率为 139.3 W、峰值功率为 1.07 kW 和在重复频率为 20 MHz 下，平均功率为 153.1 W、峰值功率为 668 W 的单频脉冲激光输出，输出脉冲激光线宽为 50~70 MHz，如图 6.3.3 所示。

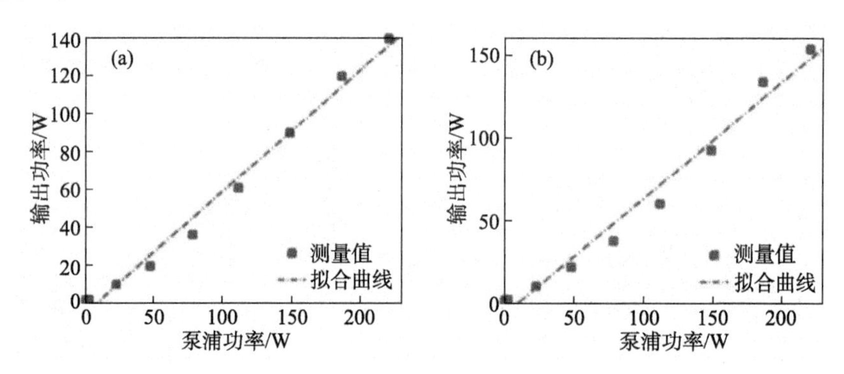

图 6.3.3　不同重复频率下，主放大级输出平均功率与吸收的泵浦功率关系

（a）10 MHz；（b）20 MHz

2013 年，国防科技大学 Wang 等[156]以中心波长 1064 nm、线宽 200 kHz、输出功率 45 mW 线偏振单频激光器作为种子源，采用腔外 EOM 和 AFG 将连续激光调制成脉冲宽度 6 ns、重复频率 10 MHz 的脉冲激光，同样采用全光纤 MOPA 放大结构对脉冲种子放大，其实验装置如图 6.3.4 所示，系统由单频脉冲种子源、两级预放大器和一级功率放大器组成。

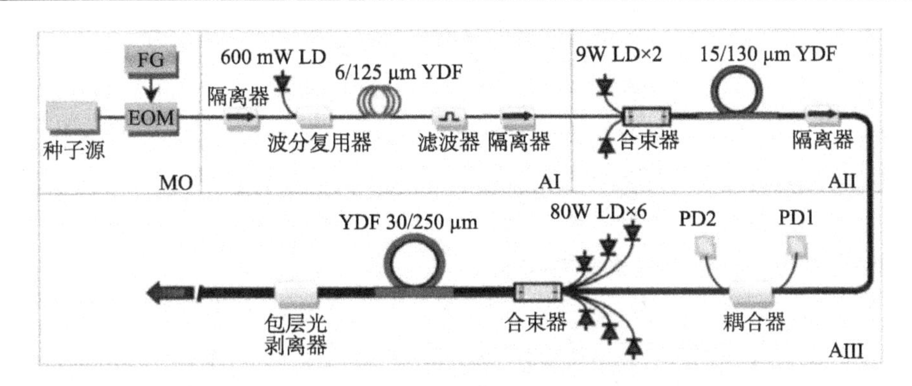

图 6.3.4　实验装置结构[156]

其中主放大级采用 3 m 长的 30/250 μm 双包层掺镱大模场光纤，采用上述实验装置结构，最终得到平均功率 280 W，峰值功率 4.6 kW。将掺镱大模场光纤缠绕至直径小于 10 cm，并且用高折射率胶滤除高阶模和内包层中残留的泵浦光，使得主放大级工作在基横模状态，获得了光束质量 M^2=1.3 的单频脉冲激光输出，如图 6.3.5 所示。

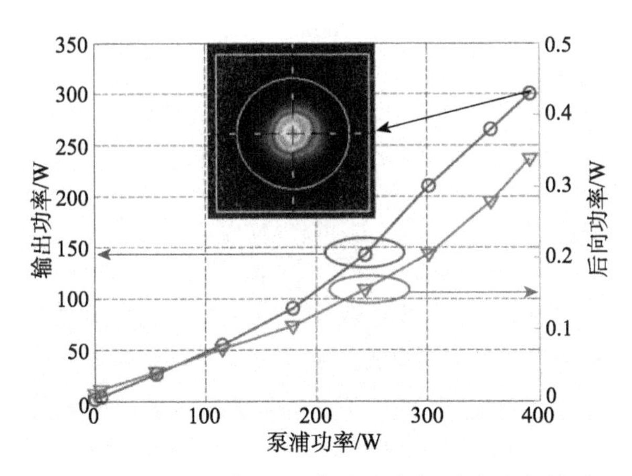

图 6.3.5　输出功率/后向传输功率与泵浦功率关系

从以上研究结果可以发现，对于脉冲单频光纤激光的放大，研究者都进行了非线性效应 SBS 的有效抑制。一方面，将连续激光调制成脉冲激光时将脉冲宽度控制在 10 ns 以内，这样将有利于大大提高 SBS 效应的阈值；另一方面是在主放大级采用了大模场面积双包层光纤，这些都有利于提高 SBS 效应的阈值，因此得到了较高平均功率和峰值功率的脉冲激光输出，但由于重复频率都控制在兆赫兹量级，所以得到的激光单脉冲能量不是很高。

2. 1.0 μm 波段脉冲单频光纤激光极限功率分析

前面讲过，单频脉冲激光的输出功率不可能无限制地提升。对于连续输出时的功率极限分析模型，一般仅仅考虑受激布里渊散射（SBS）这一种非线性效应即可，采用的方法是利用各个限制因素的阈值公式，获得最小阈值功率与光纤直径和长度两个参数的定量关系[157~159]。然而，对于脉冲光纤激光而言，由于其峰值功率很高，必须综合考虑其他非线性效应的影响。

国防科学技术大学 Zhang 等[160]建立了脉宽大于 100 ns 的单频脉冲光纤激光极限输出功率的理论模型，结合推导的考虑自聚焦的阈值功率表达式，计算了各种情况下的最大提取功率及其对应的最佳光纤长度和芯径，讨论了脉冲占空比对输出功率的影响。对于脉宽小于 100 ns 的情况，因为涉及到 SBS 的动力学过程，其阈值与脉冲实际形状、宽度等因素相关。

对于脉宽大于 10 ns 以上的脉冲光纤激光，限制其功率提升的因素有热破裂、纤芯的热熔化、热透镜效应、SBS 效应、光学损伤、抽运源亮度以及自聚焦效应等。其中，脉冲光纤激光的热破裂、纤芯的热熔化、抽运源亮度的阈值公式分别为[157~159]

$$P_{\mathrm{TF}}=\frac{4\eta_{\mathrm{laser}}\pi R_{\mathrm{m}}L}{\eta_{\mathrm{heat}}\left(1-\dfrac{a^2}{2b^2}\right)} \tag{6.3.1}$$

$$P_{\mathrm{MC}}=\frac{4\eta_{\mathrm{laser}}\pi k\left(T_{\mathrm{m}}-T_{\mathrm{c}}\right)L}{\eta_{\mathrm{heat}}\left[1+\dfrac{2k}{bh}+2\ln(\dfrac{a}{b})\right]} \tag{6.3.2}$$

$$P_{\mathrm{PB}}=\frac{\eta_{\mathrm{laser}}I_{\mathrm{pump}}\pi^2\left(NA\right)^2\alpha_{\mathrm{core}}La^2}{A} \tag{6.3.3}$$

式中，$P_{\mathrm{TF}}, P_{\mathrm{MC}}, P_{\mathrm{PB}}$ 分别表示光纤在热破裂、热熔化和抽运亮度限制下的极限平均功率，η_{laser} 是激光的光–光转换效率，η_{heat} 表示抽运光转换为热的百分比，L 为光纤长度，a 为光纤纤芯半径，b 为光纤内包层半径，R_{m} 为材料的断裂模数，k 为导热系数，h 为换热系数，$T_{\mathrm{m}}, T_{\mathrm{c}}$ 分别表示光纤的熔化温度和冷却温度，I_{pump} 为抽运光亮度，NA 为内包层的数值孔径，α_{core} 为在抽运波长处纤芯的峰值吸收系数，A 为抽运光的小信号吸收率。

脉冲光纤激光的光学损伤阈值只与峰值光强有关，因此在计算平均损伤阈值时要考虑脉冲占空比 η_{pulse} 的影响，即得到：

$$P_{\mathrm{OD}}=\eta_{\mathrm{pulse}}I_{\mathrm{damage}}\Gamma^2\pi a^2 \tag{6.3.4}$$

式中，P_{OD} 为光学损伤限制下的极限输出平均功率，I_{damage} 为光纤的损伤阈值，$\eta_{\mathrm{pulse}}\propto\tau f$，对于矩形脉冲 $\eta_{\mathrm{pulse}}=\tau f$，其中，$\tau$ 为脉冲脉宽，f 为脉冲的重复频率，

几十纳秒以上的脉冲其占空比一般取值在 0.001~0.1 左右。

自聚焦效应和热透镜效应分别来源于非线性效应和热效应，由于它们效果上相似，都是使光纤中的光束发生会聚，产生类似透镜的效应，因此把这两种效应统一起来，称为透镜效应，其阈值公式为

$$P_{\text{lens}}=\frac{\lambda^2}{\left(\frac{\mathrm{d}n}{\mathrm{d}T}\right)\frac{2a^2}{\pi kL}\frac{\eta_{\text{heat}}}{\eta_{\text{laser}}}+\frac{n_2 n_0}{0.148\eta_{\text{pulse}}}} \tag{6.3.5}$$

式中，$\frac{\mathrm{d}n}{\mathrm{d}T}$ 为纤芯的热光系数，n_0 和 n_2 分别为纤芯的折射率和非线性系数。

对于脉宽大于 100 ns 以上的单频脉冲，其 SBS 阈值可以用连续情况下的公式进行估算。由于自聚焦效应的作用，光纤入射端中心处光强会增强，即变为原来的 $\frac{1}{(1-\frac{P}{P_{\text{SF}}})^{0.46}}$ 倍[161]，其中，P 为激光的峰值功率，$P_{\text{SF}}=\frac{0.148\lambda^2}{n_0 n_2}$ 为自聚焦的阈值功率，约为 5 MW[162]，因此估算 SBS 的平均输出阈值功率可以用以下公式给出：

$$P_{\text{SBS}}=\left(1-\frac{P_{\text{SBS}}}{\eta_{\text{pulse}}P_{\text{SF}}}\right)^{0.46} B\frac{a^2}{L} \tag{6.3.6}$$

$$B=\frac{21\pi\Gamma^2\ln G}{g_{\text{B}}(\Delta\nu)}\eta_{\text{pulse}} \tag{6.3.7}$$

式中，P_{SBS} 表示受限于 SBS 效应光纤输出的极限平均功率，Γ 为模式半径与纤芯半径之比，G 为光纤的放大倍数，$g_{\text{B}}(\Delta\nu)$ 为光纤的 SBS 增益系数，由于一般情况下 $\frac{P_{\text{SBS}}}{\eta_{\text{pulse}}P_{\text{SF}}}\ll 1$，所以在光纤输出端可获得的极限功率为

$$P_{\text{SBS}}\approx\frac{Ba^2}{L+\frac{0.46Ba^2}{\eta_{\text{pulse}}P_{\text{SF}}}} \tag{6.3.8}$$

以上就是限制百纳秒级单频脉冲光纤激光最大输出平均功率的 6 个因素。假设脉冲激光器或者放大器的效率与连续情况下相同，研究者分别计算了掺 Yb^{3+}石英玻璃光纤和掺 Yb^{3+}磷酸盐玻璃光纤的极限输出功率，相关参数来源于参考文献[158,159]。图 6.3.6 给出了纤芯直径范围为 0~100 μm，光纤长度范围为 0~10 m，占空比为 0.1 时的单频脉冲掺 Yb^{3+}石英玻璃光纤激光输出功率限制图。

由上图可以看出，对于单频掺 Yb^{3+}石英玻璃光纤激光，限制其极限输出功率的主要因素是 SBS 效应、抽运亮度和透镜效应，而光学损伤、热破裂和纤芯的热熔融在这里不是主要影响。其中最佳的纤芯直径和光纤长度组合为（60.6 μm, 0.30 m）。

对于占空比为 0.1 时的极限输出功率与纤芯直径的关系如图 6.3.7 所示，其最大输出平均功率极限为 588 W，这与连续情况下的 1.863 kW 差别较大[157]。这是因为受限于 SBS 效应，脉冲激光器和放大器的峰值功率与连续情况下相同，但由于脉冲激光的占空比较小，使得极限输出的平均阈值功率降低。

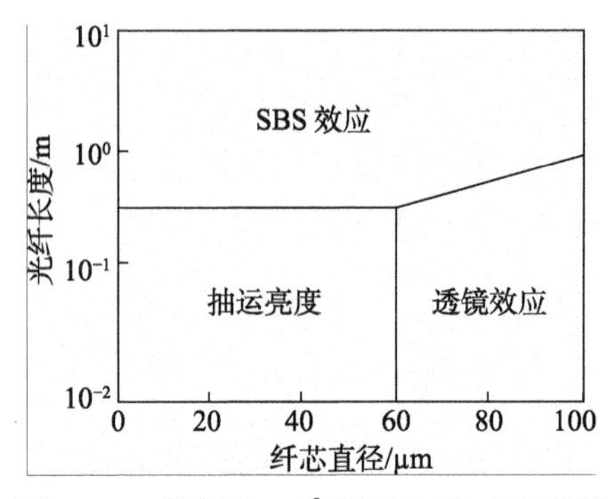

图 6.3.6　单频掺 Yb^{3+}脉冲石英玻璃光纤激光器输出功率限制图

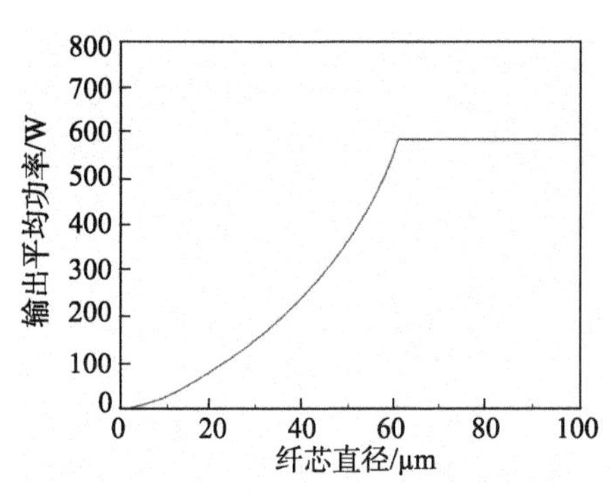

图 6.3.7　掺 Yb^{3+}单频脉冲石英玻璃光纤激光输出平均功率与纤芯半径关系

图 6.3.8 给出了掺 Yb^{3+}磷酸盐玻璃脉冲光纤激光的输出功率极限的限制因素图。与掺 Yb^{3+}石英玻璃光纤相比，掺 Yb^{3+}磷酸盐光纤的脉冲极限输出功率受限于抽运光亮度、纤芯熔化、SBS 效应以及透镜效应。这是由于磷酸盐光纤的熔点非常低，由阈值公式（6.3.6）和（6.3.7）可知，当光纤芯径较小，且长度较短时，抽运亮度和纤芯熔化成为了主要限制因素，但是，随着纤芯直径和光纤长度的增大，其限制作用就变得次要。

由图 6.3.8 和图 6.3.9 可知，脉冲占空比为 0.1 时，掺 Yb^{3+}磷酸盐光纤的单频脉冲极限输出功率最终由 SBS 效应和透镜效应限制，其输出极限功率为 731 W，比石英玻璃光纤有较大提高，与此对应的最优纤芯直径和抽运长度为(36.5 μm, 0.18 m)，

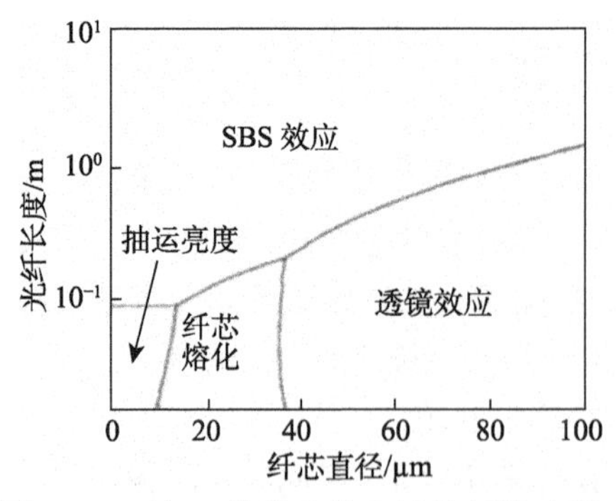

图 6.3.8　掺 Yb^{3+}磷酸盐光纤单频脉冲激光极限输出功率限制因素

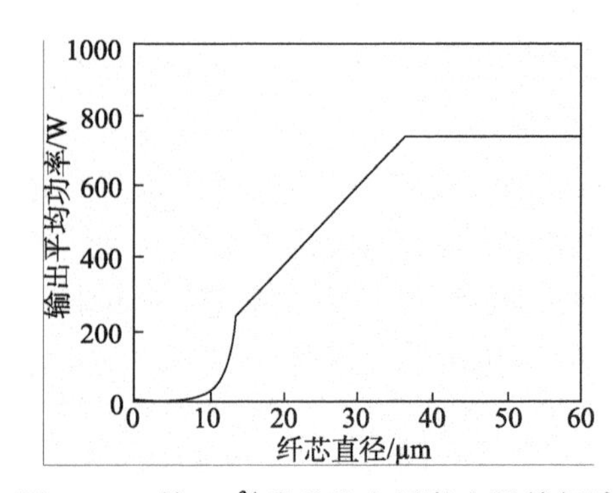

图 6.3.9　掺 Yb^{3+}磷酸盐光纤激光器单频脉冲极限输出平均功率与纤芯半径关系

也比硅玻璃光纤要小，这是因为磷酸盐光纤的吸收系数比硅玻璃光纤大一个量级，而且 SBS 增益系数只有硅玻璃光纤的一半[157]。同时注意到图 6.3.5 中磷酸盐光纤在芯径较小时（小于 10 μm），其输出的极限平均功率由于纤芯的熔化受限而很小，对于磷酸盐光纤在芯径较小时很难获得大平均功率的脉冲输出。

因此，在单频脉冲极限输出功率方面，磷酸盐光纤的性能要优于石英玻璃光纤。对于这两类光纤，虽然可以通过增大纤芯半径提高其极限输出功率，但最终限制单频脉冲输出功率的因素是 SBS 效应和透镜效应。

6.3.2　1.5 μm 波段脉冲单频光纤激光的放大

随着激光技术以及相干探测技术的发展，窄线宽、高功率、高脉冲能量的单频激光器开始受到人们的普遍关注，并逐渐成为研究热点，且在激光测风雷达、激光水听器、光纤陀螺仪等新型探测仪器中得到了广泛的应用。其中 1.5 μm 激光波长对人眼相对安全，更适合实际中的应用需求，因此得到了较快的发展。

2011 年，中科院上海光学精密机械研究所 Liu 等[163]采用 MOPA 技术方案，对全光纤 1533 nm 单频脉冲光纤激光器进行了研究。将线宽 5 kHz，输出功率 40 mW 的短腔掺 Er 磷酸盐光纤单频激光器作为种子源，声光调制器（AOM）将连续激光调制成脉冲宽度 500 ns、重复频率 10 kHz 的脉冲激光，然后采用两级预放大器和一级功率放大器结构对脉冲种子放大，其实验装置如图 6.3.10 所示。

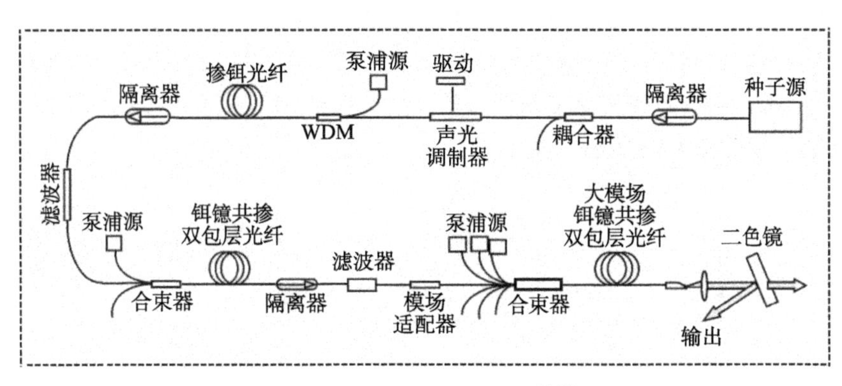

图 6.3.10　实验装置结构[163]

其中主放大级采用 6 m 长的 25/300 μm 大模场铒镱共掺双包层光纤，采用上述实验装置结构，在泵浦功率 8.4 W 和重复频率 10kHz 条件下，最终得到了平均功率 1.16 W、单脉冲能量 116 μJ 的脉冲单频激光输出，如图 6.3.11 所示。

此外，采用延迟（30 km 光纤延迟线）自外差法测量了主放大级输出脉冲激光的线宽，拍频信号的结果如图 6.3.12 所示。从图中可以发现，相比于调制之后的脉冲种子源的线宽 800 kHz 的结果，主放大级输出激光的线宽约 1.1 MHz，激光线宽出现了一定程度的展宽。

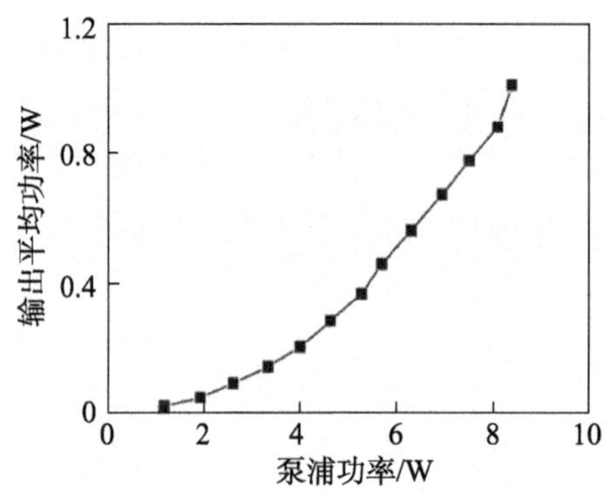

图 6.3.11　输出平均功率与泵浦功率的关系

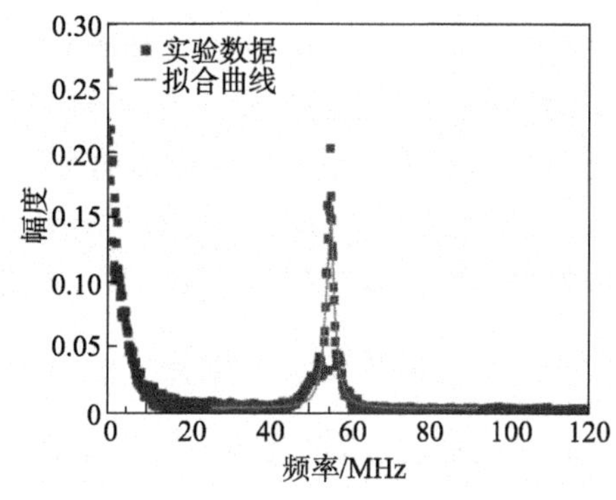

图 6.3.12　主放大级输出脉冲激光的线宽

前面讲过，单频脉冲放大过程中，SBS 效应是限制功率提升的主要因素之一。许多研究者一般在主放大级使用石英基质的大模场双包层光纤，然而多组分玻璃光纤（磷酸盐、锗酸盐、碲酸盐基质等）具有较高的单位长度增益系数，可以大大缩短主放大级的掺杂光纤使用长度，是一种简单与有效的 SBS 效应抑制方式。2009 年，天津大学 Shi[164]等采用 BBR 单频激光短腔，在激光腔内加入一个 PZT 于光纤来产生压致双折射，从而起到腔内调制产生调 Q 单频激光输出，激光中心波长 1538 nm、脉冲宽度 160 ns、重复频率 20 kHz。接着采用 MOPA 结构进行放大，由两级保偏预放大器和一级保偏功率放大器构成，尤其是主放大级采用的是 12 cm 长的 15/125 μm 铒镱共掺磷酸盐保偏光纤，其评估的理论 SBS 阈值可以达到 2.8~5.6 kW，其实验结构如图 6.3.13 所示。

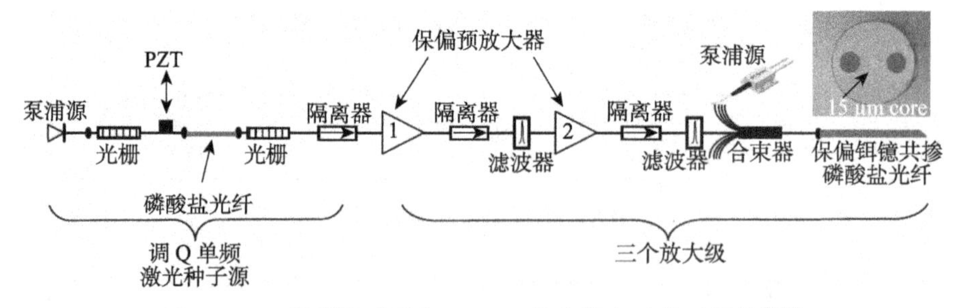

图 6.3.13　单模脉冲单频 MOPA 激光器实验装置结构[164]

研究者采用上述实验装置结构，最终得到了脉冲宽度 153 ns、重复频率 20 kHz、单脉冲能量 54 μJ、峰值功率 332 W 的保偏单频脉冲激光输出，测得其偏振消光比大于 10 dB，其实验结果如图 6.3.14 所示。

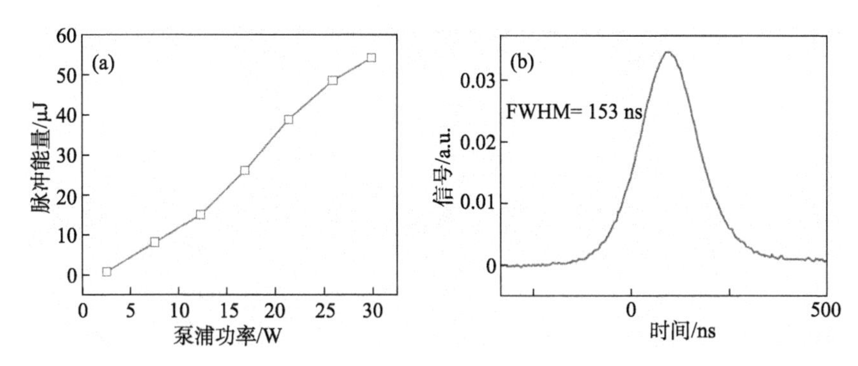

图 6.3.14　（a）脉冲能量与泵浦功率关系；（b）脉冲能量 54 μJ 时的典型脉冲波形

2012 年,美国亚利桑那大学 E. Petersen 等[165]采用 NP Photonics 公司的线宽 2 kHz、中心波长 1550 nm 单频激光器作为种子源，利用任意波形发生器（AWG）和电光调制器（EOM）将单频连续激光调制成重复频率 10 kHz、脉宽 12 ns 的脉冲激光，然后采用四级放大器组成的全光纤 MOPA 放大结构对脉冲种子光进行放大，其实验装置结构如图 6.3.15 所示。值得注意的是，其中两级功率放大级均采用了高掺杂铒镱共掺磷酸盐保偏光纤,光纤参数分别是 15/125 μm 和 25/400 μm,两者长度都是 12 cm。

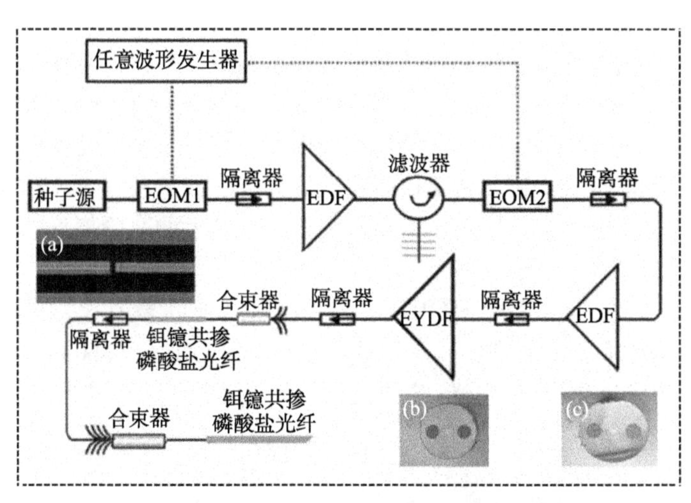

图 6.3.15　高功率脉冲单频 MOPA 激光器实验装置结构[165]

研究者采用上述实验装置结构，主放大级最终实现了脉冲宽度 3 ns、重复频率 10 kHz、单脉冲能量 0.38 mJ、峰值功率 128 kW、线宽 200 MHz 窄线宽激光输出，其实验结果见图 6.3.16 所示。可以发现，实验过程中对 SBS 采取了有效的抑制措施，一方面放大级光纤使用长度为 12 cm；另一方面脉冲宽度选择 3 ns，这些方式都能有效地提高 SBS 效应的阈值。

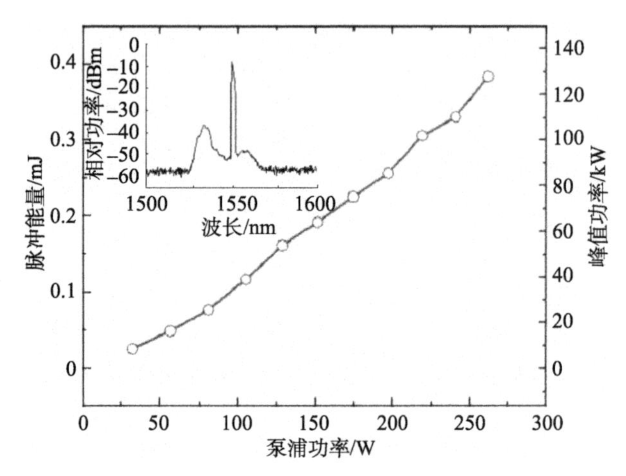

图 6.3.16　脉冲能量和峰值功率与泵浦功率的关系
插入图：单频脉冲输出光谱

尽管大模场光纤被认为是解决激光器功率提升所面临的非线性效应（受激布里渊散射，受激拉曼散射，自相位调制等）及光纤损伤等限制的一种最直接有效的途径。但是，大模场光纤激光器允许高阶横模传输，这样会降低光束质量。所以，关键的问题是想方设法在大模场（LMA）光纤中只允许基本模式的振荡。因此，可以通过设计新型结构光纤来移除非线性效应，如增加短棒型大模场面积光纤、手性耦合光纤（Chirally coupled fibres）、泄漏通道光纤（leakage channel fibers）、螺旋形光纤（helically coiled cores）等的模场有效面积[166~169]。增加模场有效面积的另一种方法是基于模式转换机制，利用长周期光纤光栅和高阶模光纤（HOF）来实现高阶模与低阶模之间的转换，使光场主要以模场面积较大的高阶模形式存在，获得了较大的模场面积[170]。

2013 年，Nicholson 等[171]采用高阶模（HOM）放大器首次对脉冲进行放大研究，其实验结构如图 6.3.17 所示。种子源采用一个中心波长 1560 nm、线宽 400 kHz 的外腔半导体单频激光器，经电光、声光调制器调制成重复频率 100 kHz、脉宽 100 ns、

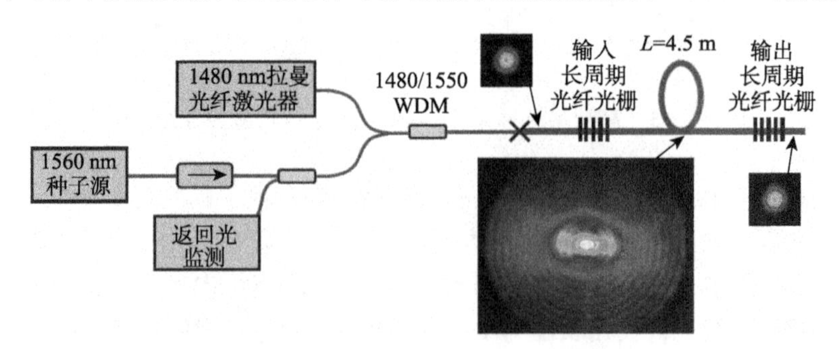

图 6.3.17　掺铒高阶模（HOM）放大器结构示意图[171]

平均功率约 600 mW 的脉冲输出，然后脉冲信号和一个高功率 1480 nm 拉曼光纤激光器（泵源）一起耦合进入放大器。在信号放大过程中，种子源基模信号和泵浦光，经一个输入长周期光纤光栅（LPG）转换成高阶模光纤的高阶模（$LP_{0,14}$ 模），$LP_{0,14}$ 模在长度 4.5 m 的高阶模光纤中增益放大后，再由匹配的一个输出 LPG 将放大的脉冲转换回基模，输出 LPG 终端 5 mm 处连接一个经角度切割、抛光的无芯端帽。

研究者采用上述实验装置结构，将脉冲信号在具有 6000 μm^2 模场有效面积的高阶模光纤中增益放大后，然后由光纤光栅 LPG 转换回基模输出，将线宽 400 kHz、脉宽 100 ns 单频脉冲放大到 820 W 峰值功率和 82 μJ 的脉冲能量。通过相位调制的方式进一步拓宽激光线宽，最终获得了 5.1 kW 峰值功率、512 μJ 脉冲能量和光谱宽度 1.8 GHz 的单频脉冲输出。同时，也测试了单频脉冲激光的输出光谱，其实验结果见图 6.3.18 所示。实验结果展现了高阶模光纤（HOF）对 1.5 μm 高能量单频脉冲的放大能力。

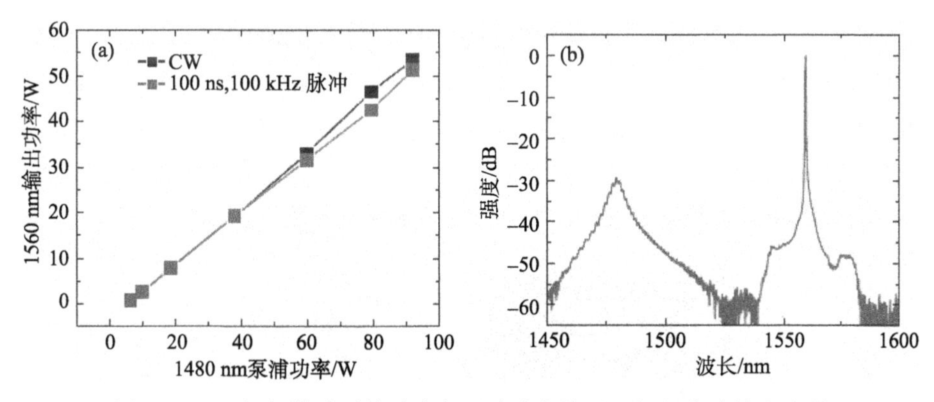

图 6.3.18　（a）脉冲平均功率与泵浦功率关系；（b）脉冲输出光谱

为了评估高阶模（HOM）放大器中 SBS 效应，对于不同模式 SBS 阈值公式表示为 $P_{th}=21*A_{eff}/(g_B L)*(1+\Delta\nu_S/\Delta\nu_B)$，其中，SBS 增益因子 $g_B=4\times10^{-11}\text{m/W}$；布里渊增益带宽 $\Delta\nu_B$=20 MHz 。对于 6000 μm^2 模场有效面积、长度 4.5 m 的高阶模光纤放大单频激光，$P_{th}=700$ W；然而对于输出端 70 μm^2 模场有效面积、长度 5 mm 的 LP_{01} 基模，$P_{th}=7.4$ kW，结果表明单频放大器受限于 $LP_{0,14}$ 高阶模。当将种子源的激光线宽拓宽至 1.8 GHz，高阶模光纤那部分的 SBS 阈值增加至 64 kW。虽然 SBS 不再是限制因素，但是随着峰值功率和脉冲能量的进一步增大，随之而来的将是其他的限制性因素，如能量饱和、自相位调制、光学损伤等。

6.3.3　2.0 μm 波段脉冲单频光纤激光的放大

作为人眼安全波段的 2 μm 脉冲单频光纤激光在一些实际的应用领域，如激光雷达、激光医疗、污染控制、中红外超连续谱等都需要较高的激光输出功率。2011年，J. Geng 等[172]采用主振荡功率放大技术，对全光纤 1950 nm 单频脉冲光纤激光器进行了研究，其实验结构如图 6.3.19 所示。一个单模掺 Tm^{3+}光纤放大器对单频脉冲信号进行放大，其中一个 1.55 μm 掺 Er^{3+}光纤激光器作为泵浦源，泵浦源分光30%和 70%分别对种子源和放大器进行抽运；一段长度约 20 cm 的 Tm^{3+}高掺杂单模非保偏石英光纤（纤芯：7.8 μm, NA=0.153）用作增益介质。

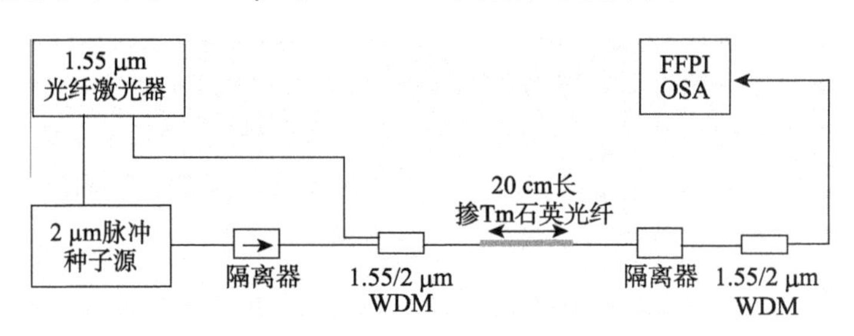

图 6.3.19　单频脉冲掺 Tm MOPA 系统结构示意图[172]

研究者采用上述实验装置结构，分别在重复频率 10 kHz 和 50 kHz 条件下，均获得了峰值功率达千瓦级。在重复频率 50 kHz 时，实现平均功率约 240 mW、脉宽 7 ns 的单频脉冲激光输出，其实验结果见图 6.3.20 所示。其中放大级采用短的有源光纤使用长度和短的脉宽，使得激光器能够获得高的峰值功率而不遭遇 SBS 效应。

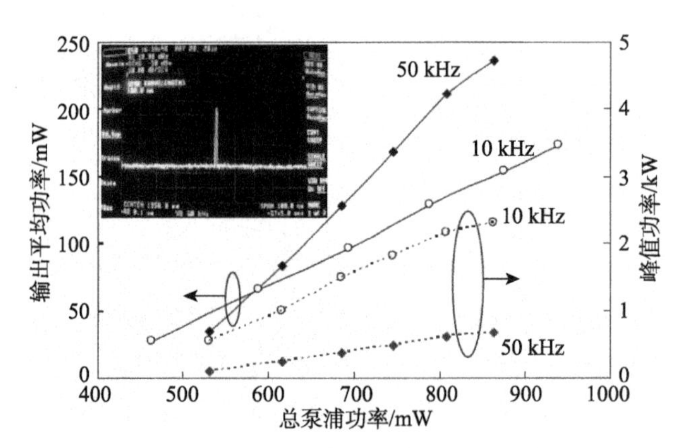

图 6.3.20　平均功率和峰值功率与泵浦功率的关系

插入图：放大的脉冲输出光谱

2012 年，Fang 等[173]基于 MOPA 技术，对高功率、高能量全光纤单频纳秒脉冲激光器进行了研究，其实验结构如图 6.3.21 所示。通过一个任意波形发生器（AWG）驱动一个快速电光调制器（EOM）来直接调制一个中心波长 1918.4 nm、功率约 50 mW 的连续线偏振单频光纤激光器，获得脉宽和重复频率可以自由调节的脉冲种子源。

此外，一段单模大芯径（30 μm）保偏高掺 Tm^{3+}锗酸盐玻璃光纤（LC-TGF）用作主放大级的增益介质。

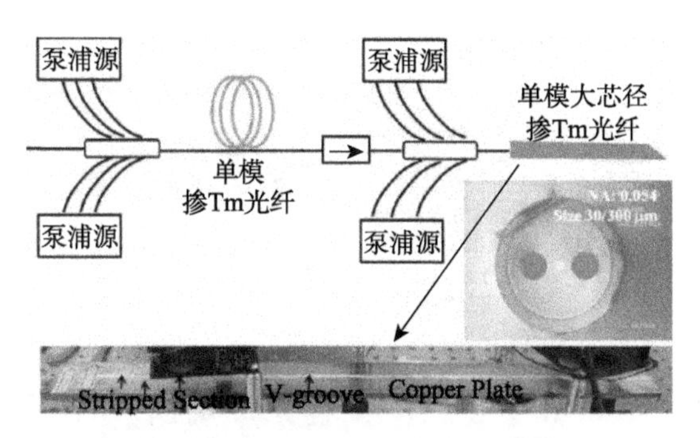

图 6.3.21　两级放大器结构示意图[173]

插入图：增益光纤横截面和实验装置图片

研究者采用上述实验装置结构，在重复频率 500 kHz 时，获得了脉宽约 2 ns、平均功率 16.01 W 的近变换极限单频脉冲输出；在重复频率 100 kHz 时，获得了最高峰值功率 78.1 kW。再者，在重复频率 1 kHz 和脉宽约 15 ns 时，获得了近毫焦的脉冲能量输出，其实验结果见图 6.3.22 所示。

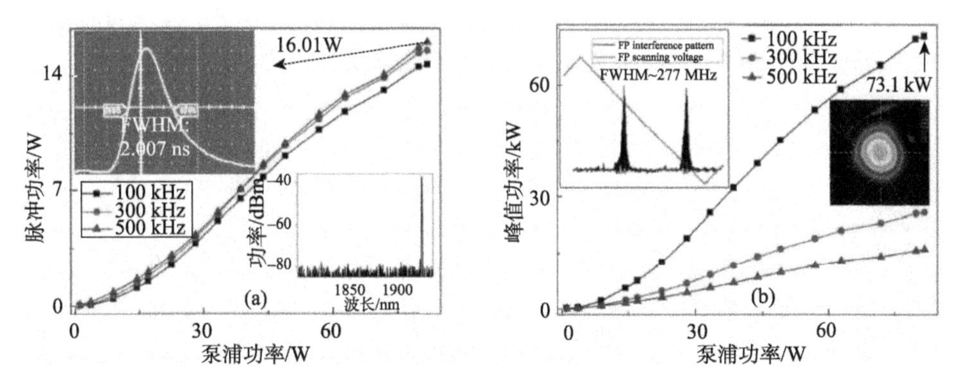

图 6.3.22　（a）平均功率与泵浦功率的关系；（b）峰值功率与泵浦功率的关系（后附彩图）

（a）插入图：输出脉冲波形和光谱；（b）插入图：F-P 扫描光谱和光束分布情况

2015 年，国防科技大学 Wang 等[174]采用主振荡功率放大技术，对 2 μm 单频脉冲光纤激光器进行了研究，其实验结构如图 6.3.23 所示。一个中心波长 1971 nm、线宽小于 100 kHz、功率 40 mW 的短腔单频光纤激光器作为种子源，首先为了抑制 SBS，种子源经一个电光相位调制器（PM）对其激光线宽进行展宽；紧接着再经一个声光调制器（IM）对其进行强度调制，获得重复频率 1 MHz 和脉宽 156 ns 的单频脉冲信号。其中，主放大级采用纤芯 25 μm、长度 2.9 m 的掺 Tm 双包层光纤作为增益介质。

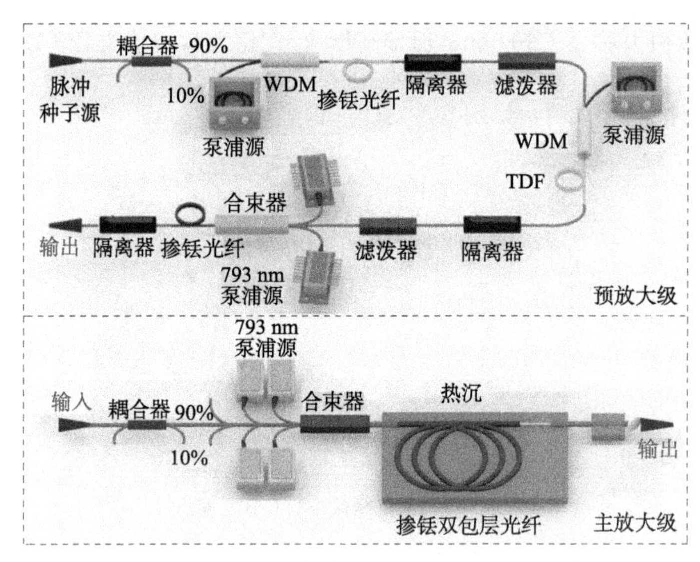

图 6.3.23　预放大级和主放大级结构示意图[174]

研究者采用上述实验装置结构，获得了平均功率 105 W、斜率效率 41%的单频脉冲输出，其输出脉冲的重复频率 1 MHz、脉宽 66 ns，如图 6.3.24 所示。输出功率规模的进一步提升受到了 SBS 效应的限制，分析认为，通过进一步展宽种子源的激光线宽或者窄化种子源的脉宽，有望于实现更高的输出功率。

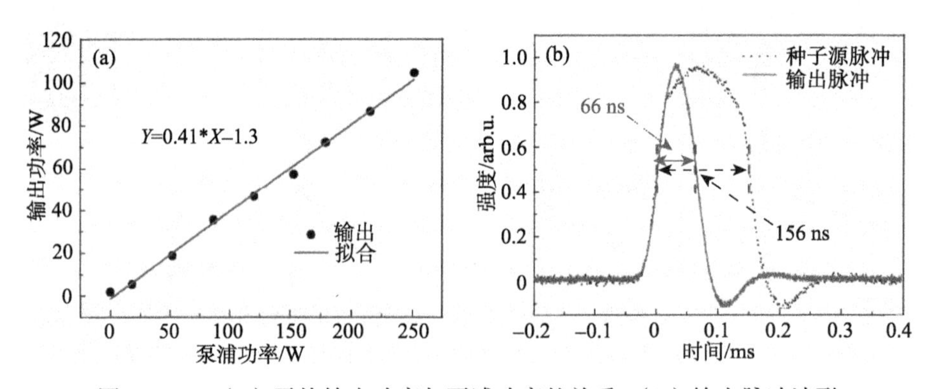

图 6.3.24　（a）平均输出功率与泵浦功率的关系；（b）输出脉冲波形

参 考 文 献

[1] Lienhart F, Boussen S, Carat O, et al. Compact and robust laser system for rubidium laser cooling based on the frequency doubling of a fiber bench at 1560 nm[J]. Appl. Phys. B, 2007, 89(2): 177~180.

[2] Mugnier A, Jacquemet M, Mercier E L, et al. High power single-frequency 780 nm fiber laser

source for Rb trapping and cooling applications[J]. Proc. SPIE, 2012, 8237: 82371F-1~6.

[3] Ball G A, Holton C E, Hull-Allen G, et al. 60 mW 1.5 μm single-frequency low-noise fiber laser MOPA. IEEE Photon[J]. Technol. Lett., 1994, 6(2): 192~194.

[4] Pan J J, Shi Y. 166-mW single-frequency output power interactive fiber lasers with low noise[J]. IEEE Photon. Technol. Lett., 1999, 11(1): 36~38.

[5] Wang A T, Ming H, Xie J P, et al. Single-frequency Q-switched erbium-doped fiber ring laser by combination of a distributed Bragg reflector laser and a Mach-Zehnder interferometer[J]. Appl. Opt., 2003, 42(18): 3528~3530.

[6] Lwatsuki K. Wavelength-tunable single-frequency and single-polarization Er-doped fiber ring-laser with 1.4 kHz linewith[J]. Electron. Lett., 1990, 26(24): 2033~2035.

[7] Poulsen C V, Sejka M. Highly optimized tunable Er^{3+}-doped single longitudinal mode fiber ring laser experiment and model[J]. IEEE Photon. Technol. Lett., 1993, 5(15): 646~648.

[8] Alegria C, Jeong Y, Codemard C, et al. 83-W single-frequency narrow-linewidth MOPA using large-core erbium-ytterbium co-doped fiber[J]. IEEE Photon. Technol. Lett., 2004, 16(8): 1825~1827.

[9] Li L, Schülzgen A, Temyanko V L, et al. Ultracompact cladding-pumped 35-mm-short fiber laser with 4.7-W single-mode output power[J]. Appl. Phys. Lett., 2006, 88(16): 161106~161107.

[10] Qiu T, Li L, Schülzgen A, et al. Generation of 9.3-W multimode and 4-W single-mode output from 7-cm short fiber lasers[J]. IEEE Photon. Technol. Lett., 2004, 16(12): 2592~2594.

[11] Höfer S, Liem A, Limpert J, et al. Single-frequency master-oscillator fiber power amplifier system emitting 20 W of power[J]. Opt. Lett., 2001, 26(17): 1326~1328.

[12] Yarnall T M, Ulmer T G, Spellmeyer N W, et al. Single-polarization cladding-pumped optical amplifier without polarization-maintaining gain fiber[J]. IEEE Photon. Technol. Lett., 2009, 21(18): 1326~1328.

[13] Wysocki P, Wood T, Grant A, et al. High reliability 49 dB gain 13 W PM fiber amplifier at 1550 nm with 30 dB PER and record efficiency[J]. OFC. Postdeadline Session II, 2006, PDP17.

[14] Jeong Y, Nilsson J, Sahu J, et al. Single-frequency polarized Ytterbium-doped fiber MOPA source with 264 W output power. Conference on Lasers Electro-Optics postdeadline papers CPDD1[C]. San-Francisco, CA, USA, 2004.

[15] Vu K T, Malinowski A, Richardson D J, et al. Adaptive pulse shape control in a diode-seeded nanosecond fiber MOPA system[J]. Opt. Express, 2006, 14(23): 10996~11001.

[16] Schimpf D N, Ruchert C, Nodop D, et al. Compensation of pulse distortion in saturated laser amplifiers[J]. Opt. Express, 2008, 16(22): 17637~17646.

[17] He F, Price J H V, Vu K T, et al. Optimisation of cascaded Yb fiber amplifier chains using numerical-modelling[J]. Opt. Express, 2006, 14(26): 12846~12858.

[18] Morasse B, Chatigny S, Desrosiers C, et al. Simple design for single mode high power CW fiber laser using multimode high NA fiber[J]. Proc. SPIE, 2009, 7195: 7195-4.

[19] Karasek M. Optimum design of Er^{3+}-Yb^{3+} codoped fibers for large-signal high-pump-power applications[J]. IEEE J. Quantum Elect., 1997, 33(10): 1769~1775.

[20] Chryssou C E, Pasquale F D, Pitt C W. Improved gain performance in Yb^{3+} sensitized Er^{3+} doped alumina (Al_2O_3) channel optical waveguide amplifiers[J]. IEEE J. Lightwave Technol., 2001, 19(3): 343~349.

[21] Liu A P, Ueda K. The absorption characteristics of circular offset and rectangular double-clad fibers[J]. Opt. Commun., 1996, 132(11): 511~518.

[22] Muendel M H. Optimal inner cladding shapes for double-clad fiber lasers//Lasers and Electro-Optics Conference (CLEO 96)[C]. Summaries of papers presented at the Conference on, 209: 1996.

[23] Liu A P, Ueda K. Propagation losses of pump light in rectangular double-clad fibers[J]. Opt. Eng., 1996, 35(11): 3130~3134.

[24] 赵楚军，陈光辉，慕伟等. 高功率光纤激光器抽运耦合技术研究进展[J]. 激光与光电子学进展, 2007, 44(3): 35~43.

[25] 姚建铨，任广，张强. 掺镱双包层光纤激光器及其泵浦耦合技术[J]. 激光杂志，2006，27(5): 1~4.

[26] Goldberg L, Koplow J. High power side-pumped Er/Yb doped fiber amplifier[J]. OFC/ IOOC'99, Technical Digest, 1999, 2(2): 21~26.

[27] Koplow J P, Moore S W, Kliner D A V. A new method for side pumping of double-clad fiber sources[J]. IEEE J. Quantum Elect., 2003, 39(4): 529~540.

[28] http://www.itflabs.com.

[29] Wang B, Mies E. Review of fabrication techniques for fused fiber components for fiber lasers[C]//SPIE Photonic West 09, Fiber Lasers VI: Technology, Systems, and Applications, 2009.

[30] 韦文楼，欧攀，闫平，等. 双包层光纤的侧面泵浦耦合技术[J]. 激光技术，2004，28(2): 116~120.

[31] Farrow R L, Kliner D A V, Hoops A, et al. High-peak-power (>1.2 MW) pulsed fiber amplifier[C]//SPIE Photonics West paper 6102-22. San Jose, CA, January 2006: 21~26.

[32] Teodoro F D, Brooks C D. 1.1 MW peak-power, 7 W average-power, high spectral brightness, diffraction-limited pulses from a photonic crystal fiber amplifier[J]. Opt. Lett., 2005, 30(20): 2694~2696.

[33] Zheng Y, Yang Y, Wang J, et al. 10.8 kW spectral beam combination of eight all-fiber superfluorescent sources and their dispersion compensation[J]. Opt. Express, 2016, 24(11): 12063~12071.

[34] Shiraki K, Ohashi M. SBS threshold of a fiber with a Brillouin frequency shift distribution[J]. J. Lightwave Technol., 1996, 14(1): 50~57.

[35] Liu A P. Novel SBS suppression scheme for high power fiber amplifiers[C]//Proc. SPIE, 2006, 6102: 1~9.

[36] Wang Y. Heat dissipation in Kilowatt fiber power amplifiers[J]. IEEE J. Quantum Elect., 2004, 40(6): 731~740.

[37] Jager M, Caplette S, Verville P, et al. Fiber lasers and amplifiers with reduced optical nonlinearities employing large mode area fibers[C]//Proc. SPIE, 2005, 5971: 59710N-1~9.

[38] Payne D N, Jeong Y, Nilsson J, et al. Kilowatt class single-frequency fiber sources (Invited paper) [C]//Proc. SPIE, 2005, 5709: 133~141.

[39] Agrawal G P. Nonlinear fiber optics[M]. San Diego, CA Academic Press, 1989.

[40] Brown D C, Hoffman H J. Thermal stress and thermo optic effects in high average power double-clad silica fiber lasers[J]. IEEE J. Quantum Elect., 2001, 37(2): 183~188.

[41] Li J, Duan K, Wang Y, et al. Theoretical analysis of the heat dissipation mechanism in Yb^{3+}-doped double-clad fiber lasers[J]. J. Modern Opt., 2008, 55(3): 459~471.

[42] Yan P, Xu A, Gong M. Numerical analysis of temperature distributions in Yb doped double-clad fiber lasers with consideration of radiative heat transfer[J]. Opt. Eng., 2006, 45(12): 124201-1~5.

[43] Guillaume C G, Mollier J-C. Evidence of thermal effects in a high-power Er^{3+}-Yb^{3+} fiber laser[J]. Opt. Lett., 2005, 30(22): 30~3032.

[44] Smith A V, Do B T, Soderlund M. Deterministic nanosecond laser-induced breakdown thresholds in pure and Yb^{3+} doped fused silica[C]//Proc. SPIE, 2007, 645317-1~12.

[45] Smith A V, Hadley G R, Farrow R L, et al. Nolinear optical limits to power in fiber amplifiers[J]. OSA/CLEO/QELS, 2008: CFR2.

[46] Limpert J, Roser F, Klingebiel S, et al. The rising power of fiber lasers and amplifiers[J]. IEEE J. Sel. Top. Quant. Electron., 2007, 13(3): 537~545.

[47] Harber D M, Romalis M V. Measurement of the scalar Stark shift of the $6^1S_0 \rightarrow 6^3P_1$ transition in Hg[J]. Phys. Rev. A, 63(1): 2000, 13402-1~5.

[48] Scheid M, Markert F, Walz J, et al. 750 mW continuous-wave solid-state deep ultraviolet laser source at the 253.7 nm transition in mercury[J]. Opt. Lett., 2007, 32(8): 955~957.

[49] Yamaguchi A, Uetake S, Takahashi Y. A diode laser system for spectroscopy of the ultranarrow transition in ytterbium atoms[J]. Appl. Phys. B, 2008, 91: 57~60.

[50] Paul J, Kaneda Y, Wang T L, et al. Doppler-free spectroscopy of mercury at 253.7 nm using a high-power frequency-quadrupled optically pumped external-cavity semiconductor laser[J]. Opt. Lett., 2011, 36(1): 61~63.

[51] Bohler C L, Marton B I. Helium spectroscopy using an InGaAs laser diode[J]. Opt. Lett., 1994, 19(17): 1346~1348.

[52] Arie A, Cancio Pastor P, Pavone F S, et al. Diode laser sub-Doppler spectroscopy of $^{133}Cs_2$ around the 1083 nm ^4He transitions[J]. Opt. Commun., 1995, 117: 78~82.

[53] Wu T, Peng X, Gong W, et al. Observation and optimization of ^4He atomic polarization spectroscopy[J]. Opt. Lett., 2013, 38(6): 986~988.

[54] Gray S, Liu A, Walton D T, et al. 502 Watt single transverse mode narrow linewidth bidirectionally pumped Yb-doped fiber amplifier[J]. Opt. Express, 2007, 15(25): 17044~17050.

[55] Zhou P, Ma Y X, Wang X L, et al. Coherent beam combination of three two-tone fiber amplifiers using stochastic parallel gradient descent algorithm[J]. Opt. Lett., 2009, 34(19): 2939~2941.

[56] Advanced LIGO [EB/OL] homepage: http://www.ligo.caltech.edu/advLIGO.

[57] Yang C S, Xu S H, Chen D, et al. 52 W kHz-linewidth low-noise linearly polarized all-fiber single-frequency MOPA laser[J]. J. Opt., 2016, 18(5): 055801.

[58] 杨昌盛. 高性能大功率 kHz 线宽单频光纤激光器及其倍频应用研究[D]. 广州:华南理工大学, 2015.

[59] 郭玉彬, 霍佳雨. 光纤激光器及其应用[M]. 北京:科学出版社, 2008: 124~125.

[60] Zhu X S, Zhu G W, Shi W, et al. 976 nm single-polarization single-frequency Ytterbium-doped phosphate fiber amplifiers[J]. IEEE Photon. Technol. Lett., 2013, 25(14): 1365~1368.

[61] Kurkov A S. Oscillation spectral range of Yb-doped fiber lasers[J]. Laser Phys. Lett., 2007, 4(2): 93~102.

[62] Zhu X, Shi W, Zong J, et al. 976 nm single-frequency distributed Bragg reflector fiber laser[J].

Opt. Lett., 2012, 37(20): 4167~4169.

[63] Xiao H, Zhou P, Wang X L, et al. High power 1018 nm monolithic Yb^{3+}-doped fiber laser and amplifier[J]. Laser Phys. Lett., 2012, 9(10): 748~753.

[64] Steinborn R, Koglbauer A, Bachor P, et al. A continuous wave 10 W cryogenic fiber amplifier at 1015 nm and frequency quadrupling to 254 nm[J]. Opt. Express, 2013, 21(19): 22693~22698.

[65] Seifert A, Sinther M, Walther T, et al. Narrow-linewidth multi-Watt Yb-doped fiber amplifier at 1014.8 nm[J]. Appl. Opt., 2006, 45(30): 7908~7911.

[66] Hu J, Zhang L, Liu H, et al. High power room temperature 1014.8 nm Yb fiber amplifier and frequency quadrupling to 253.7 nm for laser cooling of mercury atoms[J]. Opt. Express, 2013, 21(25): 30958~30963.

[67] Yang C S, Xu S H, Yang Q, et al. High-efficiency watt-level 1014 nm single-frequency laser based on short Yb-doped phosphate fiber amplifiers[J]. Appl. Phys. Express, 2014, 7: 062702.

[68] Giles C R, Desurvire E. Modeling erbium-doped fiber amplifier[J]. J. Lightwave Technol., 1991, 9(2): 271~283.

[69] Wang Y, Po H. Dynamic characteristics of double-clad fiber amplifiers for high-power pulse amplification[J]. J. Lightwave Technol., 2003, 21(10): 2262~2270.

[70] Hu J M, Zhang L, Liu H L, et al. High power single frequency 1014.8 nm Yb-doped fiber amplifier working at room temperature[J]. Appl. Opt., 2014, 53(22): 4972~4977.

[71] Paschotta R, Nilsson J, Tropper A C, et al. Ytterbium-doped fiber amplifiers[J]. IEEE J. Quantum Elect., 1997, 33(7): 1049~1056.

[72] Kontur F J, Dajani I, Lu Y, et al. Frequency-doubling of a CW fiber laser using PPKTP, PPMgSLT and PPMgLN[J]. Opt. Express, 2007, 15(20): 12882~12889.

[73] Kumar S C, Samanta G K, Devi K, et al. High-efficiency multicrystal single-pass continuous-wave second harmonic generation[J]. Opt. Express, 2011, 19(12): 11152~11169.

[74] Samanta G K, Fayaz G R and Ebrahim-Zadeh M. 1.59 W single-frequency continuous-wave optical parametric oscillator based on MgO: sPPLT[J]. Opt. Lett., 2007, 32(17): 2623~2625.

[75] Zhang L, Cui S Z, Liu C, et al. 170 W single-frequency single-mode linearly-polarized Yb-doped all-fiber amplifier[J]. Opt. Express, 2013, 21(5): 5456~5462.

[76] Liu C, Qi Y, Ding Y, et al. All-fiber high power single-frequency linearly polarized ytterbium-doped fiber amplifier. Chin[J]. Opt. Lett., 2011, 9(3): 031402-1~3.

[77] Mermelstein M D, Brar K, Andrejco M J, et al. All-fiber 194 W single-frequency single-mode Yb-doped master-oscillator power-amplifier[C]//Proc. SPIE, 2008, 6873: 68730L-1~6.

[78] Knight D J E, Minardi F, De Natale P, et al. Frequency doubling of a fibre-amplified 1083 nm DBR laser[J]. Eur. Phys. J. D, 1998, 3: 211~216.

[79] Hong F L, Inaba H, Hosaka K, et al. Doppler-free spectroscopy of molecular iodine using a frequency-stable light source at 578 nm[J]. Opt. Express, 2009, 17(3): 1652~1659.

[80] Minardi F, Bianchini G, Cancio Pastor P, et al. Measurement of the Helium 2^3P_0 - 2^3P_1 Fine Structure Interval[J]. Phys. Rev. Lett., 1999, 82(6): 1112~1115.

[81] Cancio Pastor P, De Natale P, Giusfredi G, et al. High precision measurements on Helium at 1083 nm[J]. Lect. Notes Phys., 2001, 570: 314~327.

[82] Carlson C G, Dragic P D, Graf B W, et al. High power Yb-doped fiber laser-based LIDAR for space weather[C]//Proc. SPIE, 2008, 6873: 68730K-1~12.

[83] Carlson C G, Dragic P D, Price R K, et al. A narrow-linewidth Yb fiber-amplifier-based upper atmospheric Doppler temperature lidar[J]. IEEE J. Sel. Top. Quant. Electron., 2009, 15(2): 451~461.

[84] Daniels J M, Schearer L D, Leduc M, et al. Polarizing ^{3}He nuclei with neodymium $La_{1-x}Nd_xMgAl_{11}O_{19}$ lasers[J]. J. Opt. Soc. Am. B, 1987, 2: 1133~1135.

[85] Prevedelli M, Cancio P, Giusfredi G, et al. Frequency control of DBR diode lasers at 1.08 micrometer and precision spectroscopy of helium[J]. Opt. Commun., 1996, 125(4): 231~236.

[86] Paschotta R, Hanna D C, De Natale P, et al. Power amplifier for 1083 nm using ytterbium doped fibre[J]. Opt. Commun., 1997, 136: 243~246.

[87] Xu J, Su R T, Xiao H, et al. 90.4-W all-fiber single-frequency polarization-maintained 1083-nm MOPA laser employing ring-cavity single-frequency seed oscillator[J]. Chin. Opt. Lett., 2012, 10(3): 031402-1~4.

[88] Huang S, Feng Y, Dong J, et al. 1083 nm single frequency ytterbium doped fiber laser[J]. Laser Phys. Lett., 2005, 2(10): 498~501.

[89] Yang C S, Xu S H, Yang Q, et al. High OSNR watt-level single-frequency one stage PM-MOPA fiber laser at 1083 nm[J]. Opt. Express, 2014, 22(1): 1181~1186.

[90] Spiegelberg C, Geng J, Hu Y, et al. Low-noise narrow-linewidth fiber laser at 1550 nm[J] (June 2003). J. Lightwave Technol., 2004, 22(1): 57~62.

[91] Xu S H, Yang Z M, Liu T, et al. An efficient compact 300 mW narrow-linewidth single frequency fiber laser at 1.5 μm[J]. Opt. Express, 2010, 18(2): 1249~1254.

[92] Barnard C, Myslinski P, Chrostowski J, et al. Analytical model for rare-earth-doped fiber amplifiers and lasers[J]. IEEE J. Quantum Elect., 1994, 30(8): 1817~1830.

[93] Wang Q and Dutta N K. Er-Yb doped double clad fiber amplifier[C]//Proc. SPIE, 2003, 5246: 208~215.

[94] Psaltis D. Coherent optical information systems[J]. Science, 2002, 298(5597): 1359~1363.

[95] Williams J G, Turyshev S G and Boggs D H. Progress in lunar laser ranging tests of relativistic gravity[J]. Phys. Rev. Lett., 2004, 93(26): 261101~261104.

[96] Geng J H, Spiegelberg C, Jiang S B. Narrow linewidth fiber laser for 100-km optical frequency domain reflectometry[J]. IEEE Photon. Technol. Lett., 2005, 17(9): 1827~1829.

[97] Ma Y X, Wang X L, Leng J Y, et al. Coherent beam combination of 1.08 kW fiber amplifier array using single frequency dithering technique[J]. Opt. Lett., 2011, 36(6): 951~953.

[98] Blank L C, Cox J D. Optical time domain reflectometry on optical amplifier systems[J]. J. Lightwave Technol., 1989, 7(10): 1549~1555.

[99] Kieul K, Mansuripur M. All-fiber bidirectional passively mode-locked ring laser[J]. Opt. Lett., 2008, 33(1): 64~66.

[100] Kiyan R, Kim B Y. An Er-doped bidirectional ring fiber laser with 90°faraday rotator as phase nonreciprocal element[J]. IEEE Photon. Technol. Lett., 1998, 10(3): 340~342.

[101] Yang C S, Xu S H, Li C, et al. Ultra compact kilohertz-linewidth high-power single-frequency laser based on Er^{3+}/Yb^{3+}-codoped phosphate fiber amplifier[J]. Appl. Phys. Express, 2013, 6: 022703.

[102] Leng J Y, Wang X L, Xiao H, et al. Suppressing the stimulated Brillouin scattering in high power fiber amplifiers by dual-single-frequency amplification[J]. Laser Phys. Lett., 2012, 9: 532~536.

[103] Sané S S, Bennetts S, Debs J E, et al. 11 W narrow linewidth laser source at 780 nm for laser cooling and manipulation of Rubidium[J]. Opt. Express, 2012, 20(8): 8915~8919.

[104] Vyatkin M Y, Dronov A G, Chernikov M A, et al. High power 780 nm single-frequency linearly-polarized laser[C]//Proc. SPIE, 2005, 5709: 125~132.

[105] Yusim A, Barsalou J, Gapontsev D, et al. 100 Watt single-mode CW linearly polarized all-fiber format 1.56 μm laser with suppression of parasitic lasing effects[C]//Proc. SPIE, 2005, 5709: 69~77.

[106] Liem A, Limpert J, Schreiber T, et al. High power linearly polarized fiber laser[C]//Conference on Lasers Electro-Optics proceedings CMS4, San-Francisco, CA, USA, 2004.

[107] Sobon G, Kaczmarek P, Antonczak A, et al. 3-stage all-in-fiber MOPA source operating at 1550 nm with 20 W output power[C]//Proc. SPIE, 2012, 8237: 82372R.

[108] Khitrov V, Samson B, Manyam U, et al. Linearly polarized high power fiber lasers with monolithic PM-LMA-fiber and LMA-grating based cavities and their use for nonlinear wavelength conversion[C]//Proc. SPIE, 2005, 5709: 53~58.

[109] Sobon G, Kaczmarek P, Antonczak A, et al. Controlling the 1 μm spontaneous emission in Er/Yb co-doped fiber amplifiers[J]. Opt. Express, 2011, 19(20): 19104~19113.

[110] Kaczmarek P R, Sobon G, Sotor J Z, et al. Fiber-MOPA sources of coherent radiation[J]. Bulletin of the Polish Academy of Sciences: Technical Sciences, 2010, 58(4): 485~489.

[111] Alam S U, Wixey R, Hickey L, et al. High power single-mode single-frequency DFB fibre laser at 1550 nm in MOPA configuration[C]//Conference on Lasers and Electro-Optics (CLEO), San Francisco, 2004: 1~2.

[112] Imai Y, Shimada N. Dependence of stimulated Brillouin scattering on temperature distribution in polarization-maintaining fibers[J]. IEEE Photon. Technol. Lett., 1993, 5(11): 1335~1337.

[113] Hansryd J, Dross F, Westlund M, et al. Increase of the SBS threshold in a short highly nonlinear fiber by applying a temperature distribution[J]. J. Lightwave Technol., 2001, 19(11): 1691~1697.

[114] Yang C S, Xu S H, Mo S P, et al. 10.9 W kHz-linewidth one-stage all-fiber linearly-polarized MOPA laser at 1560 nm[J]. Opt. Express, 2013, 21(10): 12546~12551.

[115] Cowle G J, Morkel P R, Laming R, et al. Spectral broadening due to fiber amplifier phase noise[J]. Electron Lett., 1990, 26(7): 424~425.

[116] Bai X L, Sheng Q, Zhang H W, et al. High-power all-fiber single-frequency Erbium-Ytterbium co-doped fiber master oscillator power amplifier[J]. IEEE Photonics Journal, 2015, 7(6): 7103106.

[117] Fortin V, Bernier M, Bah S T, et al. 30 W fluoride glass all-fiber laser at 2.94 μm[J]. Opt. Lett., 2015, 40(12): 2882~2885.

[118] Percival R M, Szebesta D, Seltzer C P, et al. A 1.6-μm pumped 1.9-μm thulium-doped fluoride fiber laser and amplifier of very high efficiency[J]. IEEE J. Quantum Elect, 1995, 31(3): 489~493.

[119] Clément Q, Melkonian J, Barrientos-Barria J, et al. Tunable optical parametric amplification of a single-frequency quantum cascade laser around 8 μm in $ZnGeP_2$[J]. Opt. Lett., 2013, 38(20): 4046~4049.

[120] Stutzki F, Gaida C, Gebhardt M, et al. 152 W average power Tm-doped fiber CPA system[J]. Opt. Lett., 2014, 39(16): 4671~4674.

[121] Wang X, Zhou P, Zhang H W, et al. 100 W-level Tm-doped fiber laser pumped by 1173 nm Raman fiber lasers[J]. Opt. Lett., 2014, 39(15): 4329~4332.

[122] Hutcheon R J, Perrett B J, and Mason P D. Modeling of thermal effects within a 2 μm pumped ZGP optical parametric oscillator operating in the Mid-infrared[C]//Proceedings of SPIE, 2004, 5620: 264~267.

[123] Lippert E, Rustad G, Nicolas S, et al. Fibre laser pumped Mid-infrared source[C]//Proceedings of SPIE, 2004, 5620: 56~62.

[124] Liu J, Shi H X, Liu K, et al. 210 W single-frequency, single-polarization, thulium-doped all-fiber MOPA[J]. Opt. Express, 2014, 22(11): 13572~13578.

[125] Goodno G D, Book L D, and Rothenberg J E. Low-phase-noise, single-frequency, single-mode 608 W thulium fiber amplifier[J]. Opt. Lett., 2009, 34(8): 1204~1206.

[126] Spiegelberg C, Geng J, Hu Y D, et al. Low-noise narrow-linewidth fiber laser at 1550 nm[J] (June 2003). J. Lightwave Technol., 2004, 22(1): 57~62.

[127] Xu S H, Yang Z M, Zhang W N, et al. 400 mW ultrashort cavity low-noise single-frequency Yb^{3+}-doped phosphate fiber laser[J]. Opt. Lett., 2011, 36(18): 3708~3710.

[128] Babin S A, Churkin D V, Kablukov S I, et al. Single frequency linearly polarized DFB fiber laser source[C]//Proceedings of SPIE, 2007, 6727: 672716-1~8.

[129] Agger S, Povlsen J H, Varming P. Single-frequency thulium-doped distributed-feedback fiber laser[J]. Opt. Lett., 2004, 29(13): 1503~1505.

[130] Geng J H, Wang Q, Luo T, et al. Single-frequency narrow-linewidth Tm-doped fiber laser using silicate glass fiber[J]. Opt. Lett., 2009, 34(22): 3493~3495.

[131] Voo N Y, Sahu J K, Ibsen M. 345-mW 1836-nm single-frequency DFB fiber laser MOPA[J]. IEEE Photonic. Tech. L., 2005, 17(12): 2550~2552.

[132] Gapontsev D, Platonov N, Meleshkevich M, et al. 20 W single-frequency fiber laser operating at 1.93 μm[J]. Conference on Lasers & Electro-optics, 2007, 15(25): 1~2.

[133] Shen D Y, Zhang Z, Boyland A J, et al. Thulium-doped distributed-feedback fiber laser with >0.3 W output at 1935 nm[J]. Bragg Gratings, Photosensitivity, & Poling in Glass Waveguides, 2007: BTuC1.

[134] Zhang Z, Shen D Y, Boyl, A J, et al. High-power Tm-doped fiber distributed-feedback laser at 1943 nm[J]. Opt. Lett., 2008, 33(18): 2059~2061.

[135] Zhang Z, Boyland A J, Sahu J K, et al. Single-frequency Tm-doped fiber master-oscillator power-amplifier with 10 W linearly polarized output at 1943 nm[C]//Conference on Lasers and Electro-Optics, 2008: CFD5.

[136] Pearson L, Kim J W, Zhang Z, et al. High-power linearly-polarized single-frequency thulium-doped fiber master-oscillator power-amplifier[J]. Opt. Express, 2010, 18(2): 1607~1612.

[137] Geng J, Wu J, Jiang S B, et al. Efficient operation of diode-pumped single-frequency thulium-doped fiber lasers near 2 μm[J]. Opt. Lett., 2007, 32(4): 355~357.

[138] Yang Q, Xu S H, Li C, et al. A single-frequency linearly polarized fiber laser using a newly developed heavily Tm^{3+}-doped germanate glass fiber at 1.95 μm[J]. Chin. Phys. Lett., 2015, 32(9): 094206.

[139] Gray S, Liu A, Walton D T, et al. 502 Watt, single transverse mode, narrow linewidth, bidirectionally pumped Yb-doped fiber amplifier[J]. Opt. Express, 2007, 15(25): 17044~17050.

[140] Wang X, Zhou P, Xiao H, et al. 310 W single-frequency all-fiber laser in master oscillator power amplification configuration[J]. Laser Phys. Lett., 2012, 9(8): 591~595.

[141] Yin K, Zhu R Z, Zhang B, et al. 300 W-level, wavelength-widely-tunable, all-fiber integrated thulium-doped fiber laser[J]. Opt. Express, 2016, 24(10): 11085~11090.

[142] Jackson S D, King T A. Theoretical modeling of Tm-doped silica fiber lasers[J]. J. Lightwave Technol., 1999, 17(5): 948~956.

[143] Jackson S D, King T A. Dynamics of the output of heavily Tm-doped double-clad silica fiber lasers[J]. J. Opt. Soc. Am. B, 1999,16(12): 2178~2188.

[144] Wang X, Zhou P, Wang X L, et al. 102 W monolithic single frequency Tm-doped fiber MOPA[J]. Opt. Express, 2013, 21(26): 32386~32392.

[145] Wu J F, Yao Z D, Zong J, et al. Highly efficient high-power thulium-doped germanate glass fiber laser[J]. Opt. Lett., 2007, 32(6): 638~640.

[146] Yang C S, Chen D, Xu S H, et al. Short all Tm-doped germanate glass fiber MOPA single-frequency laser at 1.95 μm[J]. Opt. Express, 2016, 24(10): 10956~10961.

[147] Barnes N P, Walsh B M, Reichle D J, et al. Tm: germanate fiber laser: tuning and Q-switching[J]. Appl. Phys. B, 2007, 89(2): 299~304.

[148] Jiang P P, Yang D Z, Wang Y X, et al. All-fiberized MOPA structured single-mode pulse Yb-fiber laser with a linearly polarized output power of 30 W[J]. Laser Phys. Lett., 2009, 6(5): 384~387.

[149] Su R T, Zhou P, Xiao H, et al. MOPA structured single-frequency nanosecond pulsed laser in all fiber format[J]. Chinese J. Lasers, 2011, 38(11): 1102013.

[150] Zhang Y F, Feng Z M, Xu S H, et al. Compact frequency-modulation Q-switched single-frequency fiber laser at 1083 nm[J]. J. Opt., 2015, 17(12): 125705.

[151] Su R T, Zhou P, Xiao H, et al. 96.2 W all-fiberized nanosecond single-frequency fiber MOPA[J]. Laser Phys., 2012, 22(1): 248~251.

[152] Su R T, Zhou P, Wang X L, et al. Active coherent beam combination of two high-power single-frequency nanosecond fiber amplifiers[J]. Opt. Lett., 2012, 37(4): 497~499.

[153] Stutzki F, Jansen F, Liem A, et al. 26 mJ 130 W Q-switched fiber-laser system with near-diffraction-limited beam quality[J]. Opt. Lett., 2012, 37(6): 1073~1075.

[154] Zhu R, Zhou J, Liu J, et al. High energy, narrow-linewidth, ytterbium-doped pulsed fiber amplifier[C]//SPIE, 2011, 8192: 81922S.

[155] Su R, Zhou P, Xiao H, et al. 150 W high-average-power, single-frequency nanosecond fiber laser in strictly all-fiber format[J]. Appl. Opt., 2012, 51(16): 3655~3659.

[156] Wang X, Zhou P, Su R, et al. A 280 W high average power, single-frequency all-fiber nanosecond pulsed laser[J]. Laser Phys., 2013, 23(1): 015101.

[157] Dawson J W, Messerly M J, Beach R J, et al. Analysis of the scalability of diffraction-limited fiber lasers and amplifiers to high average power[J]. Opt. Express, 2008, 16(17): 13240~13266.

[158] Dawson J W, Messerly M J, Heebner J E, et al. Power scaling analysis of fiber lasers and amplifiers based on non-silica materials[C]//SPIE, 2010, 7686: 768611.

[159] Zhu J, Zhou P, Ma Y, et al. Power scaling analysis of tandem-pumped Yb-doped fiber lasers and amplifiers[J]. Opt. Express, 2011, 19(19): 18645~18654.

[160] 张汉伟, 周朴, 王小林, 等. 百纳秒级单频脉冲光纤激光极限功率的数值分析[J]. 光学学报, 2012, 32(12): 1214002.

[161] Smith A V, Do B T, Hadley G R, et al. Optical damage limits to pulse energy from fibers[J]. IEEE J. Sel. Top. Quantum Electron., 2009, 15(1): 153~158.

[162] Fibich G, Gaeta A L. Critical power for self-focusing in bulk media and in hollow waveguides[J]. Opt. Lett., 2000, 25 (5): 335~337.

[163] Liu Y, Liu J, Chen W. Eye-safe, single-frequency pulsed all-fiber laser for Doppler wind lidar. Chin[J]. Opt. Lett., 2011, 9(9): 090604.

[164] Shi W, Petersen E B, Leigh M, et al. High SBS-threshold single-mode single-frequency monolithic pulsed fiber laser in the C-band[J]. Opt. Express, 2009, 17(10): 8237~8245.

[165] Petersen E, Shi W, Chavez-Pirson A, et al. High peak-power single-frequency pulses using multiple stage, large core phosphate fibers and preshaped pulses[J]. Appl. Opt., 2012, 51(5): 531~534.

[166] Limpert J, Deguil-Robin N, Manek-Hönninger I, et al. High-power rod-type photonic crystal fiber laser[J]. Opt. Express, 2005, 13(4): 1055~1058.

[167] Liu C H, Chang G, Litchinitser N, et al. Chirally coupled core fibers at 1550-nm and 1064-nm for effectively single-mode core size scaling[C]//CLEO, 2007, CtuBB3.

[168] Wong W S, Peng X, Mclaughlin J M, et al. Breaking the limit of maximum effective area for robust single-mode propagation in optical fibers[J]. Opt. Lett., 2005, 30(21): 2855~2857.

[169] Jiang Z, Marciante J R. Mode-area scaling of helical-core dual-clad fiber lasers and amplifiers[C]//CLEO, 2005, 3: 1849~1851.

[170] Ramachandran S, Nicholson J W, Ghalmi S, et al. Light propagation with ultra-large modal areas in optical fibers[J]. Opt. Lett., 2006, 31(12): 1797~1805.

[171] Nicholson J W, Fini J M, Liu X, et al. Single-frequency pulse amplification in a higher-order mode fiber amplifier with fundamental-mode output[C]//CLEO, 2013, CW3M.3.

[172] Geng J, Wang Q, Jiang Z, et al. Kilowatt-peak-power, single-frequency, pulsed fiber laser near 2 μm[J]. Opt. Lett., 2011, 36(12): 2293~2295.

[173] Fang Q, Shi W, Kieu K, et al. High power and high energy monolithic single frequency 2 μm nanosecond pulsed fiber laser by using large core Tm-doped germanate fibers: experiment and modeling[J]. Opt. Express, 2012, 20(15): 16410~16420.

[174] Wang X, Jin X, Zhou P, et al. 105 W ultra-narrowband nanosecond pulsed laser at 2 μm based on monolithic Tm-doped fiber MOPA[J]. Opt. Express, 2015, 23(4): 4233~4241.

第 7 章　单频光纤激光的应用

前面各章介绍了单频光纤激光的产生、放大、参数测量以及稳频与线宽压缩技术等基本特性和关键技术，本章介绍单频光纤激光的应用。近几年来，单频光纤激光在科学技术的很多领域均发挥出越来越大的作用，本章选择许多科研工作者和专业技术人员感兴趣的非线性频率转换、相干光通信、光学测量和光纤传感等领域为主要内容，介绍单频光纤激光在其中的应用。

7.1　单频光纤激光在非线性领域的应用

7.1.1　激光在非线性频率转换中的应用

非线性频率转换技术是激光及非线性光学领域的一个重要分支，通过光学介质在强光场下的非线性光学效应产生新的频率，大大扩展当前所获得的激光波长覆盖范围。目前主要的非线性频率转换有光学参量振荡（OPO）、光学参量放大（OPA）、倍频、和频和差频等方式。

OPO 是将一束频率较高的入射光通过相位匹配转化为频率较低的两种光（信号光和闲频光），实现非线性频率下转换的技术，其具有结构紧凑、全固化、调谐范围宽、可实现大功率、窄线宽输出等优点[1~3]，OPO 技术为向长波长激光（尤其是 3~5 μm 波段）扩展的重要实现手段[4]。OPA 是指一束高频率的光和一束低频率的光同时进入非线性介质中，输出的光当中低频率的光由于差频效应而得到放大的技术[5]。就固体激光器而言，倍频是获得大功率短波段（红、绿、蓝、黄等）激光光源的最有力手段，这些波段的激光具有重要的应用前景。例如：倍频 1064 nm 激光可以获得用于科学研究、彩色显示、医疗、海洋探测及军事等领域的 532 nm 绿光[6,7]；倍频 1178 nm 激光能够获得钠导星技术中所需的 589 nm 黄光[8]。

单频光纤激光是非线性频率转换中的重要光源，可以用作 OPO 的泵浦源和倍频的基频光。由于在倍频过程中，倍频效率与基频光的功率密度成正比，与基频光的谱线宽度相关[9]，而单频光纤激光同时具有高功率密度和窄线宽的优点，因此非常适合于上述非线性频率转换特别是倍频的应用需求。

7.1.2　单频光纤激光在倍频中的理论与应用

在绿光波段缺乏能够直接激射的增益介质情况下，使得基于 1.0 μm 波段激光的二次谐波产生（SHG）绿光激光成为一种非常有吸引力的方式。早在 1998 年，Guskov 等使用连续光纤激光和周期极化铌酸锂（PPLN）晶体获得了功率 440 mW 的绿光输出[10]；2009 年，Samanta 等使用大功率连续单频光纤激光和掺 MgO 钽酸锂（LT）晶体获得了功率 9.64 W 的 532 nm 单频绿光输出[11]；2014 年，Stappel 等采用掺 MgO 钽酸锂（LT）晶体的双级结构，同样使用 1091nm 大功率连续单频光纤激光，获得了功率 12.8 W 的 545.5 nm 单频绿光输出[12]。其中，基于窄线宽单频光纤激光和周期极化非线性晶体，使用准相位匹配方式来获得连续绿光激光输出的方式，其有效地结合了近红外光纤激光（基频光）和单级二次谐波装置的优势，不仅具有紧凑、实用化的结构，而且具有基频光纤激光固有的线宽窄、光束质量良好等诸多优点。总而言之，窄线宽单频光纤激光在激光倍频领域有着非常巨大的应用优势。

1. 激光倍频原理

当光通过非线性晶体传播时，将引起晶体的电极化，其极化强度和入射光电场的关系成正幂级数关系，表示为[13]

$$P_i=\sum_j \chi_{ij}^{(1)}E_j(\omega_1)+\sum_{jk}\chi_{ijk}^{(2)}E_j(\omega_1)E_k(\omega_2)+\sum_{jkl}\chi_{ijkl}^{(3)}E_j(\omega_1)E_k(\omega_2)E_l(\omega_3)+\cdots \quad (7.1.1)$$

式中，第一项为线性部分，其余各项为非线性部分，即极化强度的高次项之和。当光强足够强时，式中的高次项不可忽略，将会观察到晶体的非线性光学现象。

二次项 $\chi_{ijk}^{(2)}$ 引起的非线性光学效应最为显著，表示为

$$P_i^{(2)}(\omega_3)=\sum_{jk}\chi_{ijk}^{(2)}(\omega_1,\omega_2,\omega_3)E_j(\omega_1)E_k(\omega_2) \quad (7.1.2)$$

式中，$P_i^{(2)}(\omega_3)$ 为二次极化项所产生的非线性点极化强度分量，$\chi_{ijk}^{(2)}(\omega_1,\omega_2,\omega_3)$ 为二阶非线性极化系数，ω_1,ω_2 分别为基频光的角频率，$E_j(\omega_1),E_k(\omega_2)$ 分别为入射光的光频电场分量，其中 $\omega_3=\omega_1\pm\omega_2$。当 $\omega_1=\omega_2=\omega$ 时，$\omega_3=2\omega$，即倍频（光学二次谐波）。

假定晶体长度为 L，并引入倍频系数 $d=\frac{1}{2}\chi^{(2)}$ 代替极化率，在基频光无衰减通过晶体时，得到倍频光强 $I_{2\omega}(L)$ 和基频光强 $I_\omega(0)$ 的关系，表示为

$$I_{2\omega}(L)=\frac{8\omega^2d^2L^2}{\varepsilon_0 n_{2\omega}n_\omega^2c^3}I_\omega^2(0)\operatorname{sinc}^2\left(\frac{\Delta kL}{2}\right) \quad (7.1.3)$$

式中，$n_\omega,n_{2\omega}$ 分别为基频光和倍频光在晶体内的折射率，ε_0,c 分别为真空中的介

电常量和光速，$\Delta k = k_{2\omega} - 2k_{\omega}$。

倍频转换效率η定义为倍频光功率$P_{2\omega}(L)$与基频光功率$P_{\omega}(0)$之比，可表示为

$$\eta = \frac{P_{2\omega}(L)}{P_{\omega}(0)} = \frac{I_{2\omega}(L)}{I_{\omega}(0)} = \frac{8\omega^2 d^2 L^2}{\varepsilon_0 n_{2\omega} n_{\omega}^2 c^3} \frac{P_{\omega}(0)}{S} \operatorname{sinc}^2\left(\frac{\Delta kL}{2}\right) \tag{7.1.4}$$

式中，$I_{\omega}(0) = P_{\omega}(0)/S$，$S$为基频光束的横截面积。由上式可知，当$\Delta k = 0$（满足相位匹配条件）时，$\operatorname{sinc}^2(\Delta kL/2) = 1$，$\eta_{2\omega} = \eta_{\omega} = \eta$，倍频转换效率$\eta$取最大值为

$$\eta = \frac{8\omega^2 d^2 L^2}{\varepsilon_0 n_{2\omega} n_{\omega}^2 c^3} \frac{P_{\omega}(0)}{S} \tag{7.1.5}$$

由上式可知，倍频转换效率与基频光功率、倍频系数d的平方以及晶体长度L的平方成正比，与基频光束的横截面积成反比。因此，为了提高倍频转换效率，可以选择较高基频光功率、较高倍频系数或较长长度的晶体、聚焦基频光提高其功率密度等方式。准相位匹配（QPM）是一种可以获得高转换效率的相位匹配方式，于1962年由Armstrong和Bloembergen等提出[14]。周期调制非线性晶体中二阶非线性极化率，可以补偿频率转换中基频光和倍频光由于色散引起的相位差。每当相位达到π值时，就使能量继续从基波流向谐波，使倍频光功率加强。

2. 激光光谱带宽对转换效率的影响

基频光波长可接受带宽可由以下公式给出[15, 16]：

$$\Delta\lambda = \frac{0.4429\lambda_{\omega}}{L}\left|\frac{n_{2\omega} - n_{\omega}}{\lambda_{\omega}} + \frac{\partial n_{\omega}}{\partial \lambda} - \frac{1}{2}\frac{\partial n_{2\omega}}{\partial \lambda}\right|^{-1} \tag{7.1.6}$$

对于相位匹配的基频光中心波长，其倍频转换效率较高。如果基频光波长偏移或光谱带宽较宽，偏离中心波长的那部分倍频转换效率就会下降，因而降低总体的转换效率。因此，窄谱宽单频激光器对于激光倍频研究非常重要。由式（7.1.6）可以计算得到：对于30 mm长度的钽酸锂晶体，其基频光波长可接受带宽约为0.0735 nm（FWHM）。

3. 单频光纤激光在倍频中的应用

单程SHG倍频实验装置结构如图7.1.1（a）所示。基频光源采用一个短腔DBR线偏振单频磷酸盐激光器作为种子源，经两级保偏光纤放大器级联功率放大而构成。其输出激光线宽小于6 kHz，偏振消光比大于22 dB，光束质量因子M^2<1.1。基频光源的单频特性使用扫描法布里–珀罗干涉仪证实，只有一个单纵模振荡运转。基频光输出经过一个焦距10 cm的透镜（Lens）准直之后，经过一个半波片，再经过一个偏振分光镜（PBS）成水平偏振光，然后耦合进入非线性晶体，如周期极化钽酸锂（PPLT）和铌酸锂（PPLN）。非线性晶体直接固定在铝槽中，并经一台热电制冷器进行主动温控（控制精度：±0.1℃）。为了保证包围非线性晶体温度场的均

匀性，将一个耐高温的特氟龙材质保护盖固定在非线性晶体的上方。两个对 1064 nm 波长高反（反射率>99%）和对 532 nm 波长高透（透射率>99%）的镀膜二色镜（DM）固定在非线性晶体的输出方向，用于有效地分离从非线性晶体出射的基频光和 SH 绿光。随后，输出绿光经一个焦距 10 cm 的透镜聚焦进入功率计（PM）或其他探测器，测量其输出性能。由于倍频转换效率与非线性晶体的长度相关，因而可考虑采用如图 7.1.1（b）所示的双晶体级联（双程结构）进一步提高其转换效率，采用连续线偏振单频光纤激光器用作基频光源，装置的前半部分（单程结构）与图 7.1.1（a）的工作一致，所用晶体为单一周期 LT；后半部分为前面的残留 1064 nm 基频光和 532 nm 绿光同时输出，经过一个焦距 10 cm 的透镜准直之后，继续耦合进入第二块非线性晶体（所用为扇形周期 LT）。所有 LT 晶体直接固定在铝槽中，并分别经两台热电制冷器进行主动温度控制（控制精度：±0.1℃）。同样，两个镀膜二色镜（DM）固定在非线性晶体的输出方向，用于有效地分离从非线性晶体中出射的基频光和 SH 绿光。

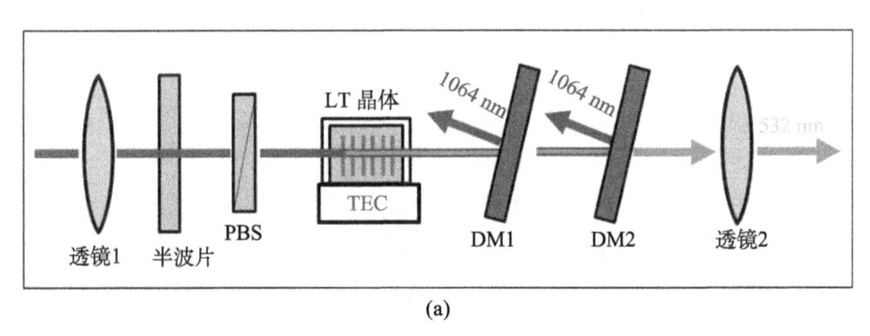

(a)

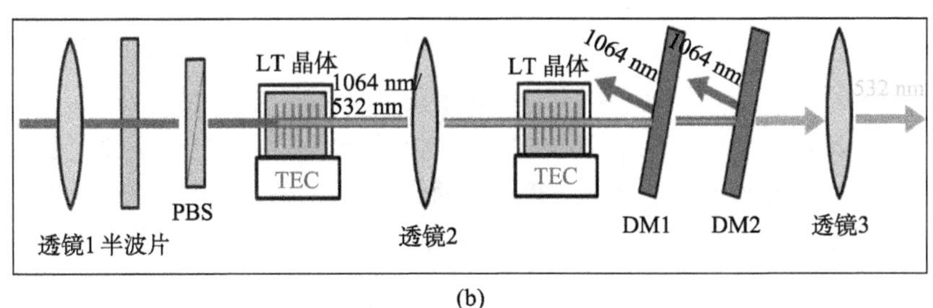

(b)

图 7.1.1　（a）单程 SHG 倍频装置结构示意图；（b）双程 SHG 倍频装置结构示意图

7.2　单频光纤激光在相干光通信领域的应用

7.2.1　相干光通信基本原理

随着数据通信及互联网络的高速发展，网络点到点、在线应用及视频业务等异质业务都呈现出爆炸式增长，这些海量数字媒体内容已经引发了互联网流量出现十倍甚至百倍的急速增长，导致了电信骨干网的流量每年正以 50%~80%的速度激增。借助于时分复用技术（TDM）、光放大技术、波分复用技术（WDM）、偏振复用技术（PDM）、正交频分复用技术（OFDM）和数字相干技术，单根光纤的传输容量从 1980 年左右的 100 Mbit/s 跃升到 2010 年的 Tbit/s 级，在 30 年间增长 10 000 倍。目前，单信道 100 G 系统已经在各大运营商商用，400 G 系统预计在 2017 年左右也会开始逐步商用。

在光通信领域，更大的带宽、更长的传输距离、更高的接收灵敏度，一直都是科学研究和实际应用追求的目标。近 30 年来，波分复用（WDM）技术和掺铒光纤放大器（EDFA）的应用已经极大地提高了光通信系统的带宽和传输距离，系统中普遍采用强度调制–直接检测（Intensity Modulation - Direct Detection, IM-DD），即发送端调制光载波强度，接收机对光载波进行包络检测。但是伴随着视频会议等通信技术的应用和互联网的普及，产生的信息爆炸式增长，对作为整个通信系统基础的物理层提出了更高的传输性能要求。所以目前传统的光纤通信技术已经不能满足人们对数据交换急剧增长的需求，而如何在现有设备基础上极大地提高和发挥光通信系统的性能和潜能，是科学研究和应用领域最迫切希望突破的焦点，相干光通信系统正是在这样的背景下得到迅速发展并成熟起来的。

实际上，由于相干光通信系统具有灵敏度高的优势，20 世纪 80 年代各国已相继开展了相干光通信的理论和实验研究，并获得了大量的研究成果。AT&T 公司及 Bell 公司于 1989 和 1990 年，在宾州的罗灵—克里克地面站与森伯里枢纽站间先后进行了 1.3 μm 和 1.55 μm 波长的 1.7 Gbit/s FSK 现场无中继相干传输实验，相距 35 km，接收灵敏度达到–41.5 dBm[17]。NTT 公司于 1990 年在濑户内海的大分—尹予和吴站之间进行了 2.5 Gbit/s CPFSK 相干传输实验，总长 431 km[18]。20 世纪 80 年代末，随着 EDFA 和 WDM 技术的发展，相干光通信技术由于系统复杂度较高以及器件水平有限等缺点而进展趋于停滞，进入 21 世纪后，随着器件水平的发展和系统扩容的迫切需求，沉寂了十几年的相干光通信技术才又重新成为了研究的焦点，并为提供光通信系统传输速率做出了卓越的贡献。

近代相干光通信系统始于 2003 年，并逐渐成为光通信领域的主导，图 7.2.1 为单载波数字相干光通信系统原理图，由光发送机、光纤传输和光接收机三部分组成，光发送机由连续激光源和光调制器组成，通常采用外调制技术来改变载波光的幅度、相位和频率，相干通信的基本调制格式有幅度键控（Amplitude Shift Keying，ASK）、频移键控（Frequency Shift Keying，FSK）、相移键控（Phase Shift Keying，PSK）、偏振键控（Polarization Shift Keying，PolSK）和正交幅度调制（Quadrature Amplitude Modulation，QAM）。光接收机部分由相干接收和数字信号处理（DSP）

模块组成，实现对高速光信号的接收、解调和噪声补偿，先进的 DSP 技术是相干光通信系统能够再次兴起的重要原因之一，也是当前高速相干光通信系统的关键技术。

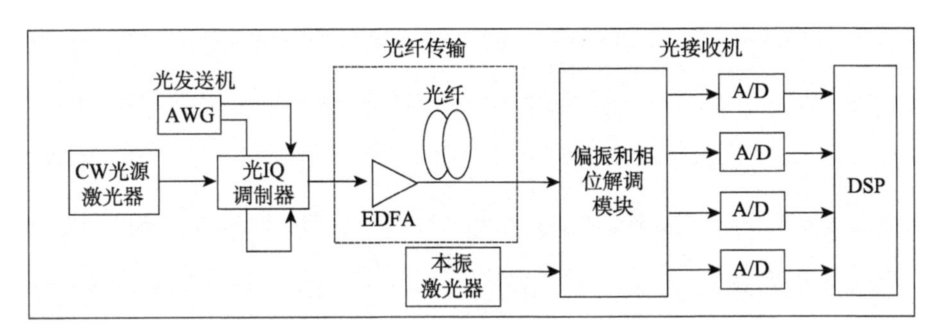

图 7.2.1　数字相干光通信系统框图

7.2.2　相干光发射模块中的单频窄线宽光源

相干光通信技术最大的一个特点是利用相干检测实现的高灵敏度，相干检测同时能检测信号的幅度信息和相位信息，实现高阶 QAM 信号的接收。相干检测与传统的直接检测相比，主要差别在于增加了本振激光器和 90°光混频器。图 7.2.2 给出了满足高阶调制格式的正交相干检测结构原理图，其中 E_S 为经过光纤传输后的光载波信息，E_L 为接收机端的本振光源信息，且 E_L 需满足与发射端激光器光源相位匹配和偏振匹配。E_S 和 E_L 经过 90°光混频器后从各种频率信号中选出 E_S 和 E_L 的基带信号，然后利用光电检测器获得信号中的相位信息，再经过模数转换器（ADC）将模拟信号转变为数字信号，从而得到两正交的 I 支路和 Q 支路信号，既保留了信号的幅度和相位信息，又实现了向数字信号的转换，利用已有的先进 DSP 技术可进一步实现各种信号损伤的补偿。

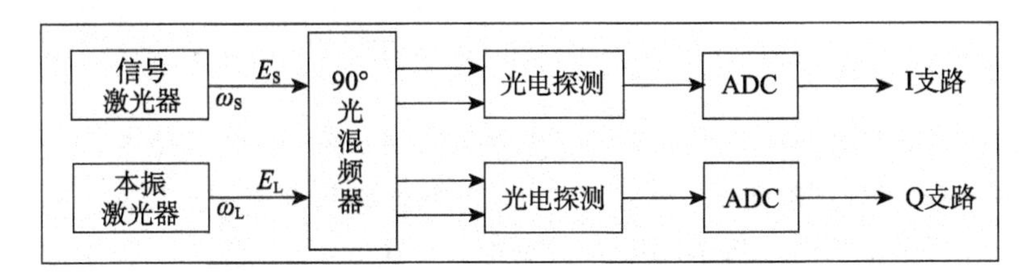

图 7.2.2　正交相干检测原理图

经过光纤传输后的光载波信号 E_S 和本振激光器光源信号 E_L 可表示为

$$E_S(t) = A_S \exp(\mathrm{j}\omega_S t) \tag{7.2.1}$$

$$E_L(t) = A_L \exp(\mathrm{j}\omega_L t) \tag{7.2.2}$$

其中，A_S 和 A_L 为接收信号和本振信号的幅度，ω_S 和 ω_L 为接收信号和本振信号的角频率。

光信号 E_S 和本振激光器光源信号 E_L 进入 90°光混频器,其结构如图 7.2.3 所示,由四个 3dB 耦合器和一个 90°相位调制器组成，输出四路信号可表示为

$$\begin{bmatrix} E_{out1} \\ E_{out2} \\ E_{out3} \\ E_{out4} \end{bmatrix} = \frac{1}{2} \begin{bmatrix} 1 & 1 \\ 1 & j \\ 1 & -1 \\ 1 & -j \end{bmatrix} \begin{bmatrix} E_S \\ E_L \end{bmatrix} \quad (7.2.3)$$

经过光电检测器，输出的 I 支路和 Q 支路的电信号 I_I 和 I_Q 分别为

$$\begin{aligned} I_I &= R\left[E_{out1}(t)\cdot E_{out1}(t)^* - E_{out3}(t)\cdot E_{out3}(t)^*\right] = R\sqrt{P_S P_L}\cos[(\omega_S-\omega_L)t+\phi_S-\phi_L] \\ I_Q &= R\left[E_{out2}(t)\cdot E_{out2}(t)^* - E_{out4}(t)\cdot E_{out4}(t)^*\right] = R\sqrt{P_S P_L}\sin[(\omega_S-\omega_L)t+\phi_S-\phi_L] \end{aligned} \quad (7.2.4)$$

公式（7.2.4）中，R 是光电探测器的响应度，P_S 和 P_L 是接收光信号和本振光信号的功率，$\omega_S-\omega_L$ 是接收光信号和本振光信号的频率差，ϕ_S 和 ϕ_L 为接收光信号和本振光信号的相位。当 $\omega_S=\omega_L$ 时，可以把接收到的光信号直接变成基带信号，即零差检测，当 $\omega_S\neq\omega_L$ 时，必须先把接收光信号转变为中频电信号，再转变为基带信号，即外差检测。

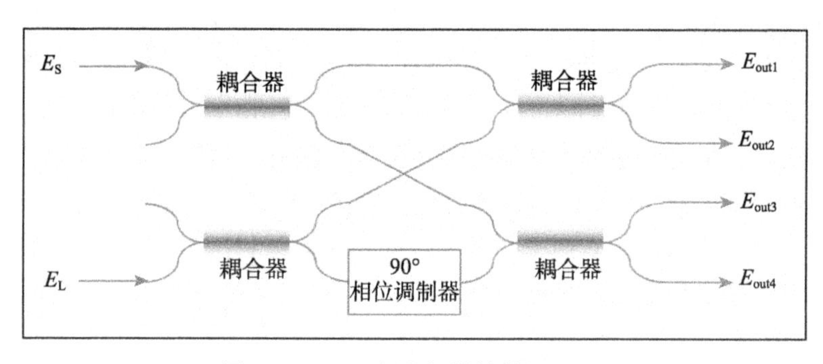

图 7.2.3　90°光混频器结构原理图

在相干光通信系统中，相干检测所接收到的信号光与本振光混频经光电转换和 A/D 变换后变为数字电信号，再采用 DSP 进行解调和噪声补偿处理。实际中，信号光和本振光所采用激光源的幅度和频率均会存在一定的波动而产生相位噪声，而相干检测对载波稳定度要求非常严格，相位噪声会导致载波产生偏移难以同步而造成解调输出错误，使得接收机误码率升高。外差相干检测的中频电信号的相位 $\phi_i(t)=\phi_S-\phi_L$，方差 $\sigma_{\phi_i}^2$ 表示中频信号静态相位噪声，$\sigma_{\phi_i}^2=\Delta\nu T$，其中，$\Delta\nu$ 为中频信号线宽，T 为码元周期。此时，信号光源和本振光源的相位方差表示为 $\sigma_{\phi_S}^2=\Delta\nu_S T$ 和 $\sigma_{\phi_L}^2=\Delta\nu_L T$，其中 $\Delta\nu_S$ 和 $\Delta\nu_L$ 分别为信号光和本振光源线宽。因此，在系统结构

参数确定时，静态相位噪声可由信号光和本振光激光线宽来表征。中频信号方差 $\sigma_{\phi_i}^2$ 可以表示为

$$\sigma_{\phi_i}^2 = \sigma_{\phi_S}^2 + \sigma_{\phi_L}^2 - 2\rho\sigma_{\phi_S}\sigma_{\phi_L} \tag{7.2.5}$$

其中，相关系数 ρ 表示信号光与本振光的相位相关性大小。将线宽公式代入，可以得到

$$\Delta\nu = \Delta\nu_S + \Delta\nu_L - 2\rho\sqrt{\Delta\nu_S\Delta\nu_L} \tag{7.2.6}$$

从公式（7.2.6）可以看出信号光与本振光相位关联性越大，ρ 值越高，相干检测得到的中频信号线宽越窄，相位噪声也越小。

在数字相干光通信系统中，由于发射机和接收机相隔距离较远，因此通常信号光和本振光是由分别位于发射机和接收机的两个独立的窄线宽单频激光器产生，此时信号光和本振光的相位关联性 $\rho = 0$，于是相干光和信号光混频后经光电检测得到的中频电信号线宽 $\Delta\nu$ 等于信号激光器线宽 $\Delta\nu_S$ 和本振激光器线宽 $\Delta\nu_L$ 之和，因此，信号激光源和本振激光器都要求线宽很窄才能得到一个理想线宽的中频信号。

从 100 Gbit/s DWDM 传输开始，光相干接收技术和相位调制技术以其卓越的噪声和传输畸变容忍性，而成为几乎唯一的方案选择。在这样的高速传输系统中，高稳定度窄线宽激光器是设备光模块中的一个关键核心部件，直接影响了相位噪声，而且在色度色散的作用下，将进一步增大传输代价，对设备性能起着决定性影响，代表着设备的核心竞争能力。随着信号速率从 100 Gbit/s 提升到 400 Gbit/s，要求激光器的线宽从 300 kHz 压窄到 100 kHz。如图 7.2.4 所示，当相干接收的本振激光器导致的传输损伤为 0.5 dB 时，信号速率越高，要求本振激光器线宽越窄。研究表明，40 Gbit/s 的 16-QAM 和 64-QAM 分别要求激光器的线宽小于 120 kHz 和 1.2 kHz[19]。

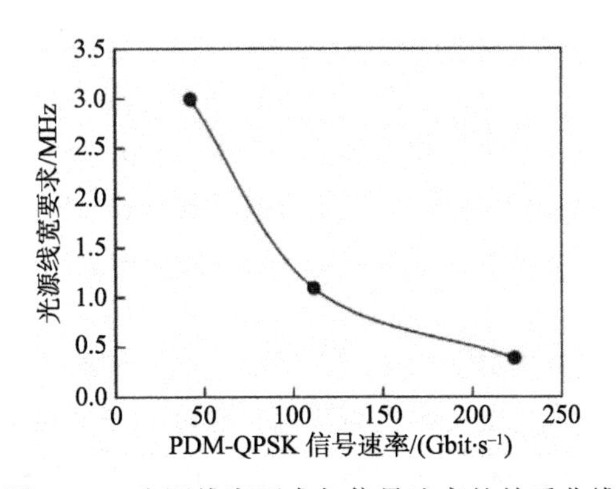

图 7.2.4　光源线宽要求与信号速率的关系曲线

7.2.3　高速相干光通信的单频窄线宽光源发展应用情况

近年来，各大传输设备制造商及一些研究机构对 400 Gbit/s 及更高速的 1 Tbit/s

传输技术进行了大量的研究，并取得了一系列显著的成果。由于受 ADC 采样率和相干接收电信号处理芯片的限制，400 Gbit/s DWDM 光传输系统采用单载波和多载波调制方式，目的都是降低波特率。其中单载波利用了高阶调制格式，如 PM-16QAM 和 PM-64QAM 等；多载波在各子载波上利用了 PM-QPSK、 PM-16QAM 等调制格式，根据各子载波之间的频率间隔，又可分为 O-OFDM 和 Nyquist WDM 两种技术。传输系统技术的发展趋势是更高频谱效率、更远传输距离。目前，最高频谱效率已达到 8 bit/(s·Hz)。

随着信号速率及符号相位阶数的提高，对高速相干光通信系统光源的参数也提出了更高的要求。根据 400 Gbit/s DWDM 传输系统的要求，其光源应具备如下特征：小于 100 kHz 的窄线宽激光输出；频率调谐范围可选 C 或 L 波带；具有波长锁定功能。由于半导体激光技术比较成熟，目前用于高速相干光通信系统的光源几乎皆为窄线宽半导体激光器。尽管半导体激光器具有体积较小、成本较低等优点，但是半导体激光器的线宽一般都在几百 kHz 以上，并且边模抑制比只能达到 40~50 dB 左右，如果采用更高阶的调制格式，将会增加传输信号的相位噪声，从而加大了光通信系统的误码率。

光纤激光器由于易于与光纤通信系统兼容，被认为是光通信系统的一种优质光源。利用光纤激光技术同样能够获得窄线宽单频激光输出。国内外研究人员对窄线宽单频光纤激光器的研究主要集中在如何获得更窄线宽和可调谐输出方面上。但是，由于增益光纤掺杂浓度的限制，使得光纤激光器中需要接入几米长的掺杂光纤来获得足够的增益。因此，目前普遍研究的单频光纤激光器的激光腔长为 10 m 以上。由于长腔长结构造成了腔纵模间隔非常小，为了获得单频输出，则需要在腔内放置一个超窄线宽滤波器。国内科研单位，如中科院半导体研究所、华中科技大学、南开大学等，对单频光纤激光器及其可调谐特性都有较深入的研究。例如，中科院半导体研究所最近利用注入锁定稳频技术，获得了线宽小于 1.4 kHz、1527~1562 nm 连续可调谐的单频激光输出。然而，目前所报道的单频光纤激光器大部分都为长腔长的结构，由于其结构不够紧凑、长期稳定性有待改善，因此，难以达到商用化的效果。

最近，具有高增益特性的铒镱共掺磷酸盐光纤的研制成功，为研制商用化、高紧凑性的超窄线宽光纤激光器提供了技术前提保障。此类激光器仅用 5 mm 的增益光纤和光纤光栅对即可获得高功率的激光输出，因此其结构将非常简单，并且整个激光腔长不超过 2.0 cm。这就使得单频光纤激光器的体积、成本等方面可以与半导体激光器相媲美。特别是利用短腔结构单频光纤激光器的输出线宽可以小于 2 kHz，并且边模抑制比能够高于 75 dB。

与半导体激光器相比较，单频光纤激光器在线宽、边模抑制比等方面都具有较大优势。特别是在激光线宽方面，可以达到小于 10 kHz，高出半导体激光器的 1 至 2 个数量级，完全能够满足 400 Gbit/s 及更高速的 1 Tbit/s 光通信系统对激光光源线宽的要求。例如，在 2012 年 OFC 会议上，美国 AT&T 公司和 OFS 公司利用 100 kHz 线宽的激光光源，基于 PDM-32-64QAM 混合调制技术，在 1200 km 传输干线上实现了光谱效率为 8.4 bit/s/Hz、504 Gbits/s 速率的信号传输；日本 Hitachi 公司利用线宽约为 200 kHz 的激光光源，基于 PM-32QAM 调制技术，实现了以 100 Gbit/s 的速率、在 400 km 单模光纤上传输信号；日本 NTT 公司利用线宽约为 60 kHz 的激光光源，基于 PDM-64QAM 调制技术，实现了传输距离高达 1200 km、速率为 538 Gbit/s 的信号传输，并且其光谱效率为 8.96 bit/s/Hz；中兴通讯股份有限公司利用小于 100 kHz 线宽的激光光源，基于 64-QAM 调制技术，实现了速率为 12.84 Tbit/(s·ch)、超过 320 km 的信号传输，并且其光谱效率为 7.9 bit/(s·Hz)。而同时，也是在该次会议上，报道了日本 Tohoku 大学的研究人员利用自主研制的单频窄线宽光纤激光器作为光源，在超过 400 km 距离的传输干线上获得了 400 Gbit/s 的信号传输速率，光谱效率高达 14 bit/(s·Hz)，这是目前的公开报道中光谱效率最高的，也进一步从实验上验证了窄线宽光纤激光器成为高速相干光通信系统中优选光源的可行性。

7.3　单频光纤激光在光学测量领域的应用

7.3.1　谐振式光纤陀螺

陀螺仪是一种测量旋转速率的传感器，已在实际中得到了广泛的应用[20]。速率级陀螺一般能实现检测 1°/s 的旋转速率，广泛应用于手机和游戏控制器等消费电子设备中。对于如导弹、飞机和卫星等空间飞行器，空间定位是至关重要的，因此陀螺仪另一个极其重要的应用是惯性制导和导航[21]。

陀螺仪可以分为三类：传统机械陀螺、微机电陀螺（MEMS 陀螺）和光学陀螺[22]。当前，光学陀螺以灵敏度高、动态范围宽、启动时间短、无运动部件、耐冲击抗振动等一系列优点占据了商业的惯性导航应用市场。从应用状况来看，光纤陀螺已应用于战略导弹系统和潜艇导航应用、卫星定向和跟踪、各种运载火箭、光学罗盘及高精度寻北系统、汽车导航仪、石油钻井定向、机器人控制等领域。

1913 年，法国科学家 Sagnac 提出 Sagnac 效应：在一个任意几何形状的闭合光学环路中，从任意一点发出的沿相反方向传播的两束光波，绕行一周后返回到该点时，两束光波的相位将随着相对惯性空间的旋转而发生变化。Sagnac 效应是所有光学陀螺的理论基础。1963 年，激光陀螺伴随着激光器的诞生而发展起来[23]，标志着以 Sagnac 效应为基础的光学陀螺取得了实质性的进展。激光陀螺家族中最成功的代表是 He-Ne 环形激光陀螺[24]，其主要突出优点：共享相同的增益和谐振腔，完美的互易性和死区的消除。但也存在缺点：高压气体放电工作，需构建特殊谐振腔，存在机械抖动，成本昂贵等[25]。

1976 年，用多圈光纤环提高 Sagnac 干涉仪灵敏度的光纤陀螺仪方案被 Vali 等提出[26]。其基本结构如图 7.3.1 所示，将一个 2×2 的光纤耦合器同一端的两个输出端口 3 和 4 熔接起来，即搭建出一个光纤 Sagnac 干涉仪结构，这样经端口 1 注入的光经过耦合器分光成两路：顺时针方向和逆时针方向。由于 Sagnac 环中顺时针和逆时针传输光经过同一个传输光路，环境温度、振动和应力等因素引起的慢扰动对 Sagnac 环的影响几乎可以抵消，所以 Sagnac 环的稳定性要比其他干涉仪要好很多。最初提出的干涉式光纤陀螺（Interferometric Fiber Optic Gyroscope, IFOG）基本原理是双光束干涉[27]，通过监测端口 1 的反射光功率或者端口 2 的透射光功率，实现对旋转速率的传感解调，具有结构简单、体积小、精度高、寿命长、抗干扰和抗冲击的优点，历经 40 年的发展，以 Sagnac 效应为基础的 IFOG 已获得批量生产和广泛应用。但 IFOG 需要依靠光纤环长的增加来实现 Sagnac 效应的进一步增强，因此对精度要求较高的应用场合，IFOG 一般需要上千米的保偏光纤多圈环绕，而随着光纤长度的增加，成本相应增加，绕圈难度也急剧提高，大大增加了温度和压力分布不均匀在环内产生的非互易性相位误差[28]，限制了干涉式光纤陀螺朝着更高精度的发展。

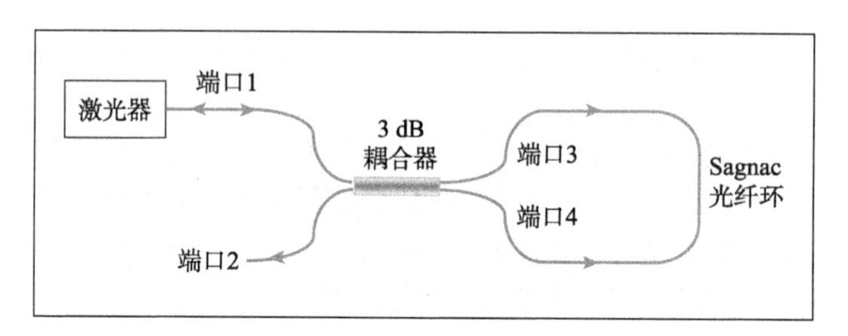

图 7.3.1　光纤 Sagnac 环基本结构图

为了克服 IFOG 在高精度应用中的不足，谐振式光纤陀螺（Resonator Fiber Optic Gyroscope, RFOG）引起了广泛的关注[29, 30]。RFOG 利用光纤谐振腔的多光束干涉来增强旋转引起的 Sagnac 效应，此机理使得 RFOG 只需要较短的腔长就可以实现很高的精度，是实现光纤陀螺小型化的优选途径。谐振式光纤陀螺的基本原理如下：Sagnac 效应是光学陀螺的理论基础，它是相对惯性空间转动的闭环媒质中传播光的一种相对效应。在一个任意几何形状的闭合光学环路中，从任意一点发出的沿相反方向传播的两束光波，绕行一周后返回到该点时，两束光波的相位将随着相对惯性空间的旋转而发生变化，该相位差的大小与闭合光学环路的旋转速度成比例关系。针对一个圆形光纤环路的 Sagnac 环而言，正反方向传输光的相位差可以表示为

$$\Phi_S = 2\pi \frac{L}{c} \frac{D}{\lambda} \Omega \tag{7.3.1}$$

其中，L 是圆形光纤环的总长，c 是真空中的光速，D 是圆形光纤环的直径，λ 是光波的波长。相位差与介质的折射率是无关的，它与旋转速度 Ω 成正比，因此，我们可以利用 Sagnac 干涉仪来测量角速度，这就是 IFOG 的基本原理，IFOG 可通过增加保偏光纤的长度来提高检测灵敏度，高灵敏度的 IFOG—般会采用 1km 以上的光纤长度。

光在圆形光纤环路中传输一圈的时间为 $\tau = nL/c$，其中 n 是光纤的折射率，那么当圆形光纤环路为一个环形的谐振腔时，正反方向传输的谐振频率差为

$$\Delta f = \frac{\Phi_S}{\tau} = \frac{D}{n\lambda} \Omega \tag{7.3.2}$$

因此，谐振频率差与旋转速度 Ω 成正比，可以利用光纤谐振腔来测量角速度，这就是 RFOG 的基本原理。光纤谐振腔是 RFOG 中最核心的器件，它的无源特性克服了激光陀螺中气流和增益相关的漂移问题，同时它还是实现高精度和小型化光纤陀螺的关键。在许多的陀螺应用中，如航空的应用，体积和重量是极其重要的参数，在检测精度相当的条件下，短光纤的 RFOG 可以比长光纤的 IFOG 更小更轻，这是 RFOG 一个非常重要的优势[31]。另外，受益于短光纤的优势，RFOG 的光纤芯更加便宜，而且能够克服 IFOG 长光纤温度和压力分布不均的问题。

RFOG 的基本原理结构图如图 7.3.2 所示，激光器输出光经 3dB 光纤耦合器 CI 分成两束相等的光，分别沿 CW 方向和 CCW 方向入射到光纤谐振环腔中，经腔内多圈传输后，两个方向的光经光纤耦合器 C2 和 C3 分光后分别入射到光电探测器 PD1 和 PD2。当光纤环形腔静止时，CW 和 CCW 方向输出光的谐振频率相等，如图 7.3.3（a）所示；当光纤环形腔转动时，CW 和 CCW 方向输出光的谐振频率分离，如图 7.3.3（b）所示。因此，只需测量谐振频差就能获得转动速率，RFOG 的信号检测原理本质上是一个鉴频的过程。

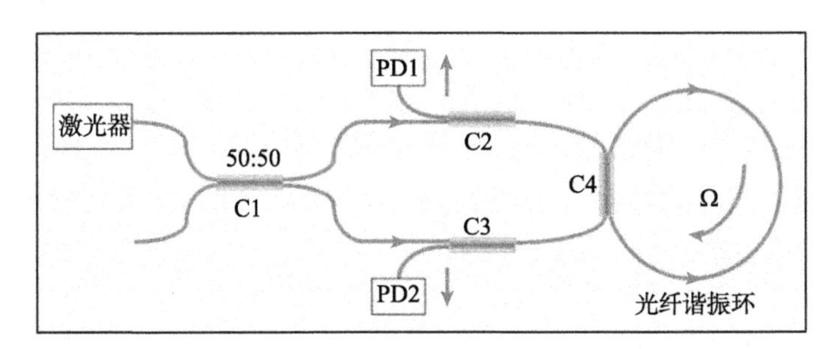

图 7.3.2　RFOG 的基本原理结构图

决定 RFOG 鉴频灵敏度的一个重要参数是光纤谐振腔的半高全宽 Γ，Γ 越小，

谐振谷或者峰越尖锐，鉴别频率的灵敏度就越高[32]。半高全宽的表达式为

$$\Gamma = \frac{\mathrm{FSR}}{F} = \frac{c}{nL}\frac{1-\alpha_f}{\pi\sqrt{\alpha_f}} \tag{7.3.3}$$

其中，$\mathrm{FSR} = \frac{c}{nL}$是光纤谐振腔谐振谱线的自由光谱范围，$F = \frac{\pi\sqrt{\alpha_f}}{1-\alpha_f}$是光纤谐振腔的精细度，$F$ 仅于腔内的损耗有关，α_f是腔内传输一周的损耗，包括耦合器的损耗、保偏光纤的损耗、直通端的耦合系数以及其他的损耗。

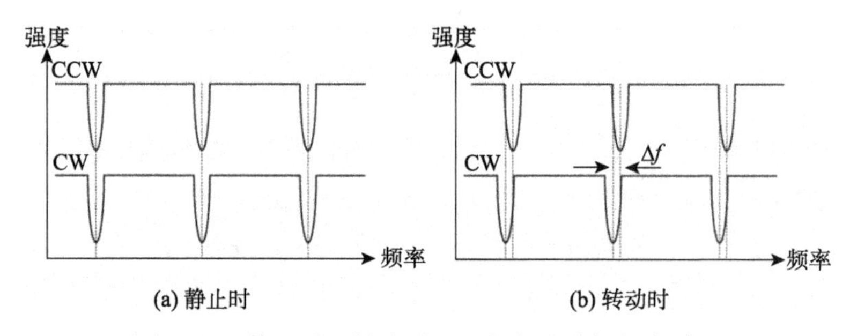

(a) 静止时　　(b) 转动时

图 7.3.3　静止时和转动时正反方向光谐振频率谱图

谐振式光纤陀螺的关键器件与技术问题主要包括：光纤谐振环偏振噪声、信号检测技术以及激光器的频率噪声。关于光纤谐振环偏振噪声的研究，光纤谐振腔从单模光纤结构[33]发展至保偏光纤结构[34]，再至光子晶体光纤结构[35]，均是在试图解决光纤腔的偏振噪声问题。目前，光子晶体光纤谐振腔的应用受到了光子晶体光纤耦合器的限制，还不成熟，保偏光纤谐振腔是一个比较切实可行的方案。关于谐振式光纤陀螺的解调检测技术，最简单的检测方法是边带探测，即利用谱振曲线边带的线性区来获得频差信息，但边带探测对幅度噪声是极其敏感，不适合高精度光纤陀螺应用。相位/频率调制谱技术是一种应用于探测光纤谐振腔中谐振频率的变化进而实现高灵敏的陀螺信号检测的技术方案[36]。关于激光器的频率噪声的研究，高相干性激光光源是研制 RFOG 的关键器件，小型、可集成化的窄线宽高相干激光器是 RFOG 的理想光源。谐振的本质决定了 RFOG 必须使用高相干激光器。早期研究中，研究者一般使用窄线宽的 He-Ne 激光器或者 YAG 激光器，根据测试结果，研究人员进一步指出，RFOG 中的随机波动噪声主要来源于激光器的相对强度噪声和不稳定的频率波动。

首先，激光光源的线宽对 RFOG 的性能至关重要，在激光器的作用下，RFOG 谐振谱实质上是激光器光谱特性和光纤谐振腔本征谱特性的卷积。因此当激光器光谱线宽较宽时（激光器光谱线宽大于光纤谐振腔本征谱线宽度），最佳谐振条件消失，受光谱色散的影响，谐振腔谱线宽度随耦合系数的增加而增加。在光纤谐振腔

光路参数给定时，激光器光谱线宽越窄，RFOG 的极限灵敏度则越高。随着窄线宽光源技术的进展，kHz 线宽量级光纤激光器和半导体激光器已逐步成熟和产品化，可充分满足 RFOG 对激光光源高相干性的要求。

其次，激光光源的频率噪声制约着 RFOG 的检测精度，基于相位/频率调制谱技术进行旋转速率解调，当激光器的中心频率落在谐振点附近时，鉴频系统会把激光器的频率抖动也转化为幅度波动进而导致误差，由于 Sagnac 效应是一种极其微弱的效应，由旋转产生的 Sagnac 频差通常被激光器频率噪声所淹没而无法实现检测，如以 3.5 kHz 线宽的半导体激光器为例，在 10 Hz 处的频率噪声值约为 1 kHz/Hz$^{1/2}$，比 1°/h 转动产生的频差信号大 3 个数量级以上。激光器的频率噪声主要由 $1/f$ 噪声和白噪声共同组成，在低频处有很大的漂移，对 RFOG 而言，陀螺信号落在低频区域，因此 $1/f$ 噪声是主要噪声源。因此，将高相干激光器应用于 RFOG 时，还需要采取措施进一步减小其频率噪声影响。在激光光源稳频技术领域，高精细度的 F-P 腔常被用来进一步提高光源相位和频率的稳定度。

7.3.2　光纤水听器

光纤水听器发展于 20 世纪 70 年代末，它是以光纤传感和光电子技术为基础的一种新型水声传感器。其传感原理是利用水中声波调制光纤中传输激光的强度、偏振态、相位等参量来获取声波的频率、强度等信息。光纤水听器具有很多优点，如灵敏度较高、响应频带较宽、频响特性好、可响应低频、动态范围大、抗电磁干扰能力强、水下无需任何电子设备等，可利用光纤多路复用技术，构成大面积阵列和大规模阵列等[37]。这些特点使得基于光纤水听器的水下声呐系统传感器网络与信息传输网络一体化，简化了系统结构，降低了工程要求，在大幅提高系统性能的同时，减少了系统的代价。

从技术上，光纤水听器可分为强度型、偏振型、相位干涉型、光纤光栅型和光纤激光器型等。其中，强度型和偏振型结构比较简单，早期光纤水听器多为这两种类型，但它们的检测灵敏度均远不如相位干涉型高。光纤光栅型和光纤激光器型具有在一根光纤上实现多个水听器基元的优势，近年来成为研究热点[38, 39]，但目前工程上实用化的光纤水听器均采用相位干涉型。相位干涉型光纤水听器通过高灵敏度的光纤相干检测技术，将水声信号转换成光信号，并通过光纤传至信号处理系统从而提取声信息，具有灵敏度高、便于复用等诸多优异的特性，目前在国内外研究最多，技术最成熟。

干涉型光纤水听器的结构主要基于四种光纤干涉结构：马赫–曾德尔（Mach-Zehnder）型干涉仪、迈克尔孙（Michelson）型干涉仪、法布里–珀罗（Fabry-Perot）型干涉仪、Sagnac 型干涉仪。其中，法布里–珀罗型光纤水听器对激光光源的相干长度要求非常高；Sagnac 干涉型水听器具有互易零程差，其灵敏度随声波频率降低而降低的特性不适于低频水声测试，因此目前光纤水听器通常采用马赫–曾德尔型和迈克尔孙型的光学干涉结构。干涉型光纤水听器可以将灵敏度和复用效率达到一种最佳的组合，因此是现有的各种光纤水听器阵列中使用最多同时也是最有发展前景的一种光纤水听器，最有可能构成未来的声呐系统[40]。

如图 7.3.4 所示，迈克尔孙型光纤水听器其基本结构原理为由激光器发出的光经光隔离器后，通过 3 dB 光纤耦合器被分为两束，分别进入干涉仪双臂，经光纤后端的法拉第旋转镜反射后返回光纤耦合器进行干涉，干涉光信号经光电探测器转换为电信号，再进行信号处理就可以得到声波信息。

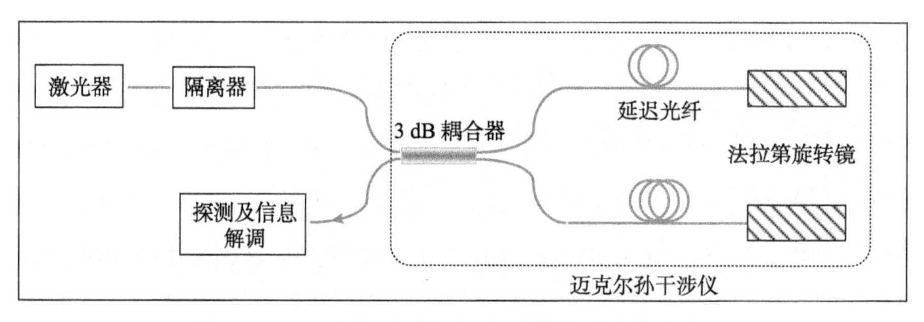

图 7.3.4　迈克尔孙型光纤水听器单元结构示意图

光纤水听器的声压灵敏度定义为由声信号引起的光纤水听器的干涉仪两臂的相位差 $\Delta\phi$ 与在声场中引入水听器前存在于水听器声中心位置处的自由场声压 p 的比值，即 $M_{\mathrm{p}}=\Delta\phi/p$，其单位为 rad/Pa，通常提到光纤水听器声压灵敏度时均指声压灵敏度级：$L_{\mathrm{p}}=20\lg(M_{\mathrm{p}}/M_{\mathrm{pr}})$，单位为 dB，基准值 $M_{\mathrm{pr}}=1\mathrm{rad}/\mu\mathrm{Pa}$，声压灵敏度表征了水听器对微弱声信号的探测能力，声压灵敏度越高，说明水听器对声信号越敏感，水听器的探测性能越高。

光纤水听器的传感光纤长度、光纤折射率以及光纤直径变化都会对其相位差 $\Delta\phi$ 产生影响，因此其相位差 $\Delta\phi$ 可以表示为

$$\Delta\phi=\beta L\frac{\Delta L}{L}+L\frac{\partial\beta}{\partial n}\Delta n+L\frac{\partial\beta}{\partial a}\Delta a \tag{7.3.4}$$

式中，a 为光纤芯半径，第一项表示光纤长度变化引起的相位延迟（应变效应），第二项表示感应折射率变化引起的相位延迟（光弹效应），第三项表示光纤半径改变所产生的相位延迟（泊松效应）。一般情况下，光纤直径变化很小，因此上式中的第三项可以忽略不计。

上式第一项由传感光纤长度变化引起的相位差 $\Delta\phi_1=2\cdot2\pi n\Delta L/\lambda$，第二项由光

纤折射率变化引起的相位差 $\Delta\phi_2=-2\cdot2\pi n\Delta L\cdot P_c/\lambda$，其中 P_c 为弹光系数。因此光纤水听器的声压灵敏度可以表示为

$$M_p=\frac{\Delta\phi}{p}=2\frac{2\pi n\Delta L}{\lambda p}(1-P_c) \tag{7.3.5}$$

在军事及商业需求的驱动下，光纤水听器阵列得到了迅速的发展并已达到了相对成熟的技术水平，无论性能指标还是大规模集成能力都优于常规的压电水听器阵列。大规模大动态传感网络是目前光纤水听器的发展的方向，它对于沿海水下安全警戒和海洋地震、油气勘探都具有重大意义，在军事安全和商业利益的双重驱动下，其必然会迅速发展。

如图 7.3.5 所示为基于相位干涉型的光纤水听器阵列结构图，主要利用到的复用技术有波分复用技术和时分复用技术。基于波分复用技术，由一根传输光纤将不同激光器的传感光送达到水听器阵列，在进入传感阵列前由解波分器将不同的波长的光波分开并分别送到不同的传感子阵列内，完成传感后，干涉光波再次混合在一起由一个传输光纤返回到接收端，在接收端再由解波分器将不同波长的干涉光波分开并分别送到不同的光电探测器内实现光电转换；在同一激光器的传感子阵列中，基于时分复用技术，传感光脉冲在经过不同长度的延迟光纤进入各个复用基元，在基元内完成传感后再经过耦合器进行合光得到一串光脉冲，每一个光脉冲对应一个复用基元的传感干涉信号，并由一根传输光纤返回到接收端，由一个光电探测器完成光电转换。解调时按波长和时分顺序将不同基元的传感信号分别提取出来进行解调。

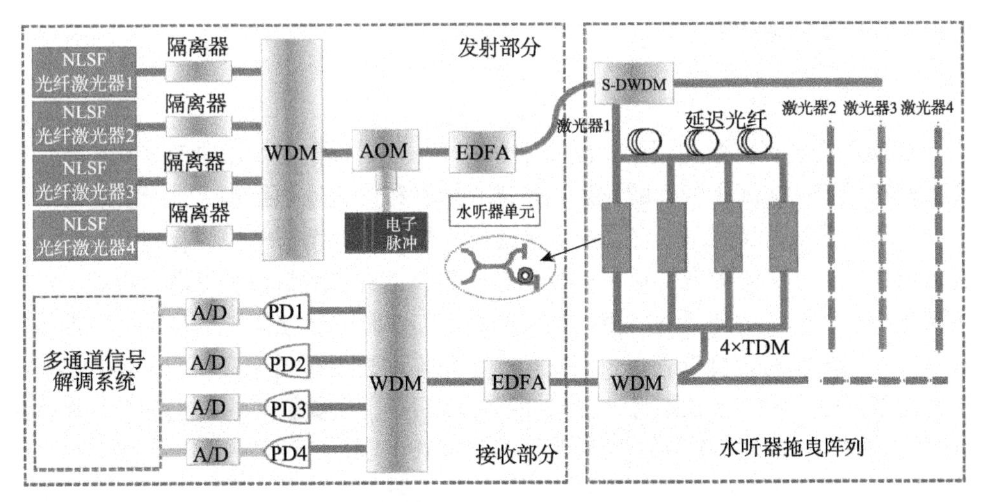

图 7.3.5　基于相位干涉型的光纤水听器阵列结构图

其中 WDM 为波分复用器，AOM 为声光调制器，EDFA 为掺铒光纤放大器，S-DWDM 为解波分复用器，TDM 为时分复用，PD 为光电探测器，A/D 为模数转换和采样

光纤水听器的传感基元是一个无源器件，它自身是不会产生噪声的，其系统噪声主要来自光源和光传输产生的噪声。在高检测灵敏度要求下，激光器的噪声成为光纤水听器信号检测的主要噪声源，激光器的噪声源主要包括强度噪声和相位噪声，强度噪声表现为功率的短时间和长时间波动特性，相位噪声表现为频谱展宽和中心频率抖动。

在系统的实际应用中，光源的强度噪声对系统的性能产生了较大的影响。激光器中强度噪声主要表现在其固有的弛豫振荡噪声。弛豫振荡来源于腔内激光辐射与物质相互作用的微小扰动，包括激活物质的热不稳定性、抽运光强的波动、光学元件的机械振动及腔内的损耗起伏等等[41]。在连续抽运激光器中，弛豫振荡表现为某些频段内光强随时间变化的阻尼振荡，弛豫振荡的存在，严重影响了基于相干检测的光纤传感系统的性能。光纤水听器作为水下声传感器，起到拾取水下的声信息的作用。在海洋环境下，低频信号相干性好且传播损失小，因此，光纤水听器主要工作在低频段，其噪声性能也主要以低频段的性能来衡量。

光纤水听器的相位噪声主要来源于光源的线宽和中心频率的抖动。通过非平衡干涉仪，有限线宽和中心频率的抖动转化为干涉仪的相位噪声。因此，减小相位噪声的首要方案为压缩激光器的线宽至 kHz 量级和减小中心频率的抖动。另外，使用声压不敏感的参考干涉仪来获取光源相位变化的信息，也是抑制光源相位噪声的重要补充手段。在目前光源技术水平下，静态下光源线宽和中心频率抖动产生的相位噪声都可以达到较小的值，但在实际应用中，环境的振动冲击甚至空气中强声波的干扰都将产生严重的相位噪声，光源相位噪声的实时提取与补偿成为水听器系统环境适应性研究的实用方向。

7.3.3　激光雷达

激光雷达系统将激光用于回波测距、定向，并通过位置、径向速度及物体反射特性识别目标，体现了特殊的发射、扫描、接收和信息处理技术。激光雷达是一种主动式现代光学遥感设备，它是传统雷达技术与现代激光技术相结合的产物，以激光为光源，通过探测激光与目标物相互作用而产生的辐射信号来遥感目标物。与普通微波雷达相比，激光雷达使用的是激光源，工作频率较微波高了许多，有很多优点，如，分辨率高，可以获得极高的角度、距离和速度分辨率；低空探测性能好，抗有源干扰能力强；单色性好，方向性强；体积小，质量轻等，因此已经成为目前对大气、海洋和陆地进行高精度遥感探测的有效手段，广泛地应用于环境监测、航天、通信、导航和定位等高新技术领域。但激光雷达在某些方面也有不如微波雷达的缺点，如，激光受大气及气象影响大，大气衰减和恶劣天气使激光雷达的作用距离降低，大气湍流会降低激光雷达的测量精度，而激光的高单色性和方向性，使其难以搜索和捕获目标，激光功率和高灵敏度光电探测器也曾经是探测距离受限的因素。

激光雷达系统从整体上可分为激光发射、回波信号接收和采集以及控制三大部分。激光测距是激光雷达最基本的功能，常用的激光测距雷达有两种：一种是脉冲测距激光雷达，测距雷达发出光脉冲，同时开始计时，光脉冲从目标反射或散射回来，返回到接收机，停止计时，根据光脉冲在空间传输时间和光速，可以得到目标的距离，此方法的测距精度取决于光脉冲宽度、计时精度和探测器的响应速率。脉冲测距激光雷达的测距距离在 10 km 左右，测距精度一般为几米，但可采用更完善的技术，如在脉冲的固定点触发计时器来提高测距精度，可以达到 10 cm 量级。这种脉冲测距雷达技术方案中，并不需要使用单频激光器作为高相干光源。

另一种激光测距雷达的技术方案是调频连续波（FMCM）测距[42]，激光源发射以锯齿波扫频的单频连续激光，回波为时延后的同样条件扫频的反射或散射光，两者的拍频频率是目标距离的函数，图 7.3.6 为 FMCM 方法原理的示意图，其中 $\tau=2z/c$ 为回波相对与发射激光的时间延迟量（z 为目标距离，c 为光速），T 为激光源以锯齿波连续扫频的周期时间，Δf 为激光源在频域上的扫频幅度，可以得到扫频斜率为 $\kappa=\mathrm{d}f/\mathrm{d}t=\Delta f/T$，回波与本地光频率差 $\delta f=\kappa\tau$ 是 FMCW 激光测距的核心。

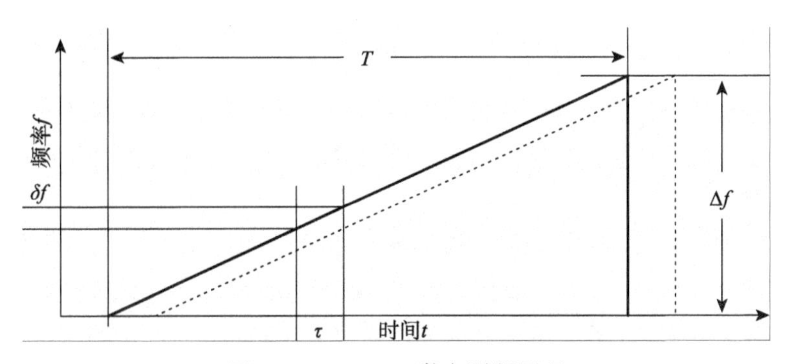

图 7.3.6　FMCW 激光测距原理

此技术方案中获取与目标距离相关的频率差 δf，使用相干检测方法测量拍频是最简单高效的技术方案。本地振荡光场 E_{LO} 和目标回波反射光场 E_{R} 可分别表示为

$$E_{\mathrm{LO}}(t)=A\exp \mathrm{j}[\omega_0 t+2\pi\kappa t^2+\varphi(t)] \tag{7.3.6}$$

$$E_{\mathrm{R}}(t,\tau)=B\exp \mathrm{j}[\omega_0(t+\tau)+2\pi\kappa(t+\tau)^2+\varphi(t+\tau)] \tag{7.3.7}$$

在接收机端，光电探测器探测得到回波与本地光两者的拍频信号，输出光电流信号为

$$i(t,\tau)=R_{\mathrm{PD}}[A^2+B^2+2V\gamma^2 AB\cos(4\pi\kappa\tau t+\omega_0\tau+\kappa\tau^2)] \tag{7.3.8}$$

上式中，R_{PD} 为光电探测器的响应系数，$V=\exp(-\tau/\tau_{\mathrm{c}})$ 为频宽导致的可见度（τ_{c} 为激光相干时长），$\gamma=\sin[\pi(f-f_b)(T-\tau)]/[\pi(f-f_b)(T-\tau)]$ 为扫描周期 T 产生的频谱

因子（拍频频率 $f_b = 2\kappa\tau = 4z\Delta f/(cT)$ ）。

此技术方案的测距空间分辨率为 $\delta z = c/(2\Delta f)$ 。除了其他噪声来源，光源相干性导致的信噪比可以表示为 $\mathrm{SNR} = \gamma/(1-\gamma)$ ，定义 SNR=1 为拍频信号可探测的标准，可得到最大的可探测距离与激光的相干时间成正比 $z_{\max} = \mathrm{In}2(c\tau_c/2)$ 。对接收端相干检测到的信号做完整的频谱分析，可以计算得到目标的距离，在 FMCW 激光雷达中，激光光源具备高相干性是一个基本要求，单频线性调频光源在此激光雷达中具有重要的应用价值。

7.4　单频光纤激光在分布式光纤传感领域的应用

7.4.1　分布式光纤传感技术的基本原理

光纤传感技术是伴随着光纤通信技术的发展而同步发展起来的，光纤传感技术是以在光纤中传输的光波为载体，无需任何中间介质就能把需要测量的环境传感信号与光纤内传输光的特性变化联系起来。光纤传感器具有抗电磁干扰和原子辐射、体积小、重量轻、绝缘、耐高温、耐腐蚀等众多优异的性能，能够对应变、压力、温度、折射率、振动、声场、角度、速度、加速度、气体、电压、电流、磁场等各种物理量进行精确测量，能够适应极端恶劣的环境。同时，由于光纤传输损耗低、频带宽，使得光纤传感器在组网和传输距离方面，与传统的传感器相比具有无可比拟的优势[43]。

分布式光纤传感技术不仅具有普通光纤传感器的全部优点，而且充分利用了光纤一维空间连续分布的特点。可以在整个传感长度上对沿光纤分布的环境参数进行多点或者连续测量，获得更加详细的被测量对象在时间和空间上的信息分布，从而克服了点式传感器难以对被测对象进行多点连续监测的缺陷[44]。除了强度型的光纤传感器外，相位敏感性的光纤传感器都需要使用单频激光器，这里介绍基于光纤散射效应的几种分布式光纤传感技术：基于瑞利散射的分布式光纤传感技术、基于拉曼散射的分布式光纤传感技术和基于布里渊散射的分布式光纤传感技术。

激光入射到光纤中，会产生相关的光散射。光纤中的光散射主要包括瑞利散射（Rayleigh Scattering）、拉曼散射（Raman Scattering）和布里渊散射（Brillouin Scattering）三种机制。如图 7.4.1 所示，瑞利散射光是入射光与物质发生的弹性散射，散射光频率不发生变化，拉曼散射光和布里渊散射光是入射光与物质发生非弹性散射，散射光频率发生变化。布里渊散射是由电致伸缩引起的光子和声学声子耦合而产生的一种非弹性散射，在石英光纤中，波长为 1550 nm 的入射光产生的布里渊散射光的频移约为 11 GHz。拉曼散射是光子与由介质分子振动产生的光学声子相互作用而产生的一种非弹性散射，拉曼散射光的频移约为 13.2 THz。在无受激情况下，瑞利散射光为光纤中光强最强的散射光。

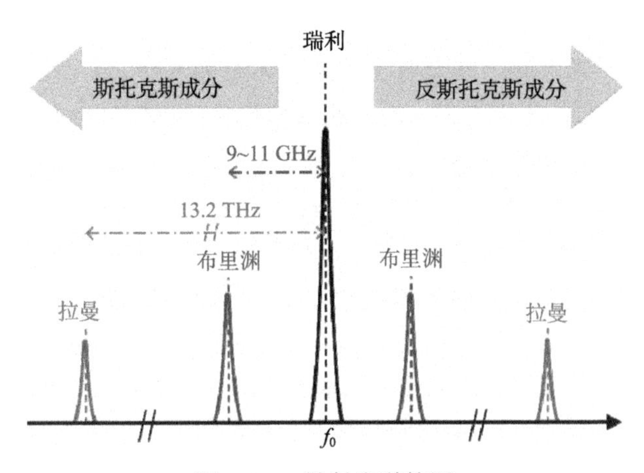

图 7.4.1　散射光谱简图

当外界环境发生变化时，这些散射光的中心频率或散射强度随外界扰动发生相应改变，通过对散射光的监测可以实现对外界环境相关参数的实时测量。由于信号光在光纤中传输，沿光纤任意处都会产生散射光，所以传感光纤上的任意一段都可以看作是传感单元，通过对散射光的连续监测，实现真正意义上的分布式传感。OTDR（光时域反射计）是最具代表性的以后向散射理论为基础的仪器。OTDR 的原理是：光脉冲在光纤中传播时，由于散射而发生能量损耗，通过监测后向散射光强度，就可以获得散射系数或衰减程度沿光纤分布的状况。OTDR 被广泛用于定位光纤线路及网络中的断点及其他异常。在利用后向散射的分布式光纤传感技术中，一般采用光时域反射（OTDR）结构来实现被测量的空间定位。

依据 OTDR 原理进行空间定位：$z = ct/n$，其中 c 为光在真空中的速度，t 为散射光回来的时间，n 为光纤的折射率。空间分辨率：$\Delta z = c\Delta T / 2n$，其中 ΔT 为光脉冲宽度。

7.4.2　基于瑞利散射的分布式光纤振动传感技术

光纤中位于 z 处的后向瑞利散射光返回功率 P_{rs} 可表达为[45]

$$P_{rs}(z) = P_0\left(\frac{V_g T}{2}\right)\alpha_R S \exp(-2\alpha z) \tag{7.4.1}$$

其中，P_0 为入射脉冲光的峰值功率，α 为光在光纤中的传输损耗，α_R 代表瑞利散射系数，与光纤材料和入射光波长有关，可表达为 K/λ^4（K 是一个常量，与纤芯的成分有关，在标准单模光纤中约为 0.7~0.9 (dB/km)μm^4，λ 为光波长），S 为光纤

波导瑞利散射的捕获系数，可表达为

$$S=\frac{3/2}{(\omega/r)^2V^2}\frac{(NA)^2}{n_1^{\ 2}} \tag{7.4.2}$$

其中，ω 代表入射光束的光斑大小，r 代表光纤芯径大小，V 为归一化频率，NA 为数值孔 $NA=(n_1^{\ 2}-n_2^{\ 2})^{1/2}$，$n_1$ 和 n_2 分表代表芯层和包层的折射率，$\alpha_{\mathrm{R}}S$ 称为后向瑞利散射系数，在标准单模光纤中后向瑞利散射率大约为−40 dB.

因此，光纤中的瑞利散射光比较微弱，为了得到高于噪声的有用信号，需要对瑞利散射信号进行多次扫描采集平均，即使如此，从长距离光纤远端散射回来的信号依然会微弱到难以探测识别，针对此情况，一个较好的解决方案是相干接收：采用一个窄线宽单频的激光脉冲作为传感光，散射光信号与本振光波混频，产生并接收拍频信号。这种方案可以放大微弱的散射光信号，还可以极大降低噪声，同时由于采用了窄线宽单频激光脉冲，可以感知回波信号的相位变化，进而获取光纤沿线的振动信息。采用窄线宽激光源和相干接收的 OTDR，称为相位敏感光时域反射仪（φ-OTDR）。

φ-OTDR 振动传感系统工作原理如图 7.4.2 所示。系统采用高相干窄线宽激光器作为光源，经耦合器分光为两路，其中一路经脉冲调制器调制为光脉冲序列，使用光放大器放大后经环形器注入到振动传感光纤中，传感光纤中的后向瑞利散射光经过环形器传输回来，与另一路经移频器移频 Δf 的本振光进行外差拍频，拍频光信号经过探测器转换为电信号，随后进行数据的采集和处理。

采用窄线宽激光器作为传感光源，当光纤不受扰动时，光纤沿线的后向瑞利散射光的相位不会发生改变，因此采集到的后向瑞利散射光强时域曲线将保持一致。当光纤某处受到扰动，相应位置处的光纤将发生形变，光纤的折射率、长度、芯径都将发生微弱变化，导致该处的后向瑞利散射率和后向瑞利散射光相位都发生相应的变化。由于窄线宽激光脉冲的高相干性，所以后向瑞利散射光的干涉效应非常明显，系统对后向瑞利散射光的幅度和相位变化非常灵敏，因此通过解调后向瑞利散射光幅度和相位的改变可进一步得到外界的振动扰动信息。

探测器输出的与振动相关的交流电流 $A(t)$ 为

$$A(t)\propto k\left|r_0+\Delta r(t)\right|E_{\mathrm{S}}E_{\mathrm{L}}\cos(2\pi\Delta ft+\Delta\phi(t)) \tag{7.4.3}$$

其中，k 是光电探测器响应系数，r_0 为未扰动情况下光纤瑞利散射系数，$\Delta r(t)$ 为振动造成瑞利散射系数的变化，$\Delta\phi(t)$ 为振动造成光纤中传输光的相位变化，E_{S} 为注入脉冲光场幅度，E_{L} 为本地光场幅度，Δf 为外差频率差。

将探测器输出的与振动相关交流电流 $A(t)$ 分别乘以一个频率为 Δf 的正弦和余弦信号，经过低通滤波后，可分别得到 $I(t)$ 和 $Q(t)$ 两路信号：

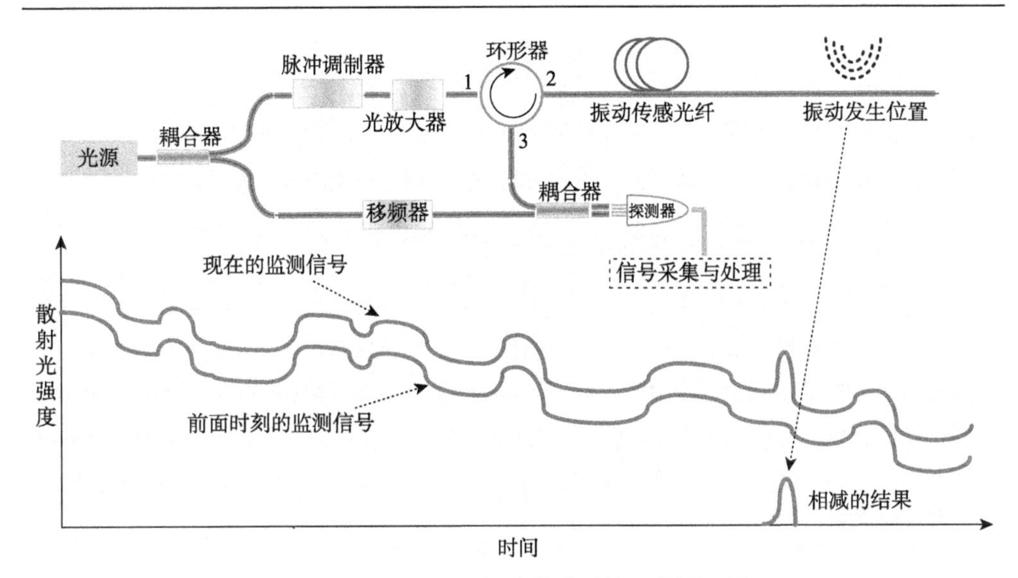

图 7.4.2　φ-OTDR 振动传感系统工作原理图

$$I(t) \propto \Delta r(t)\cos\Delta\phi(t)$$
$$Q(t) \propto \Delta r(t)\sin\Delta\phi(t) \tag{7.4.4}$$

进一步解调可以得到

$$\Delta r(t) \propto \sqrt{I(t)^2 + Q(t)^2}$$
$$\Delta\phi(t) \propto \arctan[Q(t)/I(t)] + 2n\pi \tag{7.4.5}$$

$\Delta r(t)$ 和 $\Delta\phi(t)$ 为后向瑞利散射光光幅度值和相位值。若外界没有扰动，则 $\Delta r(t)$ 和 $\Delta\phi(t)$ 不会随时间发生改变，若外界有扰动，则 $\Delta r(t)$ 和 $\Delta\phi(t)$ 也将随扰动变化，这种变化通过差分可以获得。

选择合适的器件对于 φ-OTDR 系统的性能至关重要，下面仅对系统所需的窄线宽单频激光源进行分析。

首先，对光源重要的一个要求是高相干性，在时空相遇的后向瑞利散射光首先将发生多光束干涉现象，其干涉光强可以表示为

$$\begin{aligned} I(t) &= E_0{}^2(r_1{}^2 + r_2{}^2 + \cdots + r_{M-1}{}^2 + r_M{}^2) \\ &\quad + 2E_0{}^2\sum_{i=1}^{M-1}\sum_{j=i+1}^{M} r_i r_j \exp[-2\pi^2\sigma^2(t_j - t_i)^2]\cos(2\pi\upsilon_0(t_j - t_i)) \end{aligned} \tag{7.4.6}$$

其中，E_0 为激光光源的幅度，中心频率为 υ_0，σ 是关于光源中心谱线和谱宽的高斯函数，r_i 为第 i 个散射点的瑞利散射系数。当 $\sigma=0$ 时，$\exp[-2\pi^2\sigma^2(t_j - t_i)^2]=1$，干涉密度输出达到最大。但是，实际情况中 $\sigma>0$，$\exp[-2\pi^2\sigma^2(t_j - t_i)^2]<1$，且其输出下降的幅度由 σ 决定，σ 越大，其干涉输出的包络下降越迅速。所以应该使 σ 尽

量小。目前，φ-OTDR 系统对激光源线宽的要求小于 10 kHz。

对光源的另一个要求是频率漂移低。由于系统采用相干外差接收，频率漂移会转化为接收信号光的相位上，使系统的基底噪声增大。随着传感位置的后移，由于频率抖动带来的相位噪声就越大，所以激光器的频率稳定性对系统噪声抑制至关重要。

7.4.3　基于布里渊效应的分布式光纤温度应变传感技术

光波在光纤中传播，除了产生瑞利、拉曼散射的同时，光纤中的光学光子与声学声子发生非弹性碰撞，产生另外一种重要的非弹性散射过程——布里渊散射。布里渊散射光的频率相对于入射光有一个频移，通常称该频移为布里渊频移，布里渊频移量大小与光纤材料声学声子的特性有直接关系，当传感光纤受温度和应变的扰动时，布里渊频移量将发生相应的变化，因此通过测定布里渊散射光的频谱就可实现温度应变测量。

根据入射光以及斯托克斯光强度的不同，布里渊散射可分为自发布里渊散射和受激布里渊散射。自发布里渊散射过程可以看作入射光、散射光和声波这三种波之间的非线性相互作用。从波的量子化角度进行描述，自发布里渊散射是光子与声子碰撞的结果，服从能量守恒和动量守恒：

$$\hbar\omega_S=\hbar\omega_P \pm \hbar\omega_A \tag{7.4.7}$$

$$\hbar\boldsymbol{k}_S=\hbar\boldsymbol{k}_P \pm \hbar\boldsymbol{k}_A \tag{7.4.8}$$

其中，ω_P 为入射光的频率，ω_A 为声学声子的频率，ω_S 为布里渊散射光的频率，$\boldsymbol{k}_P$ 为入射光波矢量，$\boldsymbol{k}_A$ 为声学声子波矢量，$\boldsymbol{k}_S$ 为布里渊散射光波矢量，在光纤中，只有前、后向为相关方向，当入射光与散射光波矢反向时，ω_A 有最大值，而当入射光与散射光波矢同向时，ω_A 几乎为零，因此自发布里渊散射主要在后向发生：

$$\omega_A = 4\pi n V_A / \lambda_P \tag{7.4.9}$$

其中，$V_A=\omega_A/k_A$ 为声学声子的速率，n 为光纤纤芯折射率，λ_P 为入射光在真空中的波长。因此，布里渊散射光相对入射光的频率移动量 ν_B 由声学声子的频率决定。布里渊散射光子可能红移，也可能蓝移，分别称为斯托克斯（Stokes）光和反斯托克斯（Anti - Stokes）光，前者发生的概率高于后者。

在考虑声子寿命影响的情况下，自发布里渊散射光的频谱是具有一定的谱宽，而不是一个单一的谱线形状。布里渊增益谱为洛伦兹（Lorentzian）曲线[46]：

$$g(\nu)=\frac{g_B}{1+4(\nu-\nu_B)^2/\Delta\nu_B{}^2} \tag{7.4.10}$$

其中，g_B 表示布里渊增益峰值；$\Delta\nu_B$ 表示布里渊增益谱的半高全宽，与声波场的寿命 Γ_B 有关，其关系为 $\Delta\nu_B=(\pi\Gamma_B)^{-1}$。对于普通单模光纤，其布里渊频谱宽度 $\Delta\nu_B$ 约为 30 MHz 左右。

布里渊频移 ν_B 由入射光波长、光纤纤芯折射率和声波速率决定，同时后两者又决定于光纤的固有特性和环境因素（温度和应变）。因此对于同一入射光波和同一光学介质，布里渊频移大小仅由外界环境参数（温度和应变）决定：

$$\nu_B[T(z),\varepsilon(z)]-\nu_B[T_0(z_0),\varepsilon_0(z_0)]=C_{\nu,T}[T(z)-T_0(z_0)]+C_{\nu,\varepsilon}[\varepsilon(z)-\varepsilon_0(z_0)] \quad (7.4.11)$$

其中，z 为沿传感光纤上的位置，$\nu_B(T,\varepsilon)$ 为分布式布里渊散射光频移，$\nu_B(T_0,\varepsilon_0)$ 为通过实验在 z_0 位置处标定的参考布里渊散射光频移。$C_{\nu,T}$ 和 $C_{\nu,\varepsilon}$ 为通过实验标定出来的温度频移和应变频移线性系数，基于普通单模光纤进行测试，得到的经验数据为 $C_{\nu,T}=+1.09\pm0.08\ \text{MHz/K}$ [47, 48]，$C_{\nu,\varepsilon}=+0.052\pm0.004\ \text{MHz}/\mu\varepsilon$ [47, 49]。

基于自发布里渊散射效应，研究人员开发了分布式光纤温度和应变的传感器：布里渊光时域反射仪（BOTDR）。图 7.4.3 为具有典型代表性的 BOTDR 结构图，其中种子光源采用单频窄线宽光纤激光器（频率 ν_0），种子光源经耦合器分为两路，其中上面一路光经掺铒光纤放大器（EDFA）和电光调制器（AOM）实现探测光脉冲的产生和放大，探测光脉冲光频率变为 ν_0；种子光源分光下面一路作为布里渊激光器的泵浦，输出布里渊激光为连续光，频率为 $\nu_0-\nu_{B2}$（其中 ν_{B2} 为布里渊激光器中的增益光纤引起的布里渊频移），作为光学相干拍频的本地光使用；光纤传感散射光，包括光频率为 ν_0 的瑞利散射光，光频率为 $\nu_0-\nu_{B1}$ 的自发布里渊散射光，因此，散射光与布里渊激光器的输出光进行本振拍频之后含有两个频率成分：ν_{B2}（~11 GHz）和 $\nu_{B1}-\nu_{B2}$（~<1 GHz）；使用合适带宽的光电探测器（PD）进行探测，拍频信号只剩下布里渊散射相关的 $\nu_{B1}-\nu_{B2}$ 的频率成分，而瑞利散射信号被高频截止过滤掉；选用高速速率采集卡，将信号不失真的采集保存下来，对信号进行时频分析，解调出传感相关的布里渊频移信号，数据处理部分主要包含快速傅里叶变换（FFT）、非线性洛伦兹曲线拟合以及多次平均计算等。

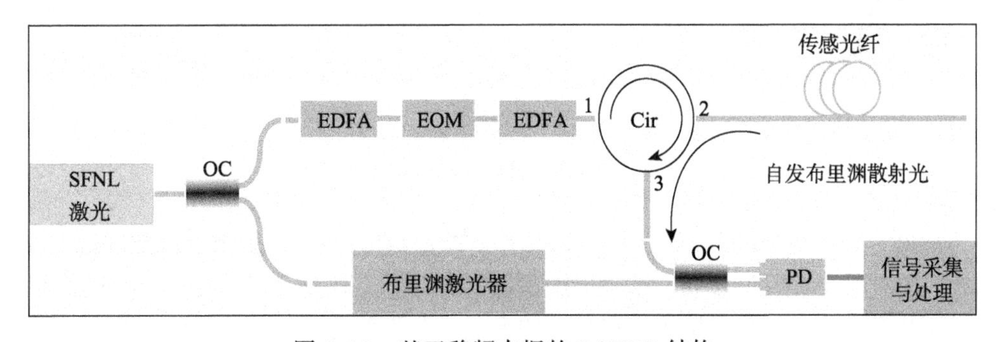

图 7.4.3　基于移频本振的 BOTDR 结构

相比于自发布里渊散射，受激布里渊散射可以看作入射光功率较高情况下的非弹性光散射过程。受激布里渊过程可以经典地描述为泵浦光和斯托克斯波通过声波进行的非线性互作用，泵浦波通过电致伸缩产生声波，反过来声波调制介质的折射率。泵浦光感应的折射率光栅通过布拉格衍射散射泵浦波，由于以声速 v_A 移动的光栅的多普勒位移，散射光产生了频率下移。斯托克斯波是从在整个光线中发生的自发布里渊散射提供的噪声中建立起来的。布里渊散射是利用入射光产生电致伸缩，在物质内激发超声波，然后入射光再受到超声波的散射而产生的。由电致伸缩激发的超声波比物质内部自发的超声波强度高得多，特别是当入射光功率达到布里渊阈值功率以后，散射光主要由电致伸缩激发的超声波引起。

基于受激布里渊散射效应，研究人员开发了分布式光纤温度和应变的传感器：布里渊光时域分析仪（BOTDA）。图 7.4.4 为具有典型代表性的 BOTDA 结构图，其中种子光源采用窄线宽单频激光器，种子光源经光纤耦合器分成两路，上面一路光经电光强度调制器（EOM）调制成高消光比的高频移频泵浦脉冲光，其后经光纤光栅滤波保留下移频光频成份，经环行器进入到传感光纤中；下面一路光作为探测连续光进入传感光纤，与泵浦脉冲光相对传输。通过微波信号发生器调谐泵浦脉冲光相对探测连续光的移频量，使用探测器实时监测探测光功率波动情况，扫频构建出传感光纤各个位置处的布里渊增益谱，通过信号采集处理获取不同位置处的布里渊增益谱中心频率，进而实现温度应变的解调。

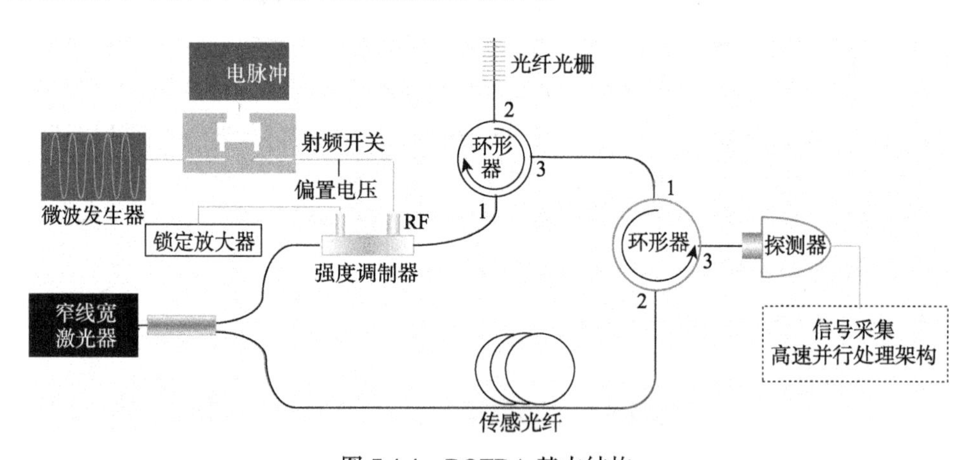

图 7.4.4　BOTDA 基本结构

由于基于布里渊效应的分布式光纤温度应变传感均是进行布里渊频移量的测量，而对于普通单模光纤，其布里渊频谱宽度 $\Delta\nu_B$ 约为 30 MHz 左右，无论是基于傅里叶变换或者扫频重构布里渊频谱的方式，为了实现较高精度的频谱测量，都需要种子激光光源的线宽较窄（线宽<1 MHz）。根据 $\Delta f_B = \Delta\nu_B / (\sqrt{2}\mathrm{SNR}^{1/4})$ 可以计算出最小可探测频率变化量 Δf_B，而最小可探测频率变化量则对应着温度应变的测量准确度。以上分析表明，基于布里渊效应的分布式光纤温度应变传感技术，要求光

源具有单频窄线宽、低强度噪声的良好性能。

7.4.4　基于拉曼效应的分布式光纤温度传感技术

1928 年，印度科学家拉曼（Raman）发现，当光子与流体和气体分子相互作用时，在入射光频率的两端会出现新的谱线，这一现象称为并合散射效应，即拉曼散射光谱。1985 年，英国的 Dankin 等[50]首次成功地利用光纤的拉曼散射温度效应和光时域反射原理实现了基于拉曼散射的分布式测温技术。光纤中的拉曼散射信号强度非常微弱，大约为瑞利散射信号的 1/1000，如此微弱的信号，使得该技术对探测硬件有很高的要求。

基于光纤后向拉曼散射的物理机制是光纤中分子的热振动和光子相互作用发生能量耦合交换。如果有一部分光能转换成热振动，那么将发出一种比入射光波长长的光，称为拉曼斯托克斯光；如果有一部分热振动转换为光能，那么将发出一种比入射光波长短的光，称为拉曼反斯托克斯光。这两种光在频谱图上关于入射光的分布是大致对称的，对应变不敏感，对温度都敏感，不过拉曼反斯托克斯光对温度的敏感系数比拉曼斯托克斯光要大很多，所以有些研究人员将拉曼反斯托克斯光作为信号通道，作为温度传感的主要依据，并通过光时域反射技术进行空间定位，从而实现基于拉曼散射的分布式光纤传感技术。

为了测量热力学温度，通常将拉曼反斯托克斯光功率和拉曼斯托克斯光功率的比值（ASSR）作为参考依据，这个比值如下：

$$R(T)=\frac{P_{\mathrm{AS}}}{P_{\mathrm{S}}}=\left(\frac{\lambda_{\mathrm{s}}}{\lambda_{\mathrm{a}}}\right)^4\exp\left(-\frac{hc}{KT}\nu^*\right) \tag{7.4.12}$$

其中，λ_{s} 和 λ_{a} 分别为拉曼斯托克斯光和拉曼反斯托克斯光的波长，$h=6.63\times 10^{-34}\,\mathrm{J\cdot s}$ 为普朗克常量，$K=1.381\times10^{-23}\,\mathrm{J\cdot K^{-1}}$ 为玻尔兹曼常量，c 为光速，T 为热力学温度，$\nu^*=\Delta\nu/c$ 为与泵浦光相关的波数。

温度变化 ΔT 引起 ASSR 比值 $R(T)$ 的变化为

$$\frac{\Delta R(T)}{R(T)}=\frac{hc\nu^*}{KT^2}\Delta T \tag{7.4.13}$$

针对 1550 nm 的泵浦光，$\Delta\nu$=13.2 THz（$\Delta\lambda$=106 nm），从而在环境温度为 20℃的情况下，温度变化 ΔT 引起 ASSR 比值 $R(T)$ 的变化为+0.74%/K。

基于光纤中的拉曼效应，研究人员开发了分布式光纤温度传感器（DTS），由于光纤中拉曼频移达到了 13 THz，在 1550 nm 波段约为 100 nm，而且拉曼频移光的频谱通常很宽，因此 DTS 的光源并不需要采用单频窄线宽的激光源。但是，由于拉曼散射的强度远小于瑞利散射，反斯托克斯光的强度更小，因此要求入射激光必须具有很高的边模抑制比，避免在拉曼散射波段含有很高的噪声散射。

参 考 文 献

[1] Brosnan S J, Byer R L. Optical parametric oscillator threshold and linewidth studies[J]. IEEE J. Quantum Elect., 1979, 15(6): 415~431.

[2] Myers L E, Eckardt R C, Fejer M M, et al. Quasi-phase-matched optical parametric oscillators in bulk periodically poled $LiNbO_3$[J]. J. Opt. Soc. Am. B, 1995, 12(11): 2102~2116.

[3] Ebrahimzadeh M, Turnbull G A, Edwards T J, et al. Intracavity continuous-wave singly resonant optical parametric oscillators[J]. J. Opt. Soc. Am. B, 1999, 16(9): 1499~1511.

[4] Dong X L, Zhang B T, He J L, et al. High-power 1.5 and 3.4μm intracavity KTA OPO driven by a diode-side-pumped Q-switched Nd: YAG laser[J]. Opt. Commun., 2009, 282(8): 1668~1670.

[5] Hansryd J, Andrekson P A, Westlund M, et al. Fiber-based optical parametric amplifiers and their applications[J]. IEEE J. Sel. Top. Quant., 2002, 8(3): 506~520.

[6] Louchev O A, Yu N, Kurimura S, et al. Thermal inhibition of high-power second-harmonic generation in periodically poled LiNbO3 and LiTaO3 crystals[J]. Appl. Phys. Lett., 2005, 87(13): 131101-1-3.

[7] Liu A P, Norsen M A, Mead R D. 60-W green output by frequency doubling of a polarized Yb-doped fiber laser[J]. Opt. Lett., 2005, 30(1): 67~69.

[8] Robin C, Dajani I, Chiragh F. Experimental studies of segmented acoustically tailored photonic crystal fiber amplifier with 494W single-frequency output[C]. Proc. SPIE, 2011, 7914: 79140B.

[9] 楼祺洪. 高功率光纤激光器及其应用[M]. 合肥: 中国科学技术大学出版社, 2010: 133~146.

[10] Guskov S A, Popov S, Chernikov S V, et al. Second harmonic generation around 0.53 μm of seeded Yb fibre system in periodically poled lithium niobate[J]. Electron Lett., 1998, 34(14): 1419~1420.

[11] Samanta G K, Kumar S C, Ebrahim-Zadeh M. Stable 9.6W continuous-wave single-frequency fiber-based green source at 532nm[J]. Opt. Lett., 2009, 34(10): 1561~1563.

[12] Stappel M, Kolbe D, Walz J. Continuous-wave double-pass second-harmonic generation with 60% efficiency in a single MgO: PPSLT crystal[J]. Opt. Lett., 2014, 39(10): 2951~2954.

[13] 李淳飞. 非线性光学[M]. 第二版. 北京: 电子工业出版社, 2005: 31~44.

[14] Armstrong A, Bloembergen N, Pershan P S. Interactions between light waves in a nonlinear dielectric[J]. Phys. Rev., 1962, 127(6): 1918~1939.

[15] Fejer M M, Magel G A, Jundt D H, et al. Quasi-phase-matched second harmonic generation: Tuning and tolerances[J]. IEEE J. Quantum Elect., 1992, 28(2): 2631~2654.

[16] Bruner A, Eger D, Oron M B, et al. Temperature-dependent Sellmeier equation for the refractive index of stoichiometric lithium tantalite[J]. Opt. Lett., 2003, 28(3): 194~196.

[17] Cline T W, Delavaux J M, Granlund S W, et al. A 1.7-Gbit/s coherent FSK heterodyne system[C]//Optical Fiber Communication, OSA Technical Digest (Optical Society of America), 1990: FD5.

[18] Imai T, Hayashi Y, Ohkawa N, et al. Field demonstration of 2.5 Gbit/s coherent optical transmission through installed submarine fibre cables[J]. Electron. Lett., 1990, 26(17): 1407~1409.

[19] Seimetz M. "Back-to-Back and single-span transmission" in High-Order Modulation for Optical Fiber Transmission[M]. 1st editon, Berlin Germany: Springer, 2009: 155~205.

[20] Armenise M N, Ciminelli C, Dell'Olio F, et al. Advances in Gyroscope Technologies[M]. Berlin: Springer Verlag, 2010.

[21] Zhang G. The Principles and Technologies of Fiher-Optic Gyroscope[M]. Beijing: National Defense Industry Press, 2008.

[22] Hotate K. Fiber sensor technology today[J]. Japanese Journal of Applied Physics Part 1-Regular Papers Brief Communications & Review Papers, 2006, 45: 6616~6625.

[23] Macek W M, Davis Jr DTM. Rotation rate sensing with traveling wave ring laser[J]. Appl. Phys. Lett., 1963, 2(3): 67~68.

[24] Chow W W, Gea-Banacloche J, Pedrotti L M, et al. The ring laser gyro[J]. Rev. Mod. Phys., 1985, 57(1): 61~104.

[25] Ezekiel S. Optical gyroscope options: Principles and Challenges[C]//Proc. OFS-18, OSA, 2006: MC1.

[26] Vali V, Shorthill R. Fiber ring interferometer[J]. Appl. Opt., 1976, 15(5): 1099~1100.

[27] Lefevre H C. Fundamentals of the interferometric fiber-optic gyroscope[C]//Proc. SPIE 2837, Fiber Optic Gyros: 20th Anniversary Conference, 1996.

[28] Shupe D M. Fiber Resonator Gyroscope - Sensitivity and Thermal Nonreciprocity[J]. Appl. Opt., 1981, 20(2): 286~289.

[29] Hotate K. Future evolution of fiber optic gyros[C]//Proc. SPIE 2837, Fiber Optic Gyros: 20th Anniversary Conference, 1996, 33.

[30] Sanders G. Critical review of resonator fiber optic gyroscope technology[C]//Proc. SPIE Fiber Optic and Laser Sensors X, 1992, 44: 133~159.

[31] Terrel M A. Rotation sensing with optical ring resonators[D]. ProQuest Dissertations, 2011.

[32] Sanders G A, Prentiss M, Ezekiel S. Passive ring resonator method for sensitive inertial rotation measurements in geophysics and relativity[J]. Opt. Lett., 1981, 6(11): 569~571.

[33] Meyer R E, Ezekiel S, Stowe D W, et al. Passive fiber-optic ring resonator for rotation sensing[J]. Opt. Lett., 1983, 8(12): 644~646.

[34] Strandjord L K, Sanders G A. Resonator fiber optic gyro employing a polarization-rotating resonator[C]//Fiber Optic Gyros: 15th Anniversary Conference, 1991: 163~172.

[35] Sanders G A, Strandjord L K, Qiu T. Hollow core fiber optic ring resonator for rotation sensing[J]. Optical Fiber Sensors, (Optical Society of America), 2006, ME6.

[36] Zhang X, Ma H, Jin Z, et al. Open-loop operation experiments in a resonator fiber-optic gyro using the phase modulation spectroscopy technique[J]. Appl. Opt., 2006, 45(31): 7961~7965.

[37] 孟洲. 基于光频调制 PGC 解调的光纤水听器阵列技术研究[D]. 长沙: 国防科学技术大学, 2003.

[38] 梁迅. 光纤水听器系统噪声分析及抑制技术研究[D]. 长沙: 国防科学技术大学, 2008.

[39] Hill D J, Nash P J, Jackson D A, et al. A fiber laser hydrophone array[C]//Fiber Optic Sensor Technology and Applications, Proc. SPIE, 1999, 3860: 55~66.

[40] Guan B O, Hwa Y T, Lau S T, et al. Ultrasonic Hydrophone Based on Distributed Bragg Reflector Fiber Laser[J]. IEEE Photonics Technol. Lett., 2005, 16(1): 1579~1581.

[41] Cranch G A, Nash P J, Kirkendall C K. Large-scale remotely interrogated arrays of fiber- optic interferometric sensors for underwater acoustic applications[J]. IEEE Sensors J., 2003, 3(1): 19~30.

[42] Zheng Jesse. Analysis of optical frequency-modulated continuous-wave interference[J]. Appl. Opt., 2004, 43(21): 4189~4198.

[43] Byoungho L. Review of the present status of optical fiber sensors[J]. Opt. Fiber Technol., 2003, 9(2): 57~79.

[44] Bao X Y amd Chen L. Recent progress in distributed fiber optic sensors[J]. Sensors, 2012, 12(7): 8601~8639.

[45] Nakazawa M. Rayleigh backscattering theory for single-mode optical fibers[J]. J. Opt. Soc. Am., 1983, 73(9): 1175~1180.

[46] Agrawal G P. Nonlinear fiber optics[M]. New York: Academic Press, 2007.

[47] Parker T R, Farhadiroushan M, Handerek V A, et al. Temperature and strain dependence of the power level and frequency of spontaneous Brillouin scattering in optical fibers[J]. Opt. Lett., 1997, 22(11): 787~789.

[48] Kurashima T, Horiguchi T, Tateda M. Thermal effects of brillouin gain spectra in single-mode fibers[J]. IEEE Photonics Technol. Lett., 1990, 2(10): 718~720.

[49] Souza K De, Wait P C, Newson T P. Characterisation of strain dependence of the Landau - Placzek ratio for distributed sensing[J]. Electron. Lett., 1997, 33(7): 615~616.

[50] Dakin J P, Pratt D J. Distributed optical fiber sensors[J]. SPIE, 1985, 17(9): 76~108.

彩　　图

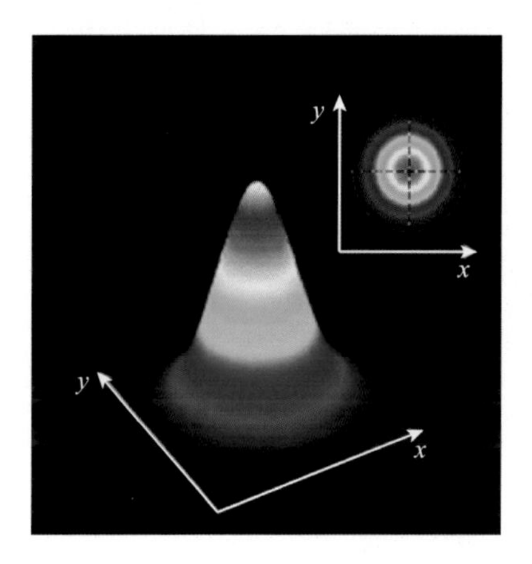

图 2.1.3　40 W, 1064 nm 单频激光输出光斑

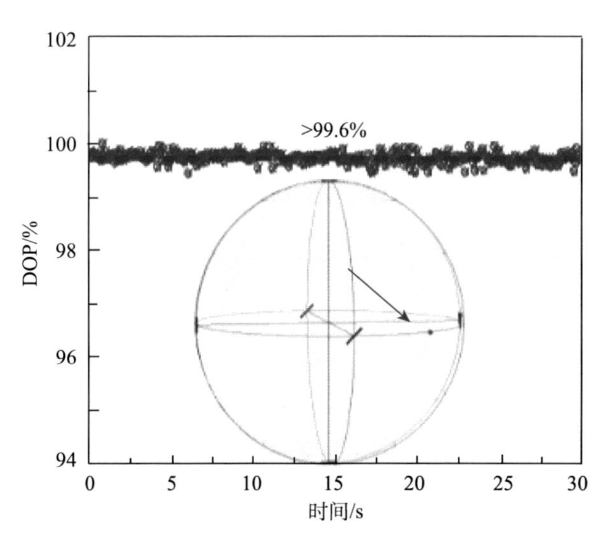

图 2.1.4　线偏振单频光纤激光偏振态的典型测量图

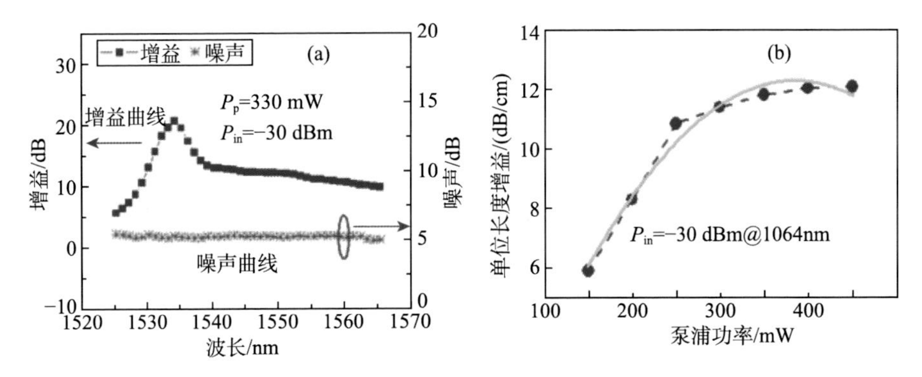

图 3.2.3　不同磷酸盐光纤光学性能

（a）铒镱共掺磷酸盐光纤；（b）掺镱磷酸盐光纤

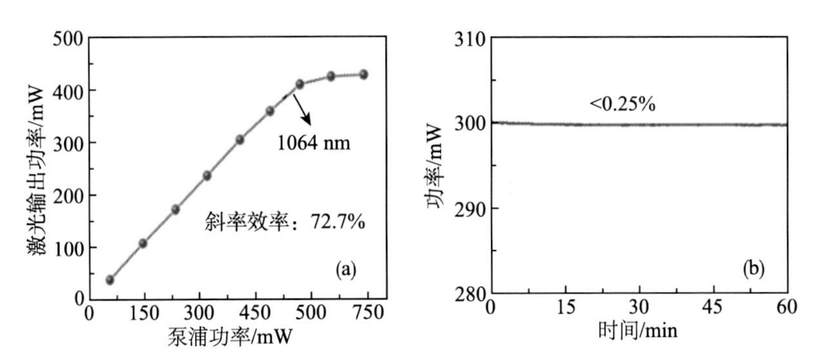

图 3.2.7　（a）输出功率和泵浦功率的关系；（b）激光器的功率稳定性[17]

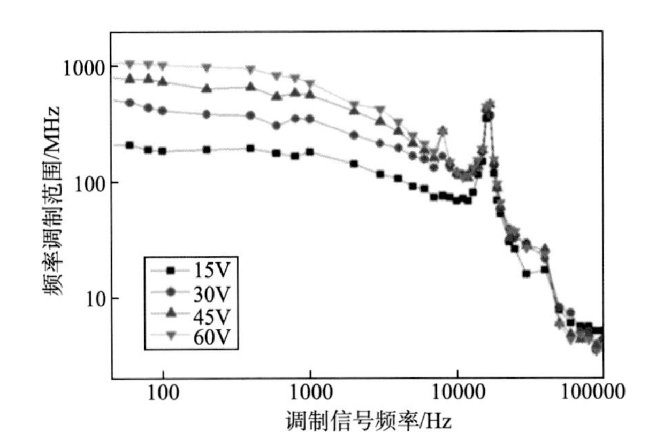

图 3.2.15　不同驱动电压下，激光频率偏移范围与调制信号频率的关系[24]

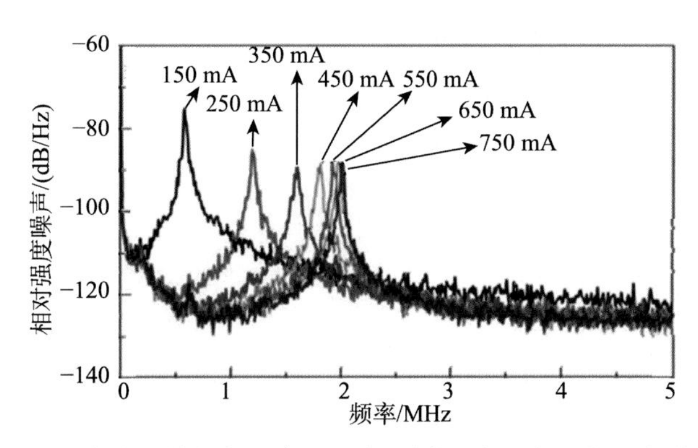

图 4.1.1　磷酸盐单频光纤激光器在不同泵浦强度下的强度噪声谱

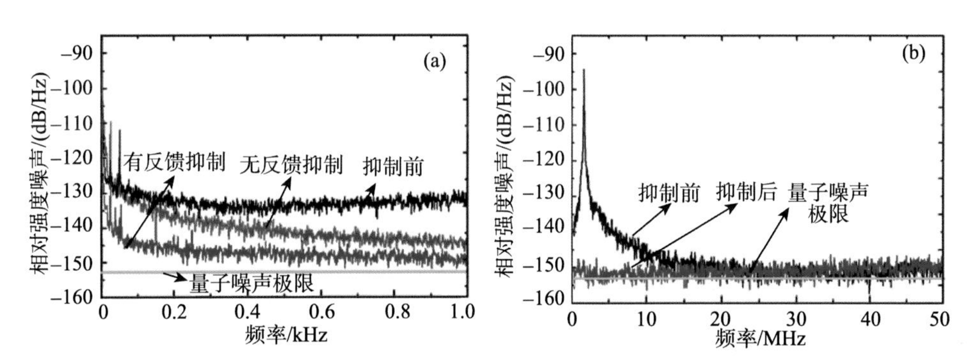

图 4.2.11　经 SOA 和光电反馈抑制后的强度噪声

（a）0~1 kHz；（b）0~50 MHz[31]

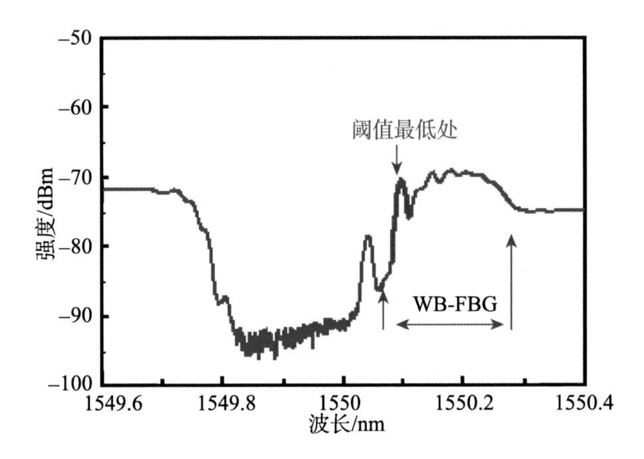

图 5.1.2　泵浦功率在激光阈值以下时测得的光谱图

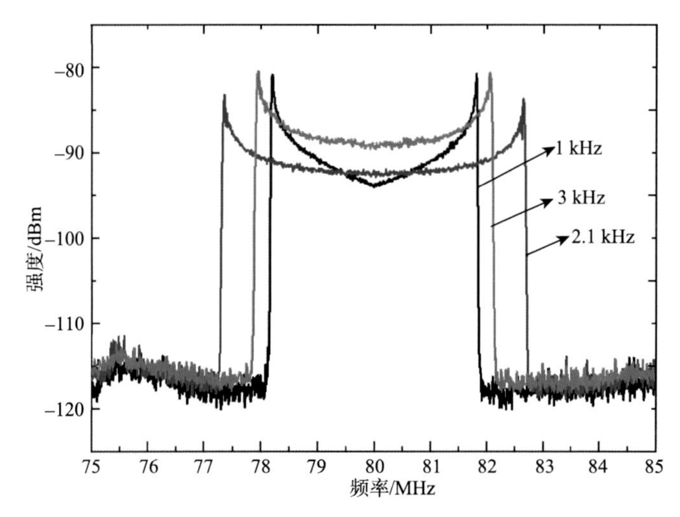

图 5.1.10　不同调制频率下的激光线宽[13]

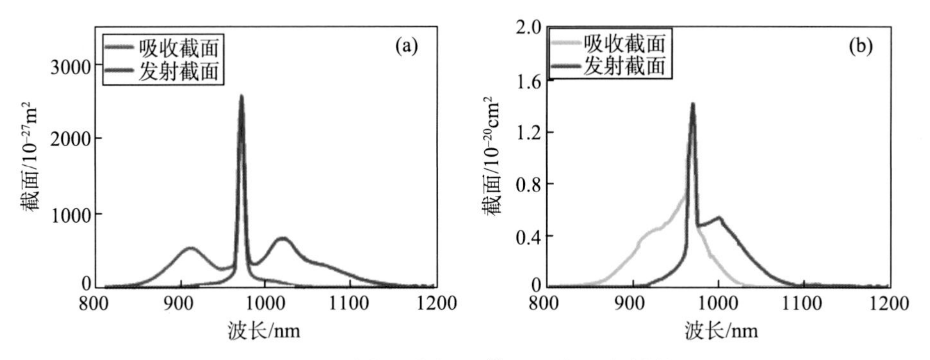

图 6.2.3　不同基质中 Yb^{3+}的吸收和发射截面

（a）石英玻璃中；（b）磷酸盐玻璃中

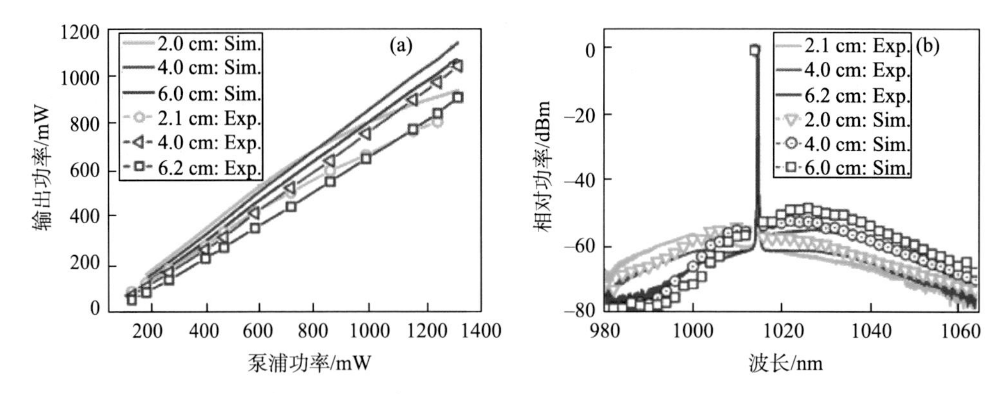

图 6.2.7　（a）输出功率与泵浦功率关系的模拟（实线）和实验结果（点线）；（b）输出光谱的实验结果（实线）和前向 ASE 功率与波长关系的模拟结果（点线）

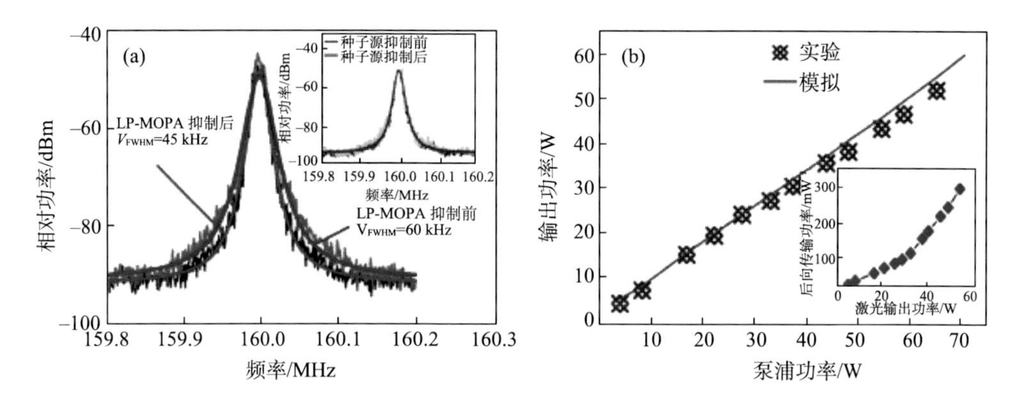

图 6.2.12 (a)LP-MOPA 激光器的线宽测量结果，插入图为种子源噪声抑制前后的线宽测量结果；(b)输出功率和泵浦功率关系的模拟(实线)和实验(点线)结果，插入图为后向传输功率与激光输出功率的关系

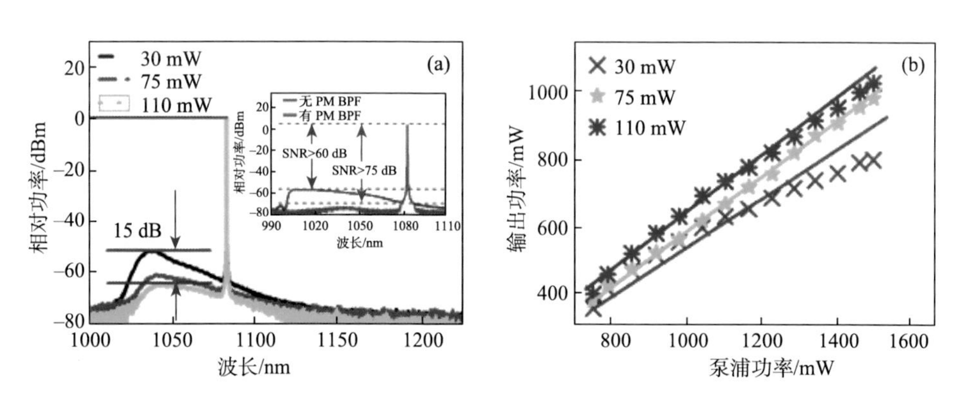

图 6.2.17 (a)不同信号功率下，MOPA 激光器的输出光谱；
(b)不同信号功率下，输出功率与泵浦功率的关系

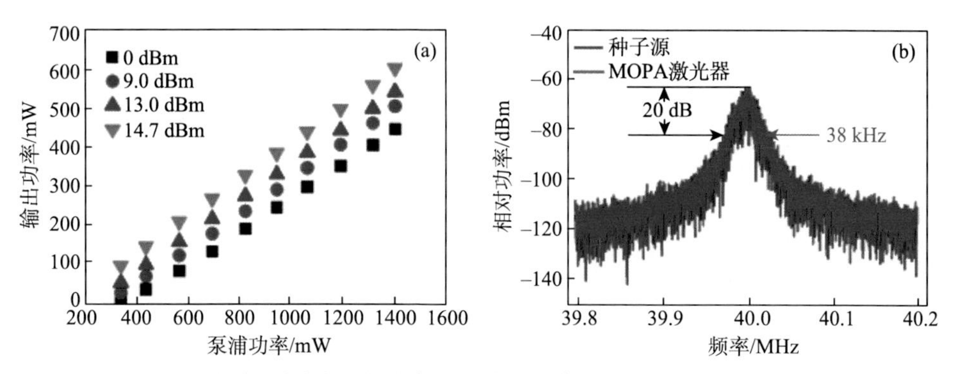

图 6.2.21 (a)不同种子光功率下，输出功率和增益与泵浦功率的关系；
(b)MOPA 激光器和种子源激光器的线宽测量结果

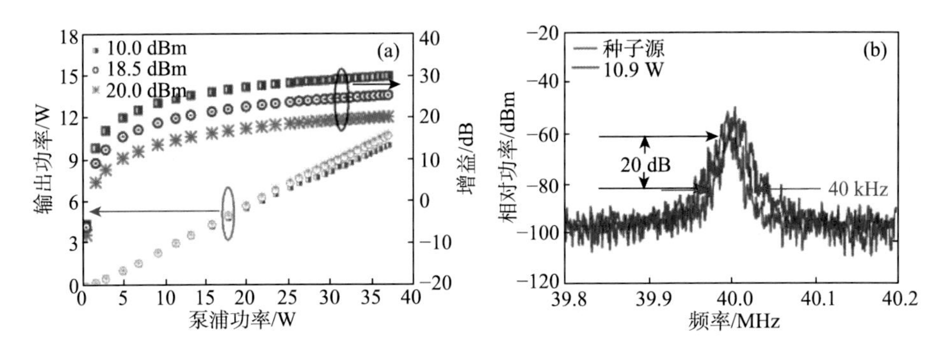

图 6.2.23 （a）不同种子光功率下，输出功率和增益与泵浦功率的关系；（b）种子源激光器和 LP-MOPA 激光器的线宽测量结果

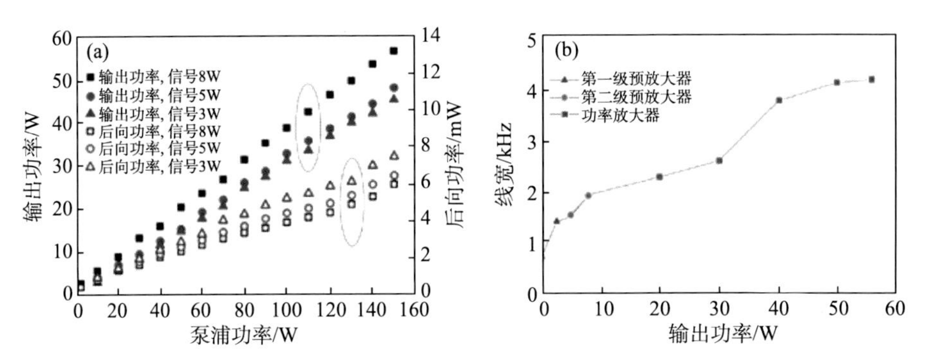

图 6.2.25 （a）不同种子光功率下，MOPA 激光器输出功率和后向功率与泵浦功率的关系；（b）每级放大器输出的激光线宽测量结果

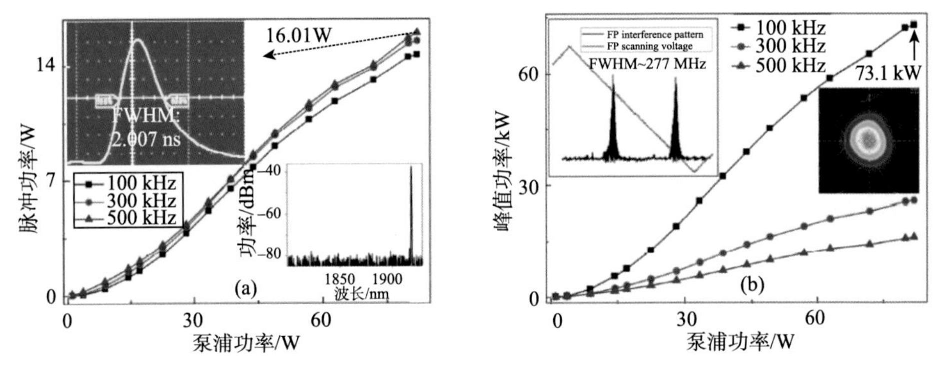

图 6.3.22 （a）平均功率与泵浦功率的关系；（b）峰值功率与泵浦功率的关系

（a）插入图：输出脉冲波形和光谱；（b）插入图：F-P 扫描光谱和光束分布情况